"十二五" 职业教育国家规划教材

经全国职业教育教材审定委员会审定

21世纪高职高专土建系列技能型规划教材

建设工程监理

（第2版）

主　编　斯　庆

副主编　王秀花　宋丽雯

参　编　宋春岩　赵建军

　　　　孙　杰　陈有平

主　审　银　花

U0201056

北京大学出版社

PEKING UNIVERSITY PRESS

内 容 简 介

本书依据国家最新颁布的《建设工程监理规范》(GB/T 50319—2013)及有关建设工程监理的法律法规和政策编写,吸收了国家注册监理工程师考试内容和工程监理领域前沿知识。 本书主要包括以下内容:建设工程监理基础知识、建设工程监理企业、建设工程监理的组织、建设工程监理目标控制、建设工程风险管理和建设工程监理规划。 在编写上突破了已有相关书籍的知识框架,内容的编排坚持"理论知识适度够用、突出提高实践动手能力"的思路,以从事建设工程监理工作所需的政策制度和基本知识为重点,引入了大量的典型案例,体现了"能力本位"的课程观。 本书内容丰富,案例翔实,并附有多种类型的习题供读者练习。

本书既可作为高职高专院校土建类相关专业的教材和指导书,也可作为执业资格考试的培训教材。

图书在版编目(CIP)数据

建设工程监理/斯庆主编.—2版.—北京:北京大学出版社,2015.1
(21世纪高职高专土建系列技能型规划教材)
ISBN 978-7-301-24490-6

Ⅰ.①建… Ⅱ.①斯… Ⅲ.①建筑工程—监理工作—高等职业教育—教材 Ⅳ.①TU712

中国版本图书馆 CIP 数据核字(2014) 第 153007 号

书 名	建设工程监理 (第 2 版)
著作责任者	斯 庆 主编
策 划 编 辑	赖 青 杨星璐
责 任 编 辑	刘健军
标 准 书 号	ISBN 978-7-301-24490-6
出 版 发 行	北京大学出版社
地 址	北京市海淀区成府路 205 号 100871
网 址	http://www.pup.cn 新浪官方微博:@北京大学出版社
电 子 信 箱	pup_6@163.com
电 话	邮购部 010-62752015 发行部 010-62750672 编辑部 010-62750667
印 刷 者	三河市北燕印装有限公司
经 销 者	新华书店

787 毫米×1092 毫米 16 开本 17.25 印张 400 千字
2009 年 4 月第 1 版 2015 年 1 月第 2 版
2022 年 10 月修订 2022 年 10 月第 7 次印刷 (总第 14 次印刷)

定 价	48.00 元

第 2 版前言

为适应高职高专工程监理专业人才培养目标，本书依据"建设工程监理"课程标准、教学大纲和课程教学整体设计方案，基于理论知识适度够用、以职业能力培养为目标，以从事建设工程监理和建筑工程管理工作所需的政策制度和基本知识为重点等原则修订，并导入了大量的典型案例，使全书具有很强的实践性。

本书各章均有学习目标、学习要求、导入案例、特别提示、知识拓展、应用案例、习题和综合实训等内容，具有体例新颖、结构完整、案例全面、便于教学、注重实践等特点。

本书内容建议按照 58 学时安排，推荐学时分配：第 1 章 12 学时，第 2 章 10 学时，第 3 章 6 学时，第 4 章 18 学时，第 5 章 6 学时，第 6 章 6 学时。教师可以根据专业实际情况，灵活安排教学内容。

本书由内蒙古建筑职业技术学院斯庆担任主编，内蒙古建筑职业技术学院王秀花和宋丽雯担任副主编，内蒙古建筑职业技术学院宋春岩和孙杰、呼和浩特职业技术学院赵建军、内蒙古万和建设监理公司陈有平董事长参编，全书由内蒙古建筑职业技术学院斯庆负责统稿。内蒙古建筑职业技术学院银花教授担任主审，提出了很多宝贵意见，对本书的修订工作提供了很大的帮助，在此表示感谢！本书是在第 1 版的基础上修订改编而成，在此，对第 1 版编者们的辛勤劳动表示诚挚的感谢！

在本书编写过程中，参考和引用了国内外大量文献资料，在此谨向各位著作者表示衷心的感谢！

由于编者水平有限，本书难免存在不足和疏漏之处，敬请各位读者批评指正。

编　者
2014 年 8 月

第 1 版前言

本书为北京大学出版社"21世纪全国高职高专土建系列技能型规划教材"之一。为适应21世纪职业技术教育发展需要，培养建筑行业具备建设工程监理知识的专业技术管理应用型人才，编者结合当前建设工程监理发展的前沿问题编写了本书。

全书内容共分7章，包括建设工程监理概述、建设工程监理企业、建设工程监理的组织、建设工程监理目标控制、建设工程风险管理、建设工程监理规划、国外工程项目管理简介。

本书突破了已有相关书籍的知识框架，知识内容的编排本着理论知识适度够用、突出提高实践动手能力的思路，以从事建设工程监理工作所需的政策制度和基本知识为重点，导入了大量的典型案例，体现了"能力本位"的课程观。本书内容丰富，案例翔实，并附有多种类型的习题供读者选用。

本书的特点如下。

（1）注重了政策性。本书的编写体现了建设工程领域，尤其是工程监理行业的新法规、新规范和新经验。

（2）注重了实践性。本书的编写以当前实际开展的监理工作为主要内容，辅以典型案例分析，重点说明如何操作，旨在提高学生和监理人员的实战动手能力。

（3）注重了适用性。本书的主要内容列出了教学目标、教学要求、引例、知识链接、特别提示、应用案例和能力评价体系，习题主要是以单选题、多选题、简答题和案例题为主，同时在重点章节列出了建设工程监理规范和规范性文件（如建设工程施工合同示范文本和建设工程委托监理合同示范文本等）。

（4）注重了实用性。编写组成员由从事多年实践教学经验和实践工作经验的多个区域、多个院校的老师组成，本书中运用了丰富的教学典型案例，同时该书的编写内容考虑到了方便学生考取执业资格证书，结合了注册监理工程师考试教材的内容。

本书既可作为高职高专院校建筑工程类相关专业的教材和指导书，也可以作为土建施工类及工程管理类等专业执业资格考试的培训教材。

本书内容按照54学时安排，推荐学时分配：第1章6学时，第2章6学时，第3章8学时，第4章16学时，第5章6学时，第6章8学时，第7章4学时。可以根据实际情况灵活地安排教学内容。

本书由内蒙古建筑职业技术学院斯庆编写第1章，孙杰编写第2章，宋春岩编写第3章，斯庆、孙杰和河南建筑职业技术学院马明明合编第4章，呼和浩特职业技术学院赵建军编写第5章，内蒙古建筑职业技术学院史小岗编写第6章，呼和浩特职业技术学院要强强编写第7章。本书由斯庆担任主编，宋春岩、赵建军担任副主编，全书由斯庆负责统稿。内蒙古建筑职业技术学院银花对本书进行了审读，并提出了很多宝贵意见，对本书的编写工作也提供了很大的帮助，在此一并表示感谢！

在本书的编写过程中，参考和引用了国内外大量文献资料，在此谨向原书作者表示衷心感谢。由于编者水平有限，本书难免存在不足之处，敬请各位读者批评指正。

编　者

2008 年 12 月

CONTENTS ●●●●●●●●

目 录

第1章

建设工程监理基础知识

学习目标

通过本章的学习，了解建设工程监理的性质和作用以及工程项目建设的基本程序和国家现行建设管理的基本体制；熟悉建设工程监理的任务和基本内容、监理范围、监理工程师的工作纪律和执业资格考试及注册等；掌握建设工程监理的作用和建设工程监理规范、监理工程师的素质和职业道德以及 FIDIC 道德准则。

学习要求

能力目标	知识要点	权重
熟悉建设工程监理工程范围和阶段范围	监理范围	10%
熟悉建设工程监理的任务和基本内容	监理任务和内容	15%
掌握建设工程监理的作用	监理作用	20%
熟悉建设工程监理的法律法规	相关法律法规	10%
掌握建设工程监理的规范	监理规范	20%
熟悉执业资格考试	执业资格考试及注册	10%
掌握监理工程师执业要求	监理工程师的素质和职业道德	15%

导入案例

某工程项目分为两个相对独立的标段，有甲、乙两个施工单位分别承包，承包合同价分别为 5 350 万元、6 320 万元；合同工期分别为 38 个月、44 个月，其中第二标段的电梯安装工程分包给丙专业公司。三个标段的施工监理由甲监理公司承担。

1. 监理合同签订后，监理单位负责人对该项目监理工作提出了以下要求。

(1) 监理规划的编制依据：施工组织设计、建设工程的相关法律、法规、项目审批文件、设计文件、技术资料、监理大纲、委托监理合同。

(2) 总监理工程师代表应在第一次工地会议上介绍监理规划的主要内容，如建设单位未提出意见，该监理规划经总监理工程师批准后可直接报送建设单位。

(3) 如建设单位设计方案有重大修改，施工组织设计、方案等发生变化，总监理工程师代表应及时主持修订监理规划的内容，并组织修订相应的监理实施细则。

(4) 监理单位审查施工图纸质量，并提出修改意见。

(5) 与外部协调，保证施工顺利进行。

2. 总监组建监理组织机构，并按照监理规划编制的相关要求主持制定了监理规划。

(1) 监理规划的内容要充分反映施工组织设计和施工方案的内容。

(2) 监理规划的内容应具有指导编制可行性研究报告的作用。

(3) 监理规划的内容应力求统一。

(4) 监理规划应分为设计阶段、施工阶段分阶段编写。

【观察与思考】

(1) 本案例中的内容符合要求吗？区别总监理工程师和专业监理工程师，并掌握建设工程监理的范围，按照现行的《建设工程监理规范》，专业监理工程师应按什么程序处理施工单位提出的设计变更要求？

(2) 建设工程监理的任务和内容有哪些？监理单位负责人所提要求有何不妥之处？

1.1 建设工程监理的基本概念

知识拓展

建设工程监理制度自 1988 年开始实施以来，对于实现建设工程质量、进度、投资目标控制和加强建设工程安全生产管理发挥了重要作用。随着我国建设工程投资管理体制改革的不断深化和工程监理单位服务范围的不断拓展，在工程勘察、设计、保修等阶段为建设单位提供的相关服务也越来越多，为进一步规范建设工程监理与相关服务行为，提高服务水平，特在《建设工程监理规范》(GB 50319—2000)基础上修订形成《建设工程监理规范》(GB/T 50319—2013)。

1.1.1 建设工程监理的概念

1. 含义

建设工程监理是指工程监理单位受建设单位委托，根据法律法规、工程建设标准、勘察设计文件及合同，在施工阶段对建设工程质量、进度、造价进行控制，对合同、信息进行管理，对工程建设相关方的关系进行协调，并履行建设工程安全生产管理法定职责的服务活动。

建设单位也称为业主、项目法人，是委托监理的一方。建设单位在工程建设中拥有确定建设工程规模、标准、功能以及选择勘察、设计、施工、监理单位等工程建设中重大问题的决定权。

工程监理单位是依法成立并取得国务院建设主管部门颁发的工程监理企业资质证书，从事建设工程监理活动的服务机构。

2. 相关解释

1）建设工程监理的行为主体

《中华人民共和国建筑法》（以下简称《建筑法》）明确规定，实行监理的建设工程，由建设单位委托具有相应资质条件的工程监理企业实施监理。建设工程监理只能由具有相应资质的工程监理企业来开展，建设工程监理的行为主体是工程监理企业，这是我国建设工程监理制度的一项重要规定。

建设工程监理不同于建设行政主管部门的监督管理。后者的行为主体是政府部门，它具有明显的强制性，是行政性的监督管理，它的任务、职责、内容不同于建设工程监理。同样，总承包单位对分包单位的监督管理也不能视为建设工程监理。

2）建设工程监理实施的前提

建设工程监理只有在建设单位委托的情况下才能进行。只有与建设单位订立书面委托监理合同，明确了监理的范围、内容、权利、义务、责任等，工程监理企业才能在规定的范围内行使管理权，合法地开展建设工程监理。工程监理企业在委托监理的工程中拥有一定的管理权限，能够开展管理活动，是建设单位授权的结果。

● 知 识 拓 展 ●●●

《建筑法》明确规定，建设单位与其委托的工程监理企业应当订立书面建设工程委托监理合同。也就是说，建设工程监理的实施需要建设单位的委托和授权。工程监理企业应根据委托监理合同和有关建设工程合同的规定实施监理。

承建单位根据法律、法规的规定和它与建设单位签订的有关建设工程合同的规定，接受工程监理企业对其建设行为进行的监督管理，接受并配合监理是其履行合同的一种行为。工程监理企业对哪些单位的哪些建设行为实施监理要根据有关建设工程合同的规定。例如，仅委托施工阶段监理的工程，工程监理企业只能根据委托监理合同和施工合同对施工行为实行监理。而在委托全过程监理的工程中，工程监理企业则可以根据委托监理合同以及勘察合同、设计合同、施工合同，对勘察单位、设计单位和施工单位的建设行为实行监理。

● 知 识 拓 展 ···

住房和城乡建设部关于发布国家标准《建设工程监理规范》的公告

现批准《建设工程监理规范》为国家标准，编号为 GB/T 50319—2013，自 2014 年 3 月 1 日起实施。原国家标准《建设工程监理规范》（GB 50319—2000）同时废止。

本规范由我部标准定额研究所组织中国建筑工业出版社出版发行。

中华人民共和国住房和城乡建设部

2013 年 5 月 13 日

《建设工程监理规范》（GB/T 50319—2013）

1 总则

1.0.1 为了提高建设工程监理与相关服务水平，规范建设工程监理与相关服务行为，制定本规范。

1.0.2 本规范适用于建设工程的新建、扩建、改建监理与相关服务活动。

1.0.3 实施建设工程监理前，建设单位应委托具有相应资质的工程监理单位，并以书面形式与工程监理单位订立建设工程监理合同，合同中应包括监理工作的范围、内容、服务期限和酬金，双方的义务、违约责任等相关条款。

在订立建设工程监理合同时，建设单位将勘察、设计、保修阶段等相关服务一并委托的，应在合同中明确相关服务的工作范围、内容、服务期限和酬金等相关条款。

1.0.4 工程开工前，建设单位应将工程监理单位的名称，监理的范围、内容和权限及总监理工程师的姓名书面通知施工单位。

1.0.5 在建设工程监理工作范围内，建设单位与施工单位之间涉及施工合同的联系活动应通过工程监理单位进行。

1.0.6 实施建设工程监理的主要依据：

1 法律法规及建设工程相关标准；

2 建设工程勘察设计文件；

3 建设工程监理合同及其他合同文件。

1.0.7 建设工程监理实行总监理工程师负责制。

1.0.8 工程监理单位应公平、独立、诚信、科学地开展建设工程监理与相关服务活动。

1.0.9 建设工程监理与相关服务活动除遵循本规范外，还应符合法律法规及有关建设工程标准的规定。

···

1.1.2 建设工程监理的范围

建设工程监理的范围可以分为监理的工程范围和监理的建设阶段范围。

● 知 识 拓 展 ···

为了有效发挥建设工程监理的作用，加大推行监理的力度，根据《建筑法》，国务院公布的《建设工程质量管理条例》对实行强制性监理的工程范围作了原则性的规定，2001年建设部颁布了《建设工程监理范围和规模标准规定》（86号部令），规定了必须实行监理的建设工程项目的具体范围和规模标准。

1. 工程范围

（1）国家重点建设工程：依据《国家重点建设项目管理办法》所确定的对国民经济和社会发展有重大影响的骨干项目。

（2）大中型公用事业工程：项目总投资额在3 000万元以上的供水、供电、供气、供热等市政工程项目，科技、教育、文化等项目，体育、旅游、商业等项目，卫生、社会福利等项目，其他公用事业项目。

（3）成片开发建设的住宅小区工程：建筑面积在5000m² 以上的住宅建设工程。

（4）利用外国政府或者国际组织贷款、援助资金的工程：包括使用世界银行、亚洲开发银行等国际组织贷款资金的项目，使用国外政府及其机构贷款资金的项目，使用国际组织或者国外政府援助资金的项目。

（5）国家规定必须实行监理的其他工程：项目总投资额在3 000万元以上，关系社会公共利益和公众安全的交通运输、水利建设、城市基础设施、生态环境保护、信息产业、能源等基础设施项目，学校、影剧院、体育场馆项目。

建设工程监理范围不宜无限扩大，否则会造成监理力量与监理任务严重失衡，使得监理工作难以到位，保证不了建设工程监理的质量和效果。从长远来看，随着投资体制的不断深化改革，投资主体日益多元化，对所有建设工程都实行强制监理的做法既与市场经济的要求不相适应，也不利于建设工程监理行业的健康发展。

2. 阶段范围

目前，我国的建设工程监理活动主要在工程项目建设的设计、招投标、施工以及竣工验收和保修等阶段进行。这主要是因为建设工程监理是"第三方"的监督管理活动，建筑市场的三方主体之间的关系和地位主要体现在项目的实施阶段。当然，在项目的决策阶段委托监理也是很有必要的。建设工程监理可以适用于工程建设投资决策阶段和实施阶段，但目前主要是建设工程施工阶段。在建设工程施工阶段，建设单位、勘察单位、设计单位、施工单位和工程监理企业等工程建设的各类行为主体均出现在建设工程当中，形成了一个完整的建设工程组织体系。在这个阶段，建筑市场的发包体系、承包体系、管理服务体系的各主体在建设工程中会合，由建设单位、勘察单位、设计单位、施工单位和工程监理企业各自承担工程建设的责任和义务，最终将建设工程建成并投入使用。在施工阶段委托监理，其目的是更有效地发挥监理的规划、控制、协调作用，为在计划目标内建成工程提供最好的管理。

1.1.3　建设工程监理的性质

1. 服务性

建设工程监理具有服务性，这是从它的业务性质方面定性的。建设工程监理的主要方法是规划、控制、协调，主要任务是控制建设工程的投资、进度和质量，最终应当达到的基本目的是协助建设单位在计划的目标内将建设工程建成并投入使用。这就是建设工程监理的管理服务的内涵。工程监理企业既不直接进行设计，也不直接进行施工；既不向建设单位承包造价，也不参与承包商的利益分成。在工程建设中，监理人员利用自己的知识、技能和经验，以及利用信息、必要的试验、检测手段，为建设单位提供管理和技术服务。工程监理企业不能完全取代建设单位的管理活动，它不具有工程建设重大问题的决策权，只能在授权范围内代表建设单位进行管理。

● 特 别 提 示

建设工程监理的服务对象是建设单位。监理服务是按照委托监理合同的规定进行的，是受法律约束和保护的。

2. 科学性

科学性是由建设工程监理要达到的基本目的决定的。建设工程监理以协助建设单位实现其投资目的为己任，力求在计划的目标内建成工程。面对工程规模日趋庞大，环境日益复杂，功能、标准要求越来越高，新技术、新工艺、新材料、新设备不断涌现，参加建设的单位越来越多，市场竞争日益激烈，风险日渐增加的情况，只有采用科学的思想、理论、方法和手段才能驾驭工程建设。

● 知 识 拓 展

科学性主要表现在：工程监理企业应当由组织管理能力强、工程建设经验丰富的人员担任领导；应当具有由足够数量的、有丰富的管理经验和应变能力的监理工程师组成的骨干队伍；要有一套健全的管理制度；要有现代化的管理手段；要掌握先进的管理理论、方法和手段；要积累足够的技术、经济资料和数据；要有科学的工作态度和严谨的工作作风，要实事求是、创造性地开展工作。

3. 独立性

《建筑法》明确指出，工程监理企业应当根据建设单位的委托，客观、公正地执行监理任务。《工程建设监理规定》和《建设工程监理规范》要求工程监理企业按照"公正、独立、自主"的原则开展监理工作。

按照独立性要求，工程监理单位应当严格地按照有关法律、法规、规章、工程建设文件、工程建设技术标准、建设工程委托监理合同、有关的建设工程合同等的规定实施监理；在委托监理的工程中，与承建单位不得有隶属关系和其他利害关系；在开展工程监理的过程中，必须建立自己的组织，按照自己的工作计划、程序、流程、方法、手段，根据自己的判断独立地开展工作。

4. 公正性

公正性是社会公认的职业道德准则，是监理行业能够长期生存和发展的基本职业道德准则。在开展建设工程监理的过程中，工程监理企业应当排除各种干扰，客观、公正地对待监理的委托单位和承建单位，特别是当这两方发生利益冲突或者矛盾时，工程监理企业应以事实为依据，以法律和有关合同为准绳，在维护建设单位的合法权益时，不损害承建单位的合法权益。例如，在调解建设单位和承建单位之间的争议，处理工程索赔和工程延期，进行工程款支付控制以及竣工结算时，应当尽量客观、公正地对待建设单位和承建单位。

1.1.4 建设工程监理依据

建设工程监理的依据包括工程建设文件，有关的法律、法规和规范，建设工程委托监理合同和有关的建设工程合同。

1）工程建设文件

包括：批准的可行性研究报告、建设项目选址意见书、建设用地规划许可证、建设工程规划许可证、批准的施工图设计文件、施工许可证等。

2）有关的法律、法规、规章和标准、规范

包括：《建筑法》《中华人民共和国合同法》《中华人民共和国招标投标法》《建设工程质量管理条例》等法律法规，《工程建设监理规定》等部门规章，以及地方性法规等，也包括《工程建设标准强制性条文》《建设工程监理规范》以及有关的工程技术标准、规范、规程等。

3）建设工程委托监理合同和有关的建设工程合同

工程监理企业应当根据下述两类合同进行监理：一是工程监理企业与建设单位签订的建设工程委托监理合同；二是建设单位与承建单位签订的建设工程合同。

1.1.5 建设工程监理的任务及内容

1. 建设工程监理的任务

任何建设项目都必须有明确的目标，有相应的约束条件。工程建设项目的目标系统主要包括三大目标，即投资、质量、进度。这三大目标是相互关联、互相制约的目标系统。建设工程监理的中心任务就是控制工程项目目标，也就是控制经过科学的规划所确定的工程项目的投资、进度和质量，这也是项目业主委托工程监理企业对工程项目进行监督管理的根本出发点。建设工程监理要达到的目的是"力求"实现项目目标。

在约定的目标内实现建设项目是参与项目建设各方的共同任务。项目目标能否实现，不是监理企业单方的责任。在监理过程中，监理企业承担服务的相应责任，不承担设计、施工、物资采购等方面的直接责任。

2. 建设工程监理的内容

建设工程监理的主要内容概括为"三控，两管，一协调"，即控制工程建设的造价、工期和质量；进行工程建设合同管理、信息管理；协调有关单位之间的关系。

1）造价、进度、质量控制

控制是管理的重要职能之一，三大目标控制的基础和前提是目标计划。

由于建设工程在不同空间开展，控制就要针对不同的空间来实施；工程在不同的阶段进行，控制就要在不同的阶段展开；工程建设项目受到外部和内部因素的干扰，控制就要采取不同的对策；计划目标伴随着工程的变化而调整，控制就要不断地适应调整的计划。因此，造价、进度、质量控制是动态的，且贯穿于工程项目的整个监理过程中。

特 别 提 示

动态控制是在完成工程项目的过程中，对过程、目标和活动的跟踪，全面、及时、准确地掌握工程建设信息，将实际目标值和工程建设状况与计划目标和状况进行对比，如果偏离了计划和标准的要求，就应采取措施加以纠正，以保证计划总目标的实现。

2）工程建设合同管理

监理企业在建设工程监理过程中的合同管理，主要是根据监理合同的要求对工程承包合同的签订、履行、变更和解除进行监督与检查，对合同双方的争议进行调解和处理，以保证合同的依法签订和全面履行。

监理工程师在合同管理中应当着重以下几个方面的工作。

（1）合同分析。就是对合同各类条款进行认真研究和解释，并找出合同的缺陷和弱点，以发现和提出需要解决的问题。同时，更为重要的是，对引起合同变化的事件进行分析和研究，以便采取相应措施。合同分析对于促进合同各方履行义务和正确行使合同赋予的权利，对于监督工程的实施，对于解决合同争议，对于预防索赔和处理索赔等都是必要的。

（2）建立合同目录、编码和档案。合同目录和编码是采用图表方式进行合同管理的很好的工具，它为合同管理自动化提供了方便。合同档案的建立可以把合同条款分门别类地进行存放，对于查询、检索合同条款，以及分解和综合合同条款提供了方便。

（3）合同履行的监督检查。因为合同在动态环境中履行，影响合同正常履行的干扰因素有很多，所以，为了更好地了解合同履行情况，提高合同的履约率，监理工程师必须加强合同履行期间的监督与检查。合同履行情况的监督需要经常检查合同双方往来的文件、信函、记录、业主指示等，确认它们是否符合合同的要求和对履行合同的影响，以便采取相应的对策。根据合同监督、检查所获得的信息进行统计，分析费用金额、履约率、违约原因、纠纷数量、变更情况等问题，向有关部门提供情况，为实施目标控制和信息管理服务。

（4）索赔是合同管理的重要工作，又是关系合同双方切身利益的问题。监理工程师根据自身的经验，依据法律、法规和各项合同，协助业主制订并采取预防索赔的措施，以便最大限度地减少无理索赔的数量和索赔影响。在合同履行期间发生索赔事件，监理工程师有时候无法预防，也不能预防索赔，所以发生索赔后应当以公正的态度做好处理索赔的工作。

3）工程建设信息管理

工程建设信息管理是指在实施监理的过程中，对所需的信息进行收集、整理、处理、存储、传递、应用等一系列工作的总称。在工程建设过程中，监理工程师开展监理活动的中心任务是目标控制，而进行目标控制的基础是信息。只有掌握大量的、来自各领域的、准确的、及时的信息，监理工程师才能够充满信心，以便作出科学的决策，高效能地完成监理工作。

项目监理组织的各部门为完成各项监理任务需要的信息，完全取决于这些部门实际工作的需要。不同的工程建设项目，由于情况不同，所需要的信息也有所不同。例如，当采用不同承发包模式或不同的合同方式时，监理工程师需要的信息种类和信息数量也就会发生变化。对于固定总价合同,关于进度款和变更通知是主要的;对于成本加酬金合同,则必须有与人力、设备、材料、管理费用和变更通知等有关的多方面的信息;而对于固定单价合同,完成工程量方面的信息更为重要。信息管理的要求主要包括及时性、准确性、全面性几个方面。信息的及时性需要有关人员对信息管理持积极主动的态度,信息的准确性要求信息管理人员认真负责。

知识拓展

《建设工程监理规范》(GB/T 50319—2013)

6 工程变更、索赔及施工合同争议处理

6.1 一般规定

6.1.1 项目监理机构应依据建设工程监理合同约定进行施工合同管理,处理工程暂停及复工、工程变更、索赔及施工合同争议、解除等事宜。

6.1.2 施工合同终止时,项目监理机构应协助建设单位按施工合同约定处理施工合同终止的有关事宜。

6.2 工程暂停及复工

6.2.1 总监理工程师在签发工程暂停令时,可根据停工原因的影响范围和影响程度,确定停工范围,并应按施工合同和建设工程监理合同的约定签发工程暂停令。

6.2.2 项目监理机构发现下列情况之一时,总监理工程师应及时签发工程暂停令:

1 建设单位要求暂停施工且工程需要暂停施工的。

2 施工单位未经批准擅自施工或拒绝项目监理机构管理的。

3 施工单位未按审查通过的工程设计文件施工的。

4 施工单位违反工程建设强制性标准的。

5 施工存在重大质量、安全事故隐患或发生质量、安全事故的。

6.2.3 总监理工程师签发工程暂停令应事先征得建设单位同意,在紧急情况下未能事先报告时,应在事后及时向建设单位作出书面报告。

工程暂停令应按本规范表 A.0.5 的要求填写。

6.2.4 暂停施工事件发生时,项目监理机构应如实记录所发生的情况。

6.2.5 总监理工程师应会同有关各方按施工合同约定,处理因工程暂停引起的与工期、费用有关的问题。

6.2.6 因施工单位原因暂停施工时,项目监理机构应检查、验收施工单位的停工整改过程、结果。

6.2.7 当暂停施工原因消失、具备复工条件时,施工单位提出复工申请的,项目监理机构应审查施工单位报送的工程复工报审表及有关材料,符合要求后,总监理工程师应及时签署审查意见,并应报建设单位批准后签发工程复工令;施工单位未提出复工申请的,总监理工程师应根据工程实际情况指令施工单位恢复施工。

工程复工报审表应按本规范表 B.0.3 的要求填写,工程复工令应按本规范表 A.0.7 的要求填写。

6.3 工程变更

6.3.1 项目监理机构可按下列程序处理施工单位提出的工程变更:

1 总监理工程师组织专业监理工程师审查施工单位提出的工程变更申请，提出审查意见。对涉及工程设计文件修改的工程变更，应由建设单位转交原设计单位修改工程设计文件。必要时，项目监理机构应建议建设单位组织设计、施工等单位召开论证工程设计文件的修改方案的专题会议。

2 总监理工程师组织专业监理工程师对工程变更费用及工期影响作出评估。

3 总监理工程师组织建设单位、施工单位等共同协商确定工程变更费用及工期变化，会签工程变更单。

4 项目监理机构根据批准的工程变更文件监督施工单位实施工程变更。

6.3.2 工程变更单应按本规范表C.0.2的要求填写。

6.3.3 项目监理机构可在工程变更实施前与建设单位、施工单位等协商确定工程变更的计价原则、计价方法或价款。

6.3.4 建设单位与施工单位未能就工程变更费用达成协议时，项目监理机构可提出一个暂定价格并经建设单位同意，作为临时支付工程款的依据。工程变更款项最终结算时，应以建设单位与施工单位达成的协议为依据。

6.3.5 项目监理机构可对建设单位要求的工程变更提出评估意见，并应督促施工单位按会签后的工程变更单组织施工。

6.4 费用索赔

6.4.1 项目监理机构应及时收集、整理有关工程费用的原始资料，为处理费用索赔提供证据。

6.4.2 项目监理机构处理费用索赔的主要依据应包括下列内容：

1 法律法规。

2 勘察设计文件、施工合同文件。

3 工程建设标准。

4 索赔事件的证据。

6.4.3 项目监理机构可按下列程序处理施工单位提出的费用索赔：

1 受理施工单位在施工合同约定的期限内提交的费用索赔意向通知书。

2 收集与索赔有关的资料。

3 受理施工单位在施工合同约定的期限内提交的费用索赔报审表。

4 审查费用索赔报审表。需要施工单位进一步提交详细资料时，应在施工合同约定的期限内发出通知。

5 与建设单位和施工单位协商一致后，在施工合同约定的期限内签发费用索赔报审表，并报建设单位。

6.4.4 费用索赔意向通知书应按本规范表C.0.3的要求填写；费用索赔报审表应按本规范表B.0.13的要求填写。

6.4.5 项目监理机构批准施工单位费用索赔应同时满足下列条件：

1 施工单位在施工合同约定的期限内提出费用索赔。

2 索赔事件是因非施工单位原因造成，且符合施工合同约定。

3 索赔事件造成施工单位直接经济损失。

6.4.6 当施工单位的费用索赔要求与工程延期要求相关联时，项目监理机构可提出费用索赔和工程延期的综合处理意见，并应与建设单位和施工单位协商。

6.4.7 因施工单位原因造成建设单位损失，建设单位提出索赔时，项目监理机构应与建设单位和施工单位协商处理。

6.5 工程延期及工期延误

6.5.1 施工单位提出工程延期要求符合施工合同约定时，项目监理机构应予以受理。

6.5.2 当影响工期事件具有持续性时，项目监理机构应对施工单位提交的阶段性工程临时延期报审表进行审查，并应签署工程临时延期审核意见后报建设单位。

当影响工期事件结束后，项目监理机构应对施工单位提交的工程最终延期报审表进行审查，并应签署工程最终延期审核意见后报建设单位。

工程临时延期报审表和工程最终延期报审表应按本规范表 B.0.14 的要求填写。

6.5.3 项目监理机构在批准工程临时延期、工程最终延期前，均应与建设单位和施工单位协商。

6.5.4 项目监理机构批准工程延期应同时满足下列条件：

1 施工单位在施工合同约定的期限内提出工程延期。

2 因非施工单位原因造成施工进度滞后。

3 施工进度滞后影响到施工合同约定的工期。

6.5.5 施工单位因工程延期提出费用索赔时，项目监理机构可按施工合同约定进行处理。

6.5.6 发生工期延误时，项目监理机构应按施工合同约定进行处理。

6.6 施工合同争议

6.6.1 项目监理机构处理施工合同争议时应进行下列工作：

1 了解合同争议情况。

2 及时与合同争议双方进行磋商。

3 提出处理方案后，由总监理工程师进行协调。

4 当双方未能达成一致时，总监理工程师应提出处理合同争议的意见。

6.6.2 项目监理机构在施工合同争议处理过程中，对未达到施工合同约定的暂停履行合同条件的，应要求施工合同双方继续履行合同。

6.6.3 在施工合同争议的仲裁或诉讼过程中，项目监理机构应按仲裁机关或法院要求提供与争议有关的证据。

6.7 施工合同解除

6.7.1 因建设单位原因导致施工合同解除时，项目监理机构应按施工合同约定与建设单位和施工单位按下列款项协商确定施工单位应得款项，并应签发工程款支付证书：

1 施工单位按施工合同约定已完成的工作应得款项。

2 施工单位按批准的采购计划订购工程材料、构配件、设备的款项。

3 施工单位撤离施工设备至原基地或其他目的地的合理费用。

4 施工单位人员的合理遣返费用。

5 施工单位合理的利润补偿。

6 施工合同约定的建设单位应支付的违约金。

6.7.2 因施工单位原因导致施工合同解除时，项目监理机构应按施工合同约定，从下列款项中确定施工单位应得款项或偿还建设单位的款项，并应与建设单位和施工协商后，书面提交施工单位应得款项或偿还建设单位款项的证明：

1 施工单位已按施工合同约定实际完成的工作应得款项和已给付的款项。

2 施工单位已提供的材料、构配件、设备和临时工程等的价值。

3 对已完工程进行检查和验收、移交工程资料、修复已完工程质量缺陷等所需的费用。

4 施工合同约定的施工单位应支付的违约金。

6.7.3 因非建设单位、施工单位原因导致施工合同解除时，项目监理机构应按施工合同约定处理合同解除后的有关事宜。

4）组织协调

建设工程监理目标的实现，需要监理工程师扎实的专业知识和对监理程序的有效执行，此外，还要求监理工程师有较强的组织协调能力。通过组织协调，使影响监理目标实现的各方主体有机配合，使监理工作实施和运行过程顺利。建设工程监理组织就是联结、联合、调和所有的活动及力量，使各方配合得适当，其目的是促使各方协同一致，以实现预定目标。协调工作应贯穿于整个建设工程实施及其管理过程中。

 应用案例 1-1

【案例背景】

某房地产公司开发一框架结构高层写字楼工程项目，在委托设计单位完成施工图设计后，通过招标方式选择监理单位和施工单位。

中标的施工单位在投标书中提出了桩基础工程、防水工程等的分包计划。在签订施工合同时，业主考虑到过多分包可能会影响工期，只同意桩基础工程的分包，而施工单位坚持都应分包。

在施工过程中，房地产公司根据预售客户的要求，对某楼层的使用功能进行调整（工程变更）。在主体结构施工完成时，由于房地产公司资金周转出现了问题，无法按施工合同及时支付施工单位的工程款。施工单位由于未得到房地产公司的支付款，从而也没有按分包合同规定的时间向分包单位付款。

由于该工程的钢筋混凝土工程比较多，项目监理部在总监理工程师的指导下，十分注重现场监理人员旁站监理工作的组织和实施，确保了工程质量和工期。

【观察与思考】

（1）该房地产公司应先选定监理单位还是先选定施工单位？为什么？

（2）房地产公司不同意桩基础工程以外其他分包的做法合理吗？为什么？

（3）根据《建设工程施工合同（示范文本）》和《建设工程监理规范》，项目监理机构对房地产公司提出的工程变更按什么程序处理？

（4）施工单位由于未得到房地产公司的支付款，从而也没有按分包规定的时间向分包单位付款。这种做法妥当吗？为什么？

（5）旁站监理人员的主要职责有哪些？

【案例分析】

（1）房地产公司应先选定监理单位，因为：

① 先选定监理单位，可以协助业主进行招标，有利于优选出最佳的施工单位。

② 根据《建设工程委托监理合同（示范文本）》和有关规定引申出应先选定监理单位。

（2）无理。因为投标书是要约，房地产公司合法地向施工单位发出的中标通知书即为承诺，房地产公司应根据投标书和中标通知书为依据签订施工合同。

（3）根据《建设工程施工合同（示范文本）》，应在工程变更前14天以书面形式向施工单位发出变更的通知。根据《建设工程监理规范》，项目监理机构应按下列程序处理工程变更：

① 建设单位应将拟提出的工程变更提交总监理工程师，由总监理工程师组织专业监理工程师审查；审查同意后由建设单位转交原设计单位编制设计变更文件；当工程变更涉及安全、环保等内容时，应按规定经有关部门审定。

② 项目监理机构应了解实际情况和收集与工程变更有关的资料。

③ 总监理工程师根据实际情况、设计变更文件和有关资料，按照施工合同的有关条款，在指定专业监理工程师完成一些具体工作后，对工程变更的费用和工期作出评估。

④ 总监理工程师就工程变更的费用和工期与承包单位和建设单位进行协调。

⑤ 总监理工程师签发工程变更单。

⑥ 项目监理机构应根据工程变更单监督承包单位实施。

（4）不妥。因为建设单位根据施工合同与施工单位进行结算，分包单位根据分包合同与施工单位进行结算，两者在付款上没有前因后果关系，施工单位未得到房地产公司的付款不能成为不向分包单位付款的理由。

（5）旁站监理人员的主要职责有：

① 检查施工企业现场质检人员到岗，特殊工种人员持证上岗以及施工机械、建筑材料准备情况。

② 在现场跟班监督关键部位，关键工序的施工方案以及工程建设强制性标准情况。

③ 检查进行建筑材料、建筑构配件、设备和商品混凝土的质量检验报告等，并可在现场监督施工企业进行检验或者委托具有资格的第三方进行复检。

④ 做好旁站监理记录和监理笔记，保存旁站监理原始资料。

1.1.6　建设工程监理的作用

建设单位的工程项目实行专业化、社会化管理在外国已有100多年的历史，现在越来越显现出强劲的生命力，在提高投资的经济效益方面发挥了重要作用。我国实施建设工程监理的时间虽然不长，但已经发挥出明显的作用，为政府和社会所承认。建设工程监理的作用主要表现在以下几个方面。

1. 有利于提高建设工程投资决策的科学化水平

在建设单位委托工程监理企业实施全方位全过程监理的条件下，在建设单位有了初步的项目投资意向之后，工程监理企业可协助建设单位选择适当的工程咨询机构，管理工程咨询合同的实施，并对咨询结果（如项目建议书、可行性研究报告）进行评估，提出有价值的修改意见和建议；或者直接从事工程咨询工作，为建设单位提供建设方案。这样，不仅可使项目投资符合国家经济发展规划、产业政策、投资方向，而且可使项目投资更加符合市场需求。工程监理企业参与或承担项目决策阶段的监理工作，有利于提高项目投资决策的科学化水平，避免项目投资决策失误，也为实现建设工程投资综合效益最大化打下了良好的基础。

2. 有利于规范工程建设参与各方的建设行为

工程建设参与各方的建设行为都应当符合法律、法规、规章和市场准则。要做到这一点，仅仅依靠自律机制是远远不够的，还需要建立有效的约束机制。为此，首先需要政府对工程建设参与各方的建设行为进行全面的监督管理，这是最基本的约束，也是政府的主要职能之一。但是，由于客观条件所限，政府的监督管理不可能深入到每一项建设工程的实施过程中，因而，还需要建立另一种约束机制，能在建设工程实施过程中对工程建设参与各方的建设行为进行约束。建设工程监理制就是这样一种约束机制。

在建设工程实施过程中，工程监理企业可依据委托监理合同和有关的建设工程合同对承建单位的建设行为进行监督管理。一方面，由于这种约束机制贯穿于工程建设的全过程，采用事前、事中和事后控制相结合的方式，因此，可以有效地规范各承建单位的建设行为，最大限度地避免不当建设行为的发生，即使出现不当建设行为，也可以及时加以制止，最大限度地减少其不良后果。应当说，这是约束机制的根本目的。另一方面，由于建设单位不了解建设工程有关的法律、法规、规章、管理程序和市场行为准则，也可能发生不当建设行为。在这种情况下，工程监理单位可以向建设单位提出适当的建议，从而避免发生建设单位的不当建设行为，这对规范建设单位的建设行为也可起到一定的约束作用。当然，要发挥上述约束作用，工程监理企业首先必须规范自身的行为，并接受政府的监督管理。

3. 有利于促使承建单位保证建设工程质量和使用安全

建设工程是一种特殊的产品，不仅价值大、使用寿命长，而且还关系到人民的生命财产安全、健康和环境。因此，保证建设工程质量和使用安全就显得尤为重要，在这方面不允许有丝毫的懈怠和疏忽。

工程监理企业对承建单位建设行为的监督管理，实际上是从产品需求者的角度对建设工程生产过程的管理，这与产品生产者自身的管理有很大的不同。而工程监理企业又不同于建设工程的实际需求者，其监理人员都是既懂工程技术又懂经济管理的专业人士，他们有能力及时发现建设工程实施过程中出现的问题，发现工程材料、设备以及阶段产品存在的问题，从而避免留下工程质量隐患。因此，实行建设工程监理制之后，在加强承建单位自身对工程质量管理的基础上，由工程监理企业介入建设工程生产过程的管理，对保证建设工程质量和使用安全有着重要作用。

4. 有利于实现建设工程投资效益最大化

建设工程投资效益最大化有以下3种不同表现：在满足建设工程预定功能和质量标准的前提下，建设投资额最少；在满足建设工程预定功能和质量标准的前提下，建设工程寿命周期费用(或全寿命费用)最少；建设工程本身的投资效益与环境、社会效益的综合效益最大化。

● 知 识 拓 展 ∙∙

实行建设工程监理制之后，工程监理企业一般都能协助建设单位实现上述建设工程投资效益最大化的第一种表现。随着建设工程寿命周期费用思想和综合效益理念被越来

越多的建设单位所接受，从而极大地提高我国全社会的投资效益，促进我国国民经济的
发展。

1.2 建设工程监理制度

1.2.1 建设工程监理法律、法规

1. 建设工程法律、法规体系

我国建设工程法律法规体系是指根据《中华人民共和国立法法》的规定，制定和公布
施行的有关建设工程的各项法律、行政法规、地方性法规、自治条例、单行条例、部门规
章和地方政府规章的总称。目前，这个体系已经基本形成。建设工程法律是指由全国人民
代表大会及其常务委员会通过的，规范工程建设活动的法律法规，由国家主席签署主席令
予以公布；建设工程行政法规是指由国务院根据宪法和法律规定的，规范工程建设活动的
各项法规，由国家总理签署国务院令予以公布；建设工程部门规章是指建设部按照国务院
规定的职权范围，独立或同国务院有关部门联合，根据法律和国务院的行政法规、决定、
命令，制定的规范工程建设活动的各项规章，由建设部长签署建设部令予以公布。

其中，与建设工程监理有关的主要法律法规规章如下。

1）法律

（1）《中华人民共和国建筑法》。

（2）《中华人民共和国合同法》。

（3）《中华人民共和国招标投标法》。

（4）《中华人民共和国土地管理法》。

（5）《中华人民共和国城市规划法》。

（6）《中华人民共和国城市房地产管理法》。

（7）《中华人民共和国环境保护法》。

（8）《中华人民共和国环境影响评价法》。

2）行政法规

（1）《建设工程质量管理条例》。

（2）《建设工程勘察设计管理条例》。

（3）《中华人民共和国土地管理法实施条例》。

（4）《建筑工程安全生产管理条例》。

3）部门规章

（1）《工程监理企业资质管理规定》。

（2）《注册监理工程师管理规定》。

（3）《建设工程监理范围和规模标准》。

（4）《建设工程设计招标投标管理办法》。

（5）《房屋建筑和市政基础设施工程施工招标投标办法》。

（6）《评标委员会和评标方法暂行规定》。

（7）《建筑工程施工发包与承包计价管理办法》。

（8）《建筑工程施工许可管理办法》。

（9）《实施工程建设强制性标准监督规定》。

（10）《房屋建筑工程质量保修办法》。

（11）《房屋建筑工程和市政基础设施工程竣工验收备案管理暂行办法》。

（12）《建设工程施工现场管理规定》。

（13）《建筑安全生产监督管理规定》。

（14）《工程建设重大事故报告和调查程序规定》。

（15）《城市建设档案管理规定》。

监理工程师应当了解并熟悉我国建设工程法律法规规章体系，也应熟悉和掌握其中与监理工作关系比较密切的法律法规规章，以便依法进行监理和规范自己的工程监理行为。

特 别 提 示

法律的效力高于行政法规，行政法规的效力高于部门规章。

2. 《建筑法》

《建筑法》是我国工程建设领域的一部大法，全文分八章共计八十五条。整部法律内容是以建筑市场管理为中心，以建筑工程质量和安全为重点，以建筑活动监督管理为主线形成的。

1）总则

《建筑法》"总则"一章是对整部法律的纲领性规定。总则的内容包括：立法目的、调整对象和适用范围、建筑活动基本要求、建筑业的基本政策、建筑活动当事人的基本权利和义务、建筑活动监督管理主体。

（1）立法的目的是为了加强对建筑活动的监督管理，维护建筑市场秩序，保证建筑工程的质量和安全，促进建筑业健康发展。

（2）《建筑法》调整的地域范围是中华人民共和国境内，调整的对象包括从事建筑活动的单位和个人以及监督管理的主体，调整的行为是各类房屋建筑及其附属设施的建造，以及与其配套的线路、管道、设备的安装活动。

（3）建筑活动基本要求是指建筑活动应当确保建筑工程质量和安全，符合国家的建筑工程安全标准。

（4）任何单位和个人从事建筑活动应当遵守法律、法规，不得损害社会公共利益和他人合法权益。任何单位和个人不得妨碍和阻挠依法进行的建筑活动。

（5）国务院建设行政主管部门对全国的建筑活动实施统一监督管理。

2）建筑许可

"建筑许可"一章是对建筑工程施工许可制度和从事建筑活动的单位和个人从业资格的规定。

（1）建筑工程施工许可制度。

建筑工程施工许可制度是建设行政主管部门根据建设单位的申请，依法对建筑工程所应具备的施工条件进行审查，符合规定条件的，准许该建筑工程开始施工，并颁发施工许可证的一种制度。

● 知 识 拓 展 ···

　　建筑工程施工许可制度的内容包括：施工许可证的申领时间、申领程序、工程范围、审批权限以及施工许可证与开工报告之间的关系；申请施工许可证的条件和颁发施工许可证的时间规定；施工许可证的有效时间和延期的规定；领取施工许可证的建筑工程中止施工和恢复施工的有关规定；取得开工报告的建筑工程不能按期开工或中止施工以及开工报告有效期的规定。

　　（2）从事建筑活动的单位的资质管理。

　　从事建筑活动的建筑施工企业、勘察单位、设计单位和工程监理单位应有符合国家规定的注册资本，有与其从事的建筑活动相适应的具有法定执业资格的专业技术人员，有从事相关建筑活动所应有的技术装备，以及法律、行政法规规定的其他条件。

　　从事建筑活动的单位应根据资质条件划分不同的资质等级，经资质审查合格，取得相应的资质等级证书后，方可在其资质等级许可的范围内从事建筑活动。

　　从事建筑活动的专业技术人员应当依法取得相应的执业资格证书，并在执业资格证书许可的范围内从事建筑活动。

　　3）建筑工程发包与承包

　　（1）建筑工程发包与承包的一般规定。包括：发包单位和承包单位应当签订书面合同，并应依法履行合同义务；招标投标活动的原则；发包和承包行为约束方面的规定；合同价款约定和支付的规定等。

　　（2）建筑工程发包。内容包括：建筑工程发包方式；公开招标程序和要求；建筑工程招标的行为主体和监督主体；发包单位应将工程发包给依法中标或具有相应资质条件的承包单位；政府部门不得滥用权力限定承包单位；禁止将建筑工程肢解发包；发包单位在承包单位采购方面的行为限制的规定等。

　　（3）建筑工程承包。内容包括：承包单位资质管理的规定；关于联合承包方式的规定；禁止转包；有关分包的规定等。

　　4）建筑工程监理

　　（1）国家推行建筑工程监理制度。国务院可以规定实行强制性监理的工程范围。

　　（2）实行监理的建筑工程，由建设单位委托具有相应资质条件的工程监理单位监理。建设单位与其委托的工程监理单位应当订立书面委托监理合同。

　　（3）建筑工程监理应当依据法律、行政法规及有关的技术标准、设计文件和工程承包合同，对承包单位在施工质量、建设工期和建设资金使用等方面，代表建设单位实施监督。工程监理人员认为工程施工不符合工程设计要求、施工技术标准和合同约定的，有权要求建筑施工企业改正。工程监理人员发现工程设计不符合建筑工程质量标准或者合同约定的质量要求的，应当报告建设单位要求设计单位改正。

　　（4）实施建筑工程监理前，建设单位应当将委托的工程监理单位、监理的内容及监理权限，书面通知被监理的建筑施工企业。

　　（5）工程监理单位应当在其资质等级许可的监理范围内，承担工程监理业务。工程监理单位应当根据建设单位的委托，客观、公正地执行监理任务。工程监理单位与被监理工程的承包单位以及建筑材料、建筑构配件和设备供应单位不得有隶属关系或者其他利害关系。工程监理单位不得转让工程监理业务。

（6）工程监理单位不按照委托监理合同的约定履行监理义务，对应当监督检查的项目不检查或者不按照规定检查，给建设单位造成损失的，应当承担相应的赔偿责任。

工程监理单位与承包单位串通，为承包单位谋取非法利益，给建设单位造成损失的，应当与承包单位承担连带赔偿责任。

5）建筑安全生产管理

建筑安全生产管理的内容包括：建筑安全生产管理的方针和制度；建筑工程设计应当保证工程的安全性能；建筑施工企业安全生产方面的规定；建筑施工企业在施工现场应采取的安全防护措施；建设单位和建筑施工企业关于施工现场地下管线保护的义务；建筑施工企业在施工现场应采取保护环境措施的规定；建设单位应办理施工现场特殊作业申请批准手续的规定；建筑安全生产行业管理和国家监察的规定；建筑施工企业安全生产管理和安全生产责任制的规定；施工现场安全由建筑施工企业负责的规定；劳动安全生产培训的规定；建筑施工企业和作业人员有关安全生产的义务以及作业人员安全生产方面的权利；建筑施工企业为有关职工办理意外伤害保险的规定；涉及建筑主体和承重结构变动的装修工程设计、施工的规定；房屋拆除的规定；施工中发生事故应采取紧急措施和报告制度的规定。

6）建筑工程质量管理

建筑工程勘察、设计、施工质量必须符合有关建筑工程安全标准的规定；国家对从事建筑活动的单位推行质量体系认证制度的规定；建设单位不得以任何理由要求设计单位和施工企业降低工程质量的规定；关于总承包单位和分包单位工程质量责任的规定；关于勘察、设计单位工程质量责任的规定；设计单位对设计文件选用的建筑材料、构配件和设备不得指定生产厂、供应商的规定；施工企业质量责任；施工企业对进场材料、构配件和设备进行检验的规定；关于建筑物合理使用寿命内和工程竣工时的工程质量要求；关于工程竣工验收的规定；建筑工程实行质量保修制度的规定；关于工程质量实行群众监督的规定。

7）法律责任

对下列行为规定了法律责任：未经法定许可，擅自施工的；将工程发包给不具备相应资质的单位或者将工程肢解发包的；无资质证书或者超越资质等级承揽工程的；以欺骗手段取得资质证书的；转让、出借资质证书或者以其他方式允许他人以本企业名义承揽工程的；将工程转包，或者违反法律规定进行分包的；在工程发包与承包中索贿、受贿、行贿的；工程监理单位与建设单位或者建筑施工企业串通，弄虚作假、降低工程质量的；转让监理业务的；涉及建筑主体或者承重结构变动的装修工程，违反法律规定，擅自施工的；建筑施工企业违反法律规定，对建筑安全事故隐患不采取措施予以消除的；管理人员违章指挥、强令职工冒险作业，因而造成严重后果的；建设单位要求设计单位或者施工企业违反工程质量、安全标准，降低工程质量的；设计单位不按工程质量、安全标准进行设计的；建筑施工企业在施工中偷工减料，使用不合格材料、构配件和设备的，或者有其他不按照工程设计图纸或施工技术标准施工的行为的；建筑施工企业不履行保修义务或者拖延履行保修义务的；违反法律规定，对不具备相应资质等级条件的单位颁发该等级资质证书的；政府及其所属部门的工作人员违反规定，限定发包单位将招标发包的工程发包给指定的承包单位的；有关部门及其工作人员对不符合施工条件的建筑工程颁发施工许可证的；对不合格的建筑工程出具质量合格文件或按合格工程验收的。

知识拓展

总监理工程师执业中的法律、法规风险及应对措施

1. 总监理工程师执业中存在的法律风险

根据总监理工程师负责制的原则，项目总监理工程师是其所在监理单位在工程项目上的代表，行使工程建设监理合同赋予监理单位的权利，并履行合同所规定的义务，全面负责受委托的监理工作。总监理工程师须负责法律、行政法规、部门规章、规范性文件中规定的监理在工程项目管理中应承担的工作执行，并承担违法、违规的风险，作为监理项目的总负责人还要对监理工程和监理员违法、违规承担领导责任。

我国的法律、法规对总监理工程师责任要求过多，工作过重、过细，使得社会上对工程监理的概念更趋误解，不利于我国监理事业与国际惯例接轨。

1) 《建筑法》

第三十二条 建筑工程监理应当依照法律、行政法规及有关的技术标准、设计文件和建筑工程承包合同对承包单位在施工质量、建设工期和建设资金使用等方面代表建设单位实施监督。

工程监理人员认为工程施工不符合工程设计要求、施工技术标准和合同约定的，有权要求建筑施工企业改正。

工程监理人员发现工程设计不符合建筑工程质量标准或者合同约定的质量要求的，应当报告建设单位要求设计单位改正。

第三十五条 工程监理单位不按照委托监理合同约定履行监理义务，对应当监督检查的项目不检查或者不按照规定检查，给建设单位造成损失的，应当承担相应的赔偿责任。

工程监理单位与承包单位串通，为承包单位牟取非法利益，给建设单位造成损失的，应当与承包单位承担连带赔偿责任。

《建筑法》这两条规定的内容主要是现场监理部的工作内容，也就是总监理工程师负责的内容，前一条规定现场监理单位的工作内容，也是总监理工程工作的重点，后一条则规定了监理单位违约或者违法应当承担责任，监理单位的责任这里主要是赔偿责任。我国目前监理执业仍然以单位为主，相对而言赔偿责任对总监理工程个人来说影响较小。

2) 《中华人民共和国刑法》

第一百三十七条 建设单位、设计单位、施工单位、工程监理单位违反国家规定，降低工程质量标准，造成重大安全事故，构成犯罪的，对直接责任人追究刑事责任。

工程重大安全事故罪是刑法唯一直接明文涉及监理职业的罪名，也是总监理工程师在从业工作中最可能触及的刑事责任。

监理项目部可能发生的违法行为主要有检查和监督失职、确认错误或确认不真实、不当指令、恶意串通、弄虚作假几类。

3) 《建设工程质量管理条例》（以下简称《质量管理条例》）

第三十六条 工程监理单位应当仿照法律、法规以及有关技术标准、设计文件和建设工程承包合同代表建设单位对施工质量实施监理，并对施工质量承担监理责任。

第三十七条 工程监理单位应当选派具备相应资格的总监理工程师和监理工程师进驻施工现场。

未经监理工程师签字，建筑材料、建筑构配件和设备不得在工程上使用，或者安装施工单位不得进行下一道工序的施工。未经总监理工程师签字，建设单位不拨付工程款，不进行竣工验收。

第三十八条 监理工程师应当按照工程监理规范的要求，采取旁站监理和平行检验等形式，对建设工程实施监理。

第六十四条 建设单位、设计单位、施工单位、工程监理单位违反国家规定，降低工程质量标准，造成重大安全事故，构成犯罪的，对直接责任人员依法追究刑事责任。

前3条规定主要是项目监理人员的工作内容，基本是将《建筑法》中规定的监理工作的细化。第六十七条列举了现场监理人员违法行为并规定了如何处罚。重点是第七十四条与《建筑法》第六十九条和《中华人民共和国刑法》（以下简称《刑法》）内容基本相同，说法基本相同。

4)《建设工程安全生产管理条例》

第十四条 工程监理单位应当审查施工组织设计中的安全技术措施或者专项施工方案是否符合工程建设强制性标准。

工程监理单位在实施监理过程中，发现存在安全事故隐患的，应当要求施工单位整改，情况严重的，应当要求施工单位暂时停止施工，并及时报告建设单位。施工单位拒不整改或者不停止施工的，工程监理单位应当及时向有关主管部门报告。工程监理单位和监理工程师应当按照法律、法规和工程建设强制性标准实施监理，并对建设工程安全生产承担监理责任。

第五十六条 违反本条例的规定，工程监理单位有下列行为之一的，责令限期改正，逾期未改正的，责令停业整顿，并处10万元以上30万元以下的罚款；情节严重的，降低资质等级，直至吊销资质证书；造成重大安全事故，构成犯罪的，对直接责任人员，依照刑法有关规定追究刑事责任；造成损失的，依法承担赔偿责任。

（1）未对施工组织设计中的安全技术措施或者专项施工方案进行审查的。

（2）发现安全事故隐患未及时要求施工单位整改或者暂时停止施工的。

（3）施工单位拒不整改或者不停止施工，未及时向有关主管部门报告的。

（4）未依照法律、法规和工程建设强制性标准实施监理的。

《建设工程安全生产管理条例》关于监理的工作内容和《建筑法》《中华人民共和国安全生产法》（以下简称《安全生产法》）中监理的工作内容有明显差异。

《建设工程安全生产管理条例》确立由监理进行监管的制度存在一定的问题，《建设工程安全生产管理条例》明文授予监理的职责和职权与监理所承担的安全监理责任又是不对称的。监理单位、施工单位为平等的经济主体，且监理企业与建设单位是被委托与委托的关系，施工单位已从建设单位得到了包括施工安全措施费在内的工程承包价款、建设单位拨付给施工企业的安全生产措施费，其中包含监督管理费用，建设单位还要额外拨付安全监管费给监理单位，对建筑产品生产进行监管。

《建筑法》和《安全生产法》及《刑法》对监理单位的安全职责界定比较清楚，《建设工程安全生产管理条例》则扩大了监理单位的责任，这给总监理工程师的执业带来极大的风险。

2. 应对措施

1) 应用信息技术

应用信息技术及时了解主管部门的文件、条例，现阶段各级行政主管部门建立了各自的网站，每天浏览这些部门发出的通知及文件，避免不知道受到处罚。利用计算机管理监理项目部文件，保证监理资料完整。

2) 认真熟悉法律法规，按章办事

法规是监理工作的依据，也是保护自己的依据。项目总监在工作开展之前，就应认真熟悉法规条文内容，弄清每一条款的含义，相关条款之间的关系。监理项目监理部学习制度，学习定时并要有记录，保证项目监理部成员都了解有关的法律法规及文件内容。

3) 充分利用监理手段

在监理工作中，项目总监除了采用审核、批准等技术手段外，还应根据合同赋予的权力，采取相应的经济手段及合同手段。这主要包括：下达监理指令、拒绝签证、建议撤换、下达停工令。需要指出的是，对较重要的问题，一定要通过书面形式用"记录在案"的做法，表明自己的看法和意见，并及时抄送业主，必要时要上报监理单位及上级行政主管部门。

4) 准确定位，做好协调工作

监理单位是工程建设活动中的第三方，尽管受业主委托对工程项目实施监督管理，但它不是被业主雇用为业主直接服务的附属。项目总监必须有正确的认识，工作中始终牢记自己的位置。监理工作中项目总监应加强与业主的联系与沟通，但不能一味迎合与迁就业主，应保持不卑不亢，尤其涉及工程的重大问题，更应表明自己的观点，坚持自己的立场，摆正自己的位置。

对于工程承包单位，项目总监不要陷入具体的技术工作之中，要正确认识监理工作和技术服务的区别，不能以服务代替监理；尤其对于管理水平偏低、技术素质较差的承包单位更应注意这点，不要卷入施工单位的内部管理之中。

5) 提高管理水平

为化解与降低监理工作中可能会遇到的各种风险，项目总监必须做好项目监理机构的组织与管理，充分调动每个监理人员的工作积极性并赋予相应的职责。为此，项目总监要在监理机构内实行工作质量目标管理，并进行责任分解(张贴于办公室)，明确岗位职责、工作质量目标、人员责任。将工作质量责任落实到具体人员。对项目监理机构的人员，项目总监要正确使用，合理安排，加强督促检查和考核，建立检查制度，定期检查监理人员的工作日志及监理工作资料。做到职责清楚、目标明确、责任落实。

3. 《建设工程质量管理条例》

《建设工程质量管理条例》以建设工程质量责任主体为基线，规定了建设单位、勘察单位、设计单位、施工单位和工程监理单位的质量责任和义务，明确了工程质量保修制度、工程质量监督制度等内容，并对各种违法违规行为的处罚作了原则规定。

1) 总则

总则包括：制定条例的目的和依据；条例所调整的对象和适用范围；建设工程质量责任主体；建设工程质量监督管理主体；关于遵守建设程序的规定等。

(1) 制定条例的目的和依据。为了加强对建设工程质量的管理，保证建设工程质量，保护人民生命和财产安全，根据《建筑法》，制定本条例。

（2）调整对象和适用范围。凡在中华人民共和国境内从事建设工程的新建、扩建、改建等有关活动及实施对建设工程质量监督管理的，必须遵守本条例。

（3）建设工程质量责任主体。建设单位、勘察单位、设计单位、施工单位、工程监理单位依法对建设工程质量负责。

（4）建设工程质量监督管理主体。县级以上人民政府建设行政主管部门和其他有关部门应当加强对建设工程质量的监督管理。

（5）必须严格遵守建设程序。从事建设工程活动，必须严格执行基本建设程序，坚持先勘察、后设计、再施工的原则。县级以上人民政府及其有关部门不得超越权限审批建设项目或擅自简化基本建设程序。

2）建设单位的质量责任和义务

● 知 识 拓 展 ···

《质量管理条例》对建设单位的质量责任和义务进行了多方面的规定，包括：工程发包方面的规定；依法进行工程招标的规定；向其他建设工程质量责任主体提供与建设工程有关的原始资料和对资料要求的规定；工程发包过程中的行为限制；施工图设计文件审查制度的规定；委托监理以及必须实行监理的建设工程范围的规定；办理工程质量监督手续的规定；建设单位采购建筑材料、建筑构配件和设备的要求，以及建设单位对施工单位使用建筑材料、建筑构配件和设备方面的约束性规定；涉及建筑主体和承重结构变动的装修工程的有关规定；竣工验收程序、条件和使用方面的规定；建设项目档案管理的规定。

···

《质量管理条例》的第十二条对委托监理作了如下重要规定。

（1）对于实行监理的建设工程，建设单位应当委托具有相应资质等级的工程监理单位进行监理，也可以委托具有工程监理相应资质等级，并与被监理工程的施工承包单位没有隶属关系或者其他利害关系的该工程的设计单位进行监理。

（2）下列建设工程必须实行监理：国家重点建设工程；大中型公用事业工程；成片开发建设的住宅小区工程；利用外国政府或者国际组织贷款、援助资金的工程；国家规定必须实行监理的其他工程。

3）勘察、设计单位的质量责任和义务

勘察、设计单位的质量责任和义务的内容包括：从事建设工程的勘察、设计单位市场准入的条件和行为要求；勘察、设计单位以及注册执业人员质量责任的规定；勘察成果质量基本要求；关于设计单位应当根据勘察成果进行工程设计和设计文件应当达到规定深度并注明合理使用年限的规定；设计文件中应注明材料、构配件和设备的规格、型号、性能等技术指标，质量必须符合国家规定的标准；除特殊要求外，设计单位不得指定生产厂和供应商；关于设计单位应就施工图设计文件向施工单位进行详细说明的规定；设计单位对工程质量事故处理方面的义务。

4）施工单位的质量责任和义务

施工单位的质量责任和义务的内容包括：施工单位市场准入条件和行为的规定；关于施工单位对建设工程施工质量负责和建立质量责任制，以及实行总承包的工程质量责任的规定；关于总承包单位和分包单位工程质量责任承担的规定；有关施工依据和行为限制方面的规定，以及对设计文件和图纸方面的义务；关于施工单位使用材料、构配件和设备前必须进行检验的规定；关于施工质量检验制度和隐蔽工程检查的规定；有关试块、试件取样和检测的规定；工程返修的规定；关于建立、健全教育培训制度的规定等。

5）工程监理单位的质量责任和义务

（1）对市场准入和市场行为的规定。工程监理单位应当依法取得相应等级的资质证书，并在其资质等级许可的范围内承担工程监理业务。禁止工程监理单位超越本单位资质等级许可的范围或者以其他工程监理单位的名义承担工程监理业务。禁止工程监理单位允许其他单位或者个人以本单位的名义承担工程监理业务。工程监理单位不得转让工程监理业务。

（2）对工程监理单位与被监理单位关系的限制性规定。工程监理单位与被监理工程的施工承包单位以及建筑材料、建筑构配件和设备供应单位有隶属关系或者其他利害关系的，不得承担该项建设工程的监理业务。

（3）工程监理单位对施工质量监理的依据和监理责任。工程监理单位应当依照法律、法规以及有关技术标准、设计文件和建设工程承包合同，代表建设单位对施工质量实施监理，并对施工质量承担监理责任。

（4）对监理人员资格要求及权力方面的规定。工程监理单位应当选派具备相应资格的总监理工程师和(专业)监理工程师进驻施工现场。未经监理工程师签字，建筑材料、建筑构配件和设备不得在工程上使用或安装，施工单位不得进行下一道工序的施工。未经总监理工程师签字，建设单位不拨付工程款，不进行竣工验收。

（5）对监理方式的规定。监理工程师应当按照工程监理规范的要求，采用旁批巡视和平行检验等形式对建设工程实施监理。

6）建设工程质量保修

建设工程质量保修的内容包括：关于国家实行建设工程质量保修制度和质量保修书出具时间和内容的规定；关于建设工程最低保修期限的规定；施工单位保修义务和责任的规定；对超过合理使用年限的建设工程继续使用的规定。

7）监督管理

监督管理的内容包括：关于国家实行建设工程质量监督管理制度的规定；建设工程质量监督管理部门应当加强对有关建设工程质量的法律、法规和强制性标准执行情况的监督检查；关于国务院发展计划部门对国家出资的重大建设项目实施监督检查的规定，以及国务院经济贸易主管部门对国家重大技术改造项目实施监督检查的规定；关于建设工程质量监督管理可以委托建设工程质量监督机构具体实施的规定；县级以上地方人民政府建设行政主管部门和其他有关部门应当加强对有关建设工程质量的法律、法规和强制性标准执行情况的监督检查；县级以上人民政府建设行政主管部门及其他有关部门进行监督检查时有权采取的措施；关于建设工程竣工验收备案制度的规定；关于有关单位和个人应当支持和配合建设工程监督管理主体对建设工程质量进行监督检查的规定；对供水、供电、供气、公安消防等部门或单位不得滥用权力的规定；关于工程质量事故报告制度的规定；关于建设工程质量实行社会监督的规定。

8）罚则

对违反本条例的行为将追究法律责任，其中涉及建设单位、勘察单位、设计单位、施工单位和工程监理单位的如下。

（1）建设单位。将建设工程发包给不具有相应资质等级的勘察、设计、施工单位，或委托给不具有相应资质等级的工程监理单位的；将建设工程肢解发包的；不履行或不正当履行有关职责的；未经批准擅自开工的；建设工程竣工后，未向建设行政主管部门或有关部门移交建设项目档案的。

（2）勘察、设计、施工单位。超越本单位资质等级承揽工程的；允许其他单位或者个人以本单位名义承揽工程的；将承包的工程转包或者违法分包的；勘察单位未按工程建设强制性标准进行勘察的；设计单位未根据勘察成果或者未按照工程建设强制性标准进行工程设计的，以及指定建筑材料、建筑构配件的生产厂、供应商的；施工单位在施工中偷工减料的；使用不合格材料、构配件和设备的，或者有不按照设计图纸或者施工技术标准施工的其他行为的；施工单位未对建筑材料、建筑构配件、设备、商品混凝土进行检验，或者未对涉及结构安全的试块、试件以及有关材料取样检测的；施工单位不履行或拖延履行保修义务的。

（3）工程监理单位。超越资质等级承担监理业务的；转让监理业务的；与建设单位或施工单位串通，弄虚作假、降低工程质量的；将不合格的建设工程、建筑材料、建筑构配件和设备按照合格签字的；工程监理单位与被监理工程的施工承包单位以及建筑材料、建筑构配件和设备供应单位有隶属关系或者其他利害关系承担该项建设工程的监理业务的。

4.《建设工程安全生产管理条例》

1）总则

总则包括：制定条例的目的和依据；条例所调整的对象和适用范围；建设工程安全管理责任主体等。

（1）立法目的。加强建设工程安全生产监督管理，保障人民群众生命和财产安全。

（2）调整对象。在中华人民共和国境内从事建设工程的新建、扩建、改建和拆除等有关活动，以及实施对建设工程安全生产的监督管理。

（3）安全方针。坚持安全第一、预防为主。

（4）责任主体。建设单位、勘察单位、设计单位、施工单位、工程监理单位及其他与建设工程安全生产有关的单位。

（5）国家政策。国家鼓励建设工程安全生产的科学技术研究和先进技术的推广应用，推进建设工程安全生产的科学管理。

🔘 知 识 拓 展 ▪▪

《建设工程安全生产管理条例》（以下简称《条例》）以建设单位、勘察单位、设计单位、施工单位、工程监理单位及其他与建设工程安全生产有关的单位为主体，规定了各主体在安全生产中的安全管理责任与义务，并对监督管理、生产安全事故的应急救援和调查处理、法律责任等作了相应的规定。

▪▪

2）建设单位的安全责任

《条例》主要规定了建设单位向施工单位提供施工现场及毗邻区域内等有关地下管线资料，并保证资料的真实、准确、完整；不得对勘察、设计、施工、工程监理等单位提出不符合建设工程安全生产法律、法规和强制性标准规定的要求，不得压缩合同约定的工期；在编制工程概算时，应当确定有关安全施工所需费用；应当将拆除工程发包给具有相应资质等级的施工单位等安全责任。

3）勘察、设计、工程监理及其他有关单位的安全责任

（1）《条例》规定了勘察单位应当按照法律、法规和工程建设强制性标准进行勘察，采取措施保证各类管线、设施和周边建筑物、构筑物的安全等内容。

（2）《条例》规定了设计单位应当按照法律、法规和工程建设强制性标准进行设计，防止因设计不合理导致生产安全事故的发生；应当考虑施工安全操作和防护的需要，并对防范生产安全事故提出指导意见；采用新结构、新材料、新工艺的建设工程和特殊结构的建设工程，设计单位应当在设计中提出保障施工作业人员安全和预防生产安全事故的措施建议等内容。

（3）《条例》规定了工程监理单位应当审查施工组织设计中的安全技术措施，或者专项施工方案是否符合工程建设强制性标准。

工程监理单位在实施监理过程中发现存在安全事故隐患的，应当要求施工单位整改；情况严重的，应当要求施工单位暂时停止施工，并及时报告建设单位。施工单位拒不整改或者不停止施工的，工程监理单位应当及时向有关主管部门报告。

● 特 别 提 示

工程监理单位和监理工程师应当按照法律、法规和工程建设强制性标准实施监理，并对建设工程安全生产承担监理责任。

（4）《条例》还规定了为建设工程提供机械设备和配件的单位，应当按照安全施工的要求配备齐全有效的保险、限位等安全设施和装置；机械设备和施工机具及配件的出租单位应当对出租的机械设备和施工机具及配件的安全性能进行检测；检验检测机构对检测合格的施工起重机械和整体提升脚手架、模板等自升式架设设施，应当出具安全合格证明文件，并对检测结果负责等内容作了规定。

4）施工单位的安全责任

《条例》主要规定了施工单位应当在其资质等级许可的范围内承揽工程；施工单位主要负责人依法对本单位的安全生产工作全面负责；施工单位对列入建设工程概算的安全作业环境及安全施工措施所需费用不得挪作他用；施工单位应当设立安全生产管理机构，配备专职安全生产管理人员；建设工程实行施工总承包的，由总承包单位对施工现场的安全生产负总责。

《条例》规定施工单位应当在施工组织设计中编制安全技术措施和施工现场临时用电方案，对下列达到一定规模的危险性较大的分部分项工程编制专项施工方案，并附具安全验算结果，经施工单位技术负责人、总监理工程师签字后实施，由专职安全生产管理人员进行现场监督：基坑支护与降水工程；土方开挖工程；模板工程；起重吊装工程；脚手架工程；拆除、爆破工程；国务院建设行政主管部门或者其他有关部门规定的其他危险性较大的工程。

《条例》还规定了施工单位技术人员应当对有关安全施工的技术要求向施工作业班组、作业人员作出详细说明；施工单位安全警示标志设置；施工现场办公、生活区与作业区设置；施工单位对毗邻建筑物、构筑物和地下管线防护，遵守有关环境保护法律、法规的规

定；现场建立消防安全责任制度；遵守安全施工的强制性标准、规章制度和操作规程；使用施工起重机械和整体提升脚手架、模板等自升式架设设施前，应当组织有关单位进行验收；安全生产教育培训；为施工现场从事危险作业的人员办理意外伤害保险等内容。

5）监督管理

《条例》规定国务院负责安全生产监督管理的部门对全国建设工程安全生产工作实施综合监督管理；县级以上地方人民政府负责安全生产监督管理的部门，对本行政区域内建设工程安全生产工作实施综合监督管理；国务院建设行政主管部门对全国的建设工程安全生产实施监督管理；国务院铁路、交通、水利等有关部门按照国务院规定的职责分工，负责有关专业建设工程安全生产的监督管理；县级以上地方人民政府建设行政主管部门对本行政区域内的建设工程安全生产实施监督管理；县级以上地方人民政府交通、水利等有关部门在各自的职责范围内，负责本行政区域内的专业建设工程安全生产的监督管理。

6）生产安全事故的应急救援和调查处理

《条例》对县级以上地方人民政府建设行政主管部门和施工单位制定建设工程（特大）生产安全事故应急救援预案；对生产安全事故的应急救援、生产安全事故调查处理程序和要求等作了规定。

7）法律责任

对违反《条例》应负的法律责任作了规定。

工程监理单位未对施工组织设计中的安全技术措施或者专项施工方案进行审查的；发现安全事故隐患未及时要求施工单位整改或者暂时停止施工的；施工单位拒不整改或者不停止施工，未及时向有关主管部门报告的；未依照法律、法规和工程建设强制性标准实施监理的将受到责令限期改正；逾期未改正的，责令停业整顿，并处 10 万元以上 30 万元以下的罚款；情节严重的，降低资质等级，直至吊销资质证书；造成重大安全事故，构成犯罪的，对直接责任人员，依照刑法有关规定追究刑事责任；造成损失的，依法承担赔偿责任等处罚。

注册执业人员未执行法律、法规和工程建设强制性标准的，责令停止执业 3 个月以上 1 年以下；情节严重的，吊销执业资格证书，5 年内不予注册；造成重大安全事故的，终身不予注册；构成犯罪的，依照《刑法》有关规定追究刑事责任。

1.2.2　建设工程监理规范

1.《建设工程监理规范》（GB/T 50319—2013）目次

1　总则

2　术语

3　项目监理机构及其设施

　　3.1　一般规定

　　3.2　监理人员职责

　　3.3　监理设施

4　监理规划及监理实施细则

　　4.1　一般规定

　　4.2　监理规划

　　4.3　监理实施细则

知 识 拓 展

《建设工程监理规范》修订说明

　　《建设工程监理规范》(GB 50319—2013)是对2000年原建设部和国家质量技术监督局联合发布的《建设工程监理规范》(GB 50319—2000)进行的修订。修订工作启动后，修订组先后在北京、深圳、上海等地召开专题会议，广泛听取并采纳了政府主管部门、建设单位、施工单位和工程监理单位的意见和建议，先后收集意见三百余条，经充分研究讨论形成本规范。本规范力求反映2000年以后颁布实施的《建设工程安全生产管理条例》《建设工程监理与相关服务收费管理规定》(发改价格〔2007〕670号)、《建设工程监理合同(示范文本)》(GF-2012-0202)及九部委联合颁布的《标准施工招标文件》(第56号令)等法规和政策，科学确定建设工程监理的定位、建设工程监理与相关服务的内涵和范围等内容。本规范调整了章节结构和名称，增加了安全生产管理工作内容、相关服务内容和术语数量，调整了监理人员资格，强化了可操作性，修改了不够协调一致的内容等。本规范适用于各类建设工程。

为便于大家在使用本规范时能正确理解和执行条文的规定，编制组按照章、节、条的顺序，编制了《建设工程监理规范条文说明》，对条文规定的目的、依据以及执行中需注意的有关事项进行了说明。本条文说明不具备与本规范正文同等的法律效力，仅供使用者作为理解和把握规范规定的参考。规范执行中如发现条文说明有欠妥之处，请将意见或建议反馈给中国建设监理协会。

（特）（别）（提）（示）

行政主管部门制定颁发的工程建设方面的标准、规范和规程也是建设工程监理的依据。《建设工程监理规范》虽然不属于建设工程法律法规规章体系，但对建设工程监理工作有重要的作用。

2.《建设工程监理规范》（GB/T 50319—2013）用词说明

（1）为了便于在执行本规范条文时区别对待，对要求严格程度不同的用词说明如下。

① 表示很严格，非这样做不可的用词：正面词采用"必须"，反面词采用"严禁"。

② 表示严格，在正常情况均应这样做的用词：正面词采用"应"，反面词采用"不应"或"不得"。

③ 表示允许稍有选择，在条件许可时首先应这样做的用词：正面词采用"宜"，反面词采用"不宜"。

④ 表示有选择，在一定条件下可以这样做的用词，采用"可"。

（2）条文中指明应按其他有关标准执行的写法为"应符合……的规定"或"应按……执行"。

3.《建设工程监理规范》（GB/T 50319—2013）条文说明

1 总 则

1.0.1 为规范建设工程监理与相关服务行为，提高建设工程监理与相关服务水平，制定本规范。

说明：建设工程监理制度自1988年开始实施以来，对于实现建设工程质量、进度、投资目标控制和加强建设工程安全生产管理发挥了重要作用。随着我国建设工程投资管理体制改革的不断深化和工程监理单位服务范围的不断拓展，在工程勘察、设计、保修等阶段为建设单位提供的相关服务也越来越多，为进一步规范建设工程监理与相关服务行为，提高服务水平，在《建设工程监理规范》（GB 50319—2000）基础上修订形成本规范。

1.0.2 本规范适用于新建、扩建、改建建设工程监理与相关服务活动。

说明：本规范适用于新建、扩建、改建的土木工程、建筑工程、线路管道工程、设备安装工程和装饰装修工程等的建设工程监理与相关服务活动。

1.0.3 实施建设工程监理前，建设单位应委托具有相应资质的工程监理单位，并以书面形式与工程监理单位订立建设工程监理合同，合同中应包括监理工作的范围、内容、服务期限和酬金，以及双方的义务、违约责任等相关条款。

在订立建设工程监理合同时，建设单位将勘察、设计、保修阶段等相关服务一并委托的，应在合同中明确相关服务的工作范围、内容、服务期限和酬金等相关条款。

说明： 建设工程监理合同是工程监理单位实施建设工程监理与相关服务的主要依据之一，建设单位与工程监理单位应以书面形式订立建设工程监理合同。

1.0.4　工程开工前，建设单位应将工程监理单位的名称，监理的范围、内容和权限及总监理工程师的姓名书面通知施工单位。

1.0.5　在建设工程监理工作范围内，建设单位与施工单位之间涉及施工合同的联系活动，应通过工程监理单位进行。

说明： 在监理工作范围内，为保证工程监理单位独立、公平地实施监理工作，避免出现不必要的合同纠纷，建设单位与施工单位之间涉及施工合同的联系活动，均应通过工程监理单位进行。

1.0.6　实施建设工程监理应遵循下列主要依据：

1　法律法规及工程建设标准；

2　建设工程勘察设计文件；

3　建设工程监理合同及其他合同文件。

说明： 工程监理单位实施建设工程监理的主要依据包括三部分，即：

① 法律法规及工程建设标准，如：《中华人民共和国建筑法》《建设工程质量管理条例》《建设工程安全生产管理条例》等法律法规及相应的工程技术和管理标准，包括工程建设强制性标准，本规范也是实施建设工程监理的重要依据。

② 建设工程勘察设计文件，既是工程施工的重要依据，也是工程监理的主要依据。

③ 建设工程监理合同是实施建设工程监理的直接依据，建设单位与其他相关单位签订的合同（如与施工单位签订的施工合同、与材料设备供应单位签订的材料设备采购合同等）也是实施建设工程监理的重要依据。

1.0.7　建设工程监理应实行总监理工程师负责制。

说明： 总监理工程师负责制是指由总监理工程师全面负责建设工程监理实施工作。总监理工程师是工程监理单位法定代表人书面任命的项目监理机构负责人，是工程监理单位履行建设工程监理合同的全权代表。

1.0.8　建设工程监理宜实施信息化管理。

说明： 工程监理单位不仅自身需实施信息化管理，还可根据建设工程监理合同的约定协助建设单位建立信息管理平台，促进建设工程各参与方基于信息平台协同工作。

1.0.9　工程监理单位应公平、独立、诚信、科学地开展建设工程监理与相关服务活动。

说明： 工程监理单位在实施建设工程监理与相关服务时，要公平地处理工作中出现的问题，独立地进行判断和行使职权，科学地为建设单位提供专业化服务，既要维护建设单位的合法权益，也不能损害其他有关单位的合法权益。

1.0.10　建设工程监理与相关服务活动，除应符合本规范外，尚应符合国家现行有关标准的规定。

2　术　　语

2.0.1　工程监理单位（construction project management enterprise）

依法成立并取得建设主管部门颁发的工程监理企业资质证书，从事建设工程监理与相关服务活动的服务机构。

说明： 工程监理单位是受建设单位委托为其提供管理和技术服务的独立法人或经济组织。工程监理单位不同于生产经营单位，既不直接进行工程设计和施工生产，也不参与施工单位的利润分成。

2.0.2 建设工程监理（construction project management）

工程监理单位受建设单位委托，根据法律法规、工程建设标准、勘察设计文件及合同，在施工阶段对建设工程质量、造价、进度进行控制，对合同、信息进行管理，对工程建设相关方的关系进行协调，并履行建设工程安全生产管理法定职责的服务活动。

说明： 建设工程监理是一项具有中国特色的工程建设管理制度。工程监理单位要依据法律法规、工程建设标准、勘察设计文件、建设工程监理合同及其他合同文件，代表建设单位在施工阶段对建设工程质量、进度、造价进行控制，对合同、信息进行管理，对工程建设相关方的关系进行协调，即"三控两管一协调"，同时还要依据《建设工程安全生产管理条例》等法规、政策，履行建设工程安全生产管理的法定职责。

2.0.3 相关服务（related services）

工程监理单位受建设单位委托，按照建设工程监理合同约定，在建设工程勘察、设计、保修等阶段提供的服务活动。

说明： 工程监理单位根据建设工程监理合同约定，在工程勘察、设计、保修等阶段为建设单位提供的专业化服务均属于相关服务。

2.0.4 项目监理机构（project management department）

工程监理单位派驻工程负责履行建设工程监理合同的组织机构。

2.0.5 注册监理工程师（registered project management engineer）

取得国务院建设主管部门颁发的《中华人民共和国注册监理工程师注册执业证书》和执业印章，从事建设工程监理与相关服务等活动的人员。

说明： 从事建设工程监理与相关服务等工程管理活动的人员取得注册监理工程师执业资格，应参加国务院人事和建设主管部门组织的全国统一考试或考核认定，获得《中华人民共和国监理工程师执业资格证书》，并经国务院建设主管部门注册，获得《中华人民共和国注册监理工程师注册执业证书》和执业印章。

2.0.6 总监理工程师（chief project management engineer）

由工程监理单位法定代表人书面任命，负责履行建设工程监理合同、主持项目监理机构工作的注册监理工程师。

说明： 总监理工程师应由工程监理单位法定代表人书面任命。总监理工程师是项目监理机构的负责人，应由注册监理工程师担任。

2.0.7 总监理工程师代表（representative of chief project management engineer）

经工程监理单位法定代表人同意，由总监理工程师书面授权，代表总监理工程师行使其部分职责和权力，具有工程类注册执业资格或具有中级及以上专业技术职称、3年及以上工程实践经验并经监理业务培训的人员。

说明： 总监理工程师应在总监理工程师代表的书面授权中，列明代为行使总监理工程师的具体职责和权力。总监理工程师代表可以由具有工程类执业资格的人员（如：注册监理工程师、注册造价工程师、注册建造师、注册建筑师、注册工程师等）担任，也可由具有中级及以上专业技术职称、3年及以上工程实践经验并经监理业务培训的人员担任。

2.0.8　专业监理工程师(specialty project management engineer)

由总监理工程师授权，负责实施某一专业或某一岗位的监理工作，有相应监理文件签发权，具有工程类注册执业资格或具有中级及以上专业技术职称、2年及以上工程实践经验并经监理业务培训的人员。

说明：专业监理工程师是项目监理机构中按专业或岗位设置的专业监理人员。当工程规模较大时，在某一专业或岗位宜设置若干名专业监理工程师。专业监理工程师具有相应监理文件的签发权，该岗位可以由具有工程类注册执业资格的人员(如：注册监理工程师、注册造价工程师、注册建造师、注册建筑师、注册工程师等)担任，也可由具有中级及以上专业技术职称、2年及以上工程实践经验的监理人员担任。建设工程涉及特殊行业(如爆破工程)的，从事此类工程的专业监理工程师还应符合国家对有关专业人员资格的规定。

2.0.9　监理员(site supervisor)

从事具体监理工作，具有中专及以上学历并经过监理业务培训的人员。

说明：监理员是从事具体监理工作的人员，不同于项目监理机构中其他行政辅助人员。监理员应具有中专及以上学历，并经过监理业务培训。

2.0.10　监理规划(project management planning)

项目监理机构全面开展建设工程监理工作的指导性文件。

说明：监理规划应针对建设工程实际情况编制。

2.0.11　监理实施细则(detailed rules for project management)

针对某一专业或某一方面建设工程监理工作的操作性文件。

说明：监理实施细则是根据有关规定、监理工作实际需要而编制的操作性文件，如深基坑工程监理实施细则。

2.0.12　工程计量(engineering measuring)

根据工程设计文件及施工合同约定，项目监理机构对施工单位申报的合格工程的工程量进行的核验。

说明：项目监理机构应依据建设单位提供的施工图纸、工程量清单、施工图预算或其他文件，核对施工单位实际完成的合格工程量，符合工程设计文件及施工合同约定的，予以计量。

2.0.13　旁站(key works supervising)

项目监理机构对工程的关键部位或关键工序的施工质量进行的监督活动。

说明：旁站是项目监理机构对关键部位和关键工序的施工质量实施建设工程监理的方式之一。

2.0.14　巡视(patrol inspecting)

项目监理机构对施工现场进行的定期或不定期的检查活动。

说明：巡视是项目监理机构对工程实施建设工程监理的方式之一，是监理人员针对施工现场进行的检查。

2.0.15　平行检验(parallel testing)

项目监理机构在施工单位自检的同时，按有关规定、建设工程监理合同约定对同一检验项目进行的检测试验活动。

说明：工程类别不同，平行检验的范围和内容不同。项目监理机构应依据有关规定和建设工程监理合同约定进行平行检验。

2.0.16 见证取样(sampling witness)

项目监理机构对施工单位进行的涉及结构安全的试块、试件及工程材料现场取样、封样、送检工作的监督活动。

说明：施工单位需要在项目监理机构监督下，对涉及结构安全的试块、试件及工程材料，按规定进行现场取样、封样，并送至具备相应资质的检测单位进行检测。

2.0.17 工程延期(construction duration extension)

由于非施工单位原因造成合同工期延长的时间。

2.0.18 工期延误(delay of construction period)

由于施工单位自身原因造成施工期延长的时间。

说明：工程延期、工期延误的责任承担者不同，工程延期是由于非施工单位原因造成的，如建设单位原因、不可抗力等，施工单位不承担责任；而工期延误是由于施工单位自身原因造成的，需要施工单位采取赶工措施加快施工进度，如果不能按合同工期完成工程施工，施工单位还需根据施工合同约定承担误期责任。

2.0.19 工程临时延期批准(approval of construction duration temporary extension)

发生非施工单位原因造成的持续性影响工期事件时所作出的临时延长合同工期的批准。

2.0.20 工程最终延期批准(approval of construction duration final extension)

发生非施工单位原因造成的持续性影响工期事件时所作出的最终延长合同工期的批准。

说明：工程临时延期批准是施工过程中的临时性决定，工程最终延期批准是关于工程延期事件的最终决定，总监理工程师、建设单位批准的工程最终延期时间与原合同工期之和将成为新的合同工期。

2.0.21 监理日志(daily record of project management)

项目监理机构每日对建设工程监理工作及施工进展情况所做的记录。

说明：监理日志是项目监理机构在实施建设工程监理过程中每日形成的文件，由总监理工程师根据工程实际情况指定专业监理工程师负责记录。监理日志不等同于监理日记。监理日记是每个监理人员的工作日记。

2.0.22 监理月报(monthly report of project management)

项目监理机构每月向建设单位提交的建设工程监理工作及建设工程实施情况等分析总结报告。

说明：监理月报是记录、分析总结项目监理机构监理工作及工程实施情况的文档资料，既能反映建设工程监理工作及建设工程实施情况，也能确保建设工程监理工作可追溯。

2.0.23 设备监造(supervision of equipment manufacturing)

项目监理机构按照建设工程监理合同和设备采购合同约定，对设备制造过程进行的监督检查活动。

说明： 建设工程中所需设备需要按设备采购合同单独制造的，项目监理机构应依据建设工程监理合同和设备采购合同对设备制造过程进行监督管理活动。

2.0.24　监理文件资料（project document & data）

工程监理单位在履行建设工程监理合同过程中形成或获取的，以一定形式记录、保存的文件资料。

说明： 监理文件资料从形式上可分为文字、图表、数据、声像、电子文档等文件资料，从来源上可分为监理工作依据性、记录性、编审性等文件资料，需要归档的监理文件资料，按照国家有关规定执行。

3　项目监理机构及其设施

3.1　一般规定

3.1.1　工程监理单位实施监理时，应在施工现场派驻项目监理机构。项目监理机构的组织形式和规模，可根据建设工程监理合同约定的服务内容、服务期限，以及工程特点、规模、技术复杂程度、环境等因素确定。

说明： 项目监理机构的建立应遵循适应、精简、高效的原则，要有利于建设工程监理目标控制和合同管理，要有利于建设工程监理职责的划分和监理人员的分工协作，要有利于建设工程监理的科学决策和信息沟通。

3.1.2　项目监理机构的监理人员应由总监理工程师、专业监理工程师和监理员组成，且专业配套、数量应满足建设工程监理工作需要，必要时可设总监理工程师代表。

说明： 项目监理机构的监理人员宜由一名总监理工程师、若干名专业监理工程师和监理员组成，且专业配套、数量应满足监理工作和建设工程监理合同对监理工作深度及建设工程监理目标控制的要求。

下列情形项目监理机构可设总监理工程师代表：

1　工程规模较大、专业较复杂，总监理工程师对以处理多个专业工程时，可按专业设总监理工程师代表。

2　一个建设工程监理合同中包含多个相对独立的施工合同，可按施工合同段设总监理工程师代表。

3　工程规模较大、地域比较分散，可按工程地域设总监理工程师代表。

除总监理工程师、专业监理工程师和监理员外，项目监理机构还可根据监理工作需要，配备文秘、翻译、司机和其他行政辅助人员。

项目监理机构应根据建设工程不同阶段的需要配备数量和专业满足要求的监理人员，有序安排相关监理人员进退场。

3.1.3　工程监理单位在建设工程监理合同签订后，应及时将项目监理机构的组织形式、人员构成及对总监理工程师的任命书面通知建设单位。

总监理工程师任命书应按本规范表 A.0.1 的要求填写。

3.1.4　工程监理单位调换总监理工程师时，应征得建设单位书面同意；调换专业监理工程师时，总监理工程师应书面通知建设单位。

说明： 工程监理单位更换、调整项目监理机构监理人员，应做好交接工作，保持建设工程监理工作的连续性。

3.1.5 一名注册监理工程师可担任一项建设工程监理合同的总监理工程师。当需要同时担任多项建筑工程监理合同的总监理工程师时，应经建设单位书面同意，且最多不得超过三项。

说明： 考虑到工程规模及复杂程度，一名注册监理工程师可以同时担任多个项目的总监理工程师，同时担任总监理工程师工作的项目不得超过三项。

3.1.6 施工现场监理工作全部完成或建设工程监理合同终止时，项目监理机构可撤离施工现场。

说明： 项目监理机构撤离施工现场前，应由工程监理单位书面通知建设单位，并办理相关移交手续。

3.2 监理人员职责

3.2.1 总监理工程师应履行下列职责：

1 确定项目监理机构人员及其岗位职责。

2 组织编制监理规划，审批监理实施细则。

3 根据工程进展及监理工作情况调配监理人员，检查监理人员工作。

4 组织召开监理例会。

5 组织审核分包单位资格。

6 组织审查施工组织设计、（专项）施工方案。

7 审查工程开复工报审表，签发工程开工令、暂停令和复工令。

8 组织检查施工单位现场质量、安全生产管理体系的建立及运行情况。

9 组织审核施工单位的付款申请，签发工程款支付证书，组织审核竣工结算。

10 组织审查和处理工程变更。

11 调解建设单位与施工单位的合同争议，处理工程索赔。

12 组织验收分部工程，组织审查单位工程质量检验资料。

13 审查施工单位的竣工申请，组织工程竣工预验收，组织编写工程质量评估报告，参与工程竣工验收。

14 参与或配合工程质量安全事故的调查和处理。

15 组织编写监理月报、监理工作总结，组织整理监理文件资料。

3.2.2 总监理工程师不得将下列工作委托给总监理工程师代表：

说明： 总监理工程师作为项目监理机构负责人，监理工作中的重要职责不得委托给总监理工程师代表。

1 组织编制监理规划，审批监理实施细则。

2 根据工程进展及监理工作情况调配监理人员。

3 组织审查施工组织设计、（专项）施工方案。

4 签发工程开工令、暂停令和复工令。

5 签发工程款支付证书，组织审核竣工结算。

6 调解建设单位与施工单位的合同争议，处理工程索赔。

7 审查施工单位的竣工申请，组织工程竣工预验收，组织编写工程质量评估报告，参与工程竣工验收。

8 参与或配合工程质量安全事故的调查和处理。

3.2.3 专业监理工程师应履行下列职责:

1 参与编制监理规划,负责编制监理实施细则。

2 审查施工单位提交的涉及本专业的报审文件,并向总监理工程师报告。

3 参与审核分包单位资格。

4 指导、检查监理员工作,定期向总监理工程师报告本专业监理工作实施情况。

5 检查进场的工程材料、构配件、设备的质量。

6 验收检验批、隐蔽工程、分项工程,参与验收分部工程。

7 处置发现的质量问题和安全事故隐患。

8 进行工程计量。

9 参与工程变更的审查和处理。

10 组织编写监理日志,参与编写监理月报。

11 收集、汇总、参与整理监理文件资料。

12 参与工程竣工预验收和竣工验收。

说明:专业监理工程师职责为其基本职责,在建设工程监理实施过程中,项目监理机构还应针对建设工程实际情况,明确各岗位专业监理工程师的职责分工,制定具体监理工作计划,并根据实施情况进行必要的调整。

3.2.4 监理员应履行下列职责:

1 检查施工单位投入工程的人力、主要设备的使用及运行状况。

2 进行见证取样。

3 复核工程计量有关数据。

4 检查工序施工结果。

5 发现施工作业中的问题,及时指出并向专业监理工程师报告。

说明:监理员职责为其基本职责,在建设工程监理实施过程中,项目监理机构还应针对建设工程实际情况,明确各岗位监理员的职责分工。

3.3 监理设施

3.3.1 建设单位应按建设工程监理合同约定,提供监理工作需要的办公、交通、通信、生活等设施。

项目监理机构宜妥善使用和保管建设单位提供的设施,并应按建设工程监理合同约定的时间移交建设单位。

说明:对于建设单位提供的设施,项目监理机构应登记造册,建设工程监理工作结束或建设工程监理合同终止后归还建设单位。

3.3.2 工程监理单位宜按建设工程监理合同约定,配备满足监理工作需要的检测设备和工器具。

4 监理规划及监理实施细则

4.1 一般规定

4.1.1 监理规划应结合工程实际情况,明确项目监理机构的工作目标,确定具体的监理工作制度、内容、程序、方法和措施。

说明:监理规划是在项目监理机构详细调查和充分研究建设工程的目标、技术、管理、环境以及工程参建各方等情况后制定的指导建设工程监理工作的实施方案,监理规划应起到指导项目监理机构实施建设工程监理工作的作用，因此，监理规划中应有明确、具体、切合工程实际的监理工作内容、程序、方法和措施，并制定完善的监理工作制度。

监理规划作为工程监理单位的技术文件，应经过工程监理单位技术负责人的审核批准，并在工程监理单位存档。

4.1.2 监理实施细则应符合监理规划的要求，并应具有可操作性。

说明：监理实施细则是指导项目监理机构具体开展专项监理工作的操作性文件，应体现项目监理机构对于建设工程在专业技术、目标控制方面的工作要点、方法和措施，做到详细、具体、明确。

4.2 监理规划

4.2.1 监理规划可在签订建设工程监理合同及收到工程设计文件后由总监理工程师组织编制，并应在召开第一次工地会议前报送建设单位。

说明：监理规划应针对建设工程实际情况进行编制，应在签订建设工程监理合同及收到工程设计文件后开始编制。此外，还应结合施工组织设计、施工图审查意见等文件资料进行编制。一个监理项目应编制一个监理规划。

监理规划应在第一次工地会议召开之前完成工程监理单位内部审核后报送建设单位。

4.2.2 监理规划编审应遵循下列程序：

1 总监理工程师组织专业监理工程师编制。

2 总监理工程师签字后由工程监理单位技术负责人审批。

4.2.3 监理规划应包括下列主要内容：

说明：建设单位在委托建设工程监理时一并委托相关服务的，可将相关服务工作计划纳入监理规划。

1 工程概况。

2 监理工作的范围、内容、目标。

3 监理工作依据。

4 监理组织形式、人员配备及进退场计划、监理人员岗位职责。

5 监理工作制度。

6 工程质量控制。

7 工程造价控制。

8 工程进度控制。

9 安全生产管理的监理工作。

10 合同与信息管理。

11 组织协调。

12 监理工作设施。

4.2.4 在实施建设工程监理过程中，实际情况或条件发生变化而需要调整监理规划时，应由总监理工程师组织专业监理工程师修改，并应经工程监理单位技术负责人批准后报建设单位。

说明：在监理工作实施过程中，建设工程的实施可能会发生较大变化，如设计方案重大修改、施工方式发生变化、工期和质量要求发生重大变化，或者当原监理规划所确定的程序、方法、措施和制度等需要作重大调整时，总监理工程师应及时组织专业监理工程师修改监理规划，并按原报审程序审核批准后报建设单位。

4.3　监理实施细则

4.3.1　对专业性较强、危险性较大的分部分项工程，项目监理机构应编制监理实施细则。

说明： 项目监理机构应结合工程特点、施工环境、施工工艺等编制监理实施细则，明确监理工作要点、监理工作流程和监理工作方法及措施，达到规范和指导监理工作的目的。

对工程规模较小、技术较简单且有成熟管理经验和措施的，可不必编制监理实施细则。

4.3.2　监理实施细则应在相应工程施工开始前由专业监理工程师编制，并应报总监理工程师审批。

说明： 监理实施细则可随工程进展编制，但应在相应工程开始施工前完成，并经总监理工程师审批后实施。

4.3.3　监理实施细则的编制应依据下列资料：

1　监理规划。

2　工程建设标准、工程设计文件。

3　施工组织设计、（专项）施工方案。

4.3.4　监理实施细则应包括下列主要内容：

说明： 监理实施细则可根据建设工程实际情况及项目监理机构工作需要增加其他内容。

1　专业工程特点。

2　监理工作流程。

3　监理工作要点。

4　监理工作方法及措施。

4.3.5　在实施建设工程监理过程中，监理实施细则可根据实际情况进行补充、修改，并应经总监理工程师批准后实施。

说明： 当工程发生变化导致原监理实施细则所确定的工作流程、方法和措施需要调整时，专业监理工程师应对监理实施细则进行补充、修改。

5　工程质量、造价、进度控制及安全生产管理的监理工作

5.1　一般规定

5.1.1　项目监理机构应根据建设工程监理合同约定，遵循动态控制原理，坚持预防为主的原则，制定和实施相应的监理措施，采用旁站、巡视和平行检验等方式对建设工程实施监理。

说明： 项目监理机构应根据建设工程监理合同约定，分析影响工程质量、造价、进度控制和安全生产管理的因素及影响程度，有针对性地制定和实施相应的组织技术措施。

5.1.2　监理人员应熟悉工程设计文件，并应参加建设单位主持的图纸会审和设计交底会议，会议纪要应由总监理工程师签认。

说明： 总监理工程师组织监理人员熟悉工程设计文件是项目监理机构实施事前控制的一项重要工作，其目的是通过熟悉工程设计文件，了解工程设计特点、工程关键部位的质

量要求，便于项目监理机构按工程设计文件的要求实施监理。有关监理人员应参加图纸会审和设计交底会议，熟悉如下内容：

1　设计主导思想、设计构思、采用的设计规范、各专业设计说明等。

2　工程设计文件对主要工程材料、构配件和设备的要求，对所采用的新材料、新工艺、新技术、新设备的要求，对施工技术的要求以及涉及工程质量、施工安全应特别注意的事项等。

3　设计单位对建设单位、施工单位和工程监理单位提出的意见和建议的答复。

项目监理机构如发现工程设计文件中存在不符合建设工程质量标准或施工合同约定的质量要求时，应通过建设单位向设计单位提出书面意见或建议。

图纸会审和设计交底会议纪要应由建设单位、设计单位、施工单位的代表和总监理工程师共同签认。

5.1.3　工程开工前，监理人员应参加由建设单位主持召开的第一次工地会议，会议纪要应由项目监理机构负责整理，与会各方代表应会签。

说明：由建设单位主持召开的第一次工地会议是建设单位、工程监理单位和施工单位对各自人员及分工、开工准备、合理例会的要求等情况进行沟通和协调的会议。总监理工程师应介绍监理工作的目标、范围和内容、项目监理机构及人员职责分工、监理工作程序、方法和措施等。

第一次工地会议应包括以下主要内容：

1　建设单位、施工单位和工程监理单位分别介绍各自驻现场的组织机构、人员及分工。

2　建设单位介绍工程开工准备情况。

3　施工单位介绍施工准备情况。

4　建设单位代表和总监理工程师对施工准备情况提出意见和要求。

5　总监理工程师介绍监理规划的主要内容。

6　研究确定各方在施工过程中参加监理例会的主要人员，召开监理例会的周期、地点及主要议题。

7　其他有关事项。

5.1.4　项目监理机构应定期召开监理例会，并组织有关单位研究解决与监理相关的问题。项目监理机构可根据工程需要，主持或参加专题会议，解决监理工作范围内工程专项问题。

监理例会以及由项目监理机构主持召开的专题会议的会议纪要，应由项目监理机构负责整理，与会各方代表应会签。

说明：监理例会由总监理工程师或其授权的专业监理工程师主持。专题会议是由总监理工程师或其授权的专业监理工程师主持或参加的，为解决监理过程中的工程专项问题而不定期召开的会议。专题会议纪要的内容包括会议主要议题、会议内容、与会单位、参加人员及召开时间等。

监理例会应包括以下主要内容：

1　检查上次例会议定事项的落实情况，分析未完事项原因。

2　检查分析工程项目进度计划完成情况，提出下一阶段进度目标及其落实措施。

3　检查分析工程项目质量、施工安全管理状况，针对存在的问题提出改进措施。

4　检查工程量核定及工程款支付情况。

5　解决需要协调的有关事项。

6　其他有关事宜。

5.1.5　项目监理机构应协调工程建设相关方的关系。项目监理机构与工程建设相关方之间的工作联系，除另有规定外宜采用工作联系单形式进行。

工作联系单应按本规范表 C.0.1 的要求填写。

5.1.6　项目监理机构应审查施工单位报审的施工组织设计，符合要求时，应由总监理工程师签认后报建设单位。项目监理机构应要求施工单位按已批准的施工组织设计组织施工。施工组织设计需要调整时，项目监理机构应按程序重新审查。

施工组织设计审查应包括下列基本内容：

1　编审程序应符合相关规定。

2　施工进度、施工方案及工程质量保证措施应符合施工合同要求。

3　资金、劳动力、材料、设备等资源供应计划应满足工程施工需要。

4　安全技术措施应符合工程建设强制性标准。

5　施工总平面布置应科学合理。

说明：施工组织设计的报审应遵循下列程序及要求：

1　施工单位编制的施工组织设计经施工单位技术负责人审核签认后，与施工组织设计报审表一并报送项目监理机构。

2　总监理工程师应及时组织专业监理工程师进行审查，需要修改的，由总监理工程师签发书面意见，退回修改；符合要求的，由总监理工程师签认。

3　已签认的施工组织设计由项目监理机构报送建设单位。

项目监理机构还应审查施工组织设计中的生产安全事故应急预案，重点审查应急组织体系、相关人员职责、预警预防制度、应急救援措施。

5.1.7　施工组织设计或（专项）施工方案报审表，应按本规范表 B.0.1 的要求填写。

5.1.8　总监理工程师应组织专业监理工程师审查施工单位报送的工程开工报审表及相关资料；同时具备下列条件时，应由总监理工程师签署审核意见，并应报建设单位批准后，总监理工程师签发工程开工令：

1　设计交底和图纸会审已完成。

2　施工组织设计已由总监理工程师签认。

3　施工单位现场质量、安全生产管理体系已建立，管理及施工人员已到位，施工机械具备使用条件，主要工程材料已落实。

4　进场道路及水、电、通信等已满足开工要求。

说明：总监理工程师应在开工日期 7 天前向施工单位发出工程开工令。工期自总监理工程师发出的工程开工令中载明的开工日期起计算。施工单位应在开工日期后尽快施工。

5.1.9　工程开工报审表应按本规范表 B.0.2 的要求填写。工程开工令应按本规范表 A.0.2 的要求填写。

5.1.10　分包工程开工前，项目监理机构应审核施工单位报送的分包单位资格报审表，专业监理工程师提出审查意见后，应由总监理工程师审核签认。

分包单位资格审核应包括下列基本内容：

1 营业执照、企业资质等级证书。

2 安全生产许可文件。

3 类似工程业绩。

4 专职管理人员和特种作业人员的资格。

5.1.11 分包单位资格报审表应按本规范表 B.0.4 的要求填写。

5.1.12 项目监理机构宜根据工程特点、施工合同、工程设计文件及经过批准的施工组织设计对工程风险进行分析，并宜提出工程质量、造价、进度目标控制及安全生产管理的防范性对策。

说明： 项目监理机构进行风险分析时，主要是找出工程目标控制和安全生产管理的重点、难点以及最易发生事故、索赔事件的原因和部位，加强对施工合同的管理，制定防范性对策。

5.2 工程质量控制

5.2.1 工程开工前，项目监理机构应审查施工单位现场的质量管理组织机构、管理制度及专职管理人员和特种作业人员的资格。

5.2.2 总监理工程师应组织专业监理工程师审查施工单位报审的施工方案，符合要求后应予以签认。

施工方案审查应包括下列基本内容：

1 编审程序应符合相关规定。

2 工程质量保证措施应符合有关标准。

5.2.3 施工方案报审表应按本规范表 B.0.1 的要求填写。

5.2.4 专业监理工程师应审查施工单位报送的新材料、新工艺、新技术、新设备的质量认证材料和相关验收标准的适用性，必要时，应要求施工单位组织专题论证，审查合格后报总监理工程师签认。

说明： 新材料、新工艺、新技术、新设备的应用应符合国家相关规定。专业监理工程师审查时，可根据具体情况要求施工单位提供相应的检验、检测、试验、鉴定或评估报告及相应的验收标准。项目监理机构认为有必要进行专题论证时，施工单位应组织专题论证会。

5.2.5 专业监理工程师应检查、复核施工单位报送的施工控制测量成果及保护措施，签署意见。专业监理工程师应对施工单位在施工过程中报送的施工测量放线成果进行查验。

施工控制测量成果及保护措施的检查、复核，应包括下列内容：

1 施工单位测量人员的资格证书及测量设备检定证书。

2 施工平面控制网、高程控制网和临时水准点的测量成果及控制桩的保护措施。

说明： 专业监理工程师应审核施工单位的测量依据、测量人员资格和测量成果是否符合规范及标准要求，符合要求的，由专业监理工程师予以签认。

5.2.6 施工控制测量成果报验表应按本规范表 B.0.5 的要求填写。

5.2.7 专业监理工程师应检查施工单位为工程提供服务的试验室。

试验室的检查应包括下列内容：

1   试验室的资质等级及试验范围。

2   法定计量部门对试验设备出具的计量检定证明。

3   试验室管理制度。

4   试验人员资格证书。

说明：施工单位为工程提供服务的试验室是指施工单位自有试验室或委托的试验室。

5.2.8   施工单位的试验室报审表应按本规范表 B.0.7 的要求填写。

5.2.9   项目监理机构应审查施工单位报送的用于工程的材料、构配件、设备的质量证明文件，并应按有关规定、建设工程监理合同约定，对用于工程的材料进行见证取样、平行检验。

项目监理机构对已进场经检验不合格的工程材料、构配件、设备，应要求施工单位限期将其撤出施工现场。

工程材料、构配件、设备报审表应按本规范表 B.0.6 的要求填写。

说明：用于工程的材料、构配件、设备的质量证明文件包括出厂合格证、质量检验报告、性能检测报告以及施工单位的质量抽检报告等。工程监理单位与建设单位应在建设工程监理合同中事先约定平行检验的项目、数量、频率、费用等内容。

5.2.10   专业监理工程师应审查施工单位定期提交影响工程质量的计量设备的检查和检定报告。

说明：计量设备是指施工中使用的衡器、量具、计量装置等设备。施工单位应按有关规定定期对计量设备进行检查、检定，确保计量设备的精确性和可靠性。

5.2.11   项目监理机构应根据工程特点和施工单位报送的施工组织设计，确定旁站的关键部位、关键工序，安排监理人员进行旁站，并应及时记录旁站情况。

旁站记录应按本规范表 A.0.6 的要求填写。

说明：项目监理机构应将影响工程主体结构安全的、完工后无法检测其质量的或返工会造成较大损失的部位及其施工过程作为旁站的关键部位、关键工序。

5.2.12   项目监理机构应安排监理人员对工程施工质量进行巡视。巡视应包括下列主要内容：

1   施工单位是否按工程设计文件、工程建设标准和批准的施工组织设计、（专项）施工方案施工。

2   使用的工程材料、构配件和设备是否合格。

3   施工现场管理人员，特别是施工质量管理人员是否到位。

4   特种作业人员是否持证上岗。

5.2.13   项目监理机构应根据工程特点、专业要求，以及建设工程监理合同约定，对施工质量进行平行检验。

说明：项目监理机构对施工质量进行的平行检验，应符合工程特点、专业要求及行业主管部门的有关规定，并符合建设工程监理合同的约定。

5.2.14   项目监理机构应对施工单位报验的隐蔽工程、检验批、分项工程和分部工程进行验收，对验收合格的应给予签认；对验收不合格的应拒绝签认，同时应要求施工单位在指定的时间内整改并重新报验。

对已同意覆盖的工程隐蔽部位质量有疑问的，或发现施工单位私自覆盖工程隐蔽部位的，项目监理机构应要求施工单位对该隐蔽部位进行钻孔探测、剥离或其他方法进行重新检验。

隐蔽工程、检验批、分项工程报验表应按本规范表 B.0.7 的要求填写。分部工程报验表应按本规范表 B.0.8 的要求填写。

说明：项目监理机构应按规定对施工单位自检合格后报验的隐蔽工程、检验批、分项工程和分部工程及相关文件和资料进行审查和验收，符合要求的，签署验收意见。检验批报验按有关专业工程施工验收标准规定的程序执行。

项目监理机构可要求施工单位对已覆盖的工程隐蔽部位进行钻孔探测、剥离或其他方法重新检验，经检验证明工程质量符合合同要求的，建设单位应承担由此增加的费用和（或）工期延期，并支付施工单位合理利润；经检验证明工程质量不符合合同要求的，施工单位应承担由此增加的费用和（或）工期延误。

5.2.15　项目监理机构发现施工存在质量问题的，或施工单位采用不适当的施工工艺，或施工不当，造成工程质量不合格的，应及时签发监理通知单，要求施工单位整改。整改完毕后，项目监理机构应根据施工单位报送的监理通知回复单对整改情况进行复查，提出复查意见。

监理通知单应按本规范表 A.0.3 的要求填写，监理通知回复单应按本规范表 B.0.9 的要求填写。

5.2.16　对需要返工处理或加固补强的质量缺陷，项目监理机构应要求施工单位报送经设计等相关单位认可的处理方案，并应对质量缺陷的处理过程进行跟踪检查，同时应对处理结果进行验收。

5.2.17　对需要返工处理或加固补强的质量事故，项目监理机构应要求施工单位报送质量事故调查报告和经设计等相关单位认可的处理方案，并应对质量事故的处理过程进行跟踪检查，同时应对处理结果进行验收。

项目监理机构应及时向建设单位提交质量事故书面报告，并应将完整的质量事故处理记录整理归档。

说明：项目监理机构向建设单位提交的质量事故书面报告应包括下列主要内容：

1　工程及参建单位名称。

2　质量事故发生的时间、地点、工程部位。

3　事故发生的简要经过、造成工程损伤状况、伤亡人数和直接经济损失的初步估计。

4　事故发生原因的初步判断。

5　事故发生后采取的措施及处理方案。

6　事故处理的过程及结果。

5.2.18　项目监理机构应审查施工单位提交的单位工程竣工验收报审表及竣工资料，组织工程竣工预验收。存在问题的，应要求施工单位及时整改；合格的，总监理工程师应签认单位工程竣工验收报审表。

单位工程竣工验收报审表应按本规范表 B.0.10 的要求填写。

说明：项目监理机构收到工程竣工验收报审表后，总监理工程师应组织专业监理工程师对工程实体质量情况及竣工资料进行全面检查，需要进行功能试验（包括单机试车和无负荷试车）的，项目监理机构应审查试验报告单。

项目监理机构应督促施工单位做好成品保护和现场清理。

5.2.19   工程竣工预验收合格后，项目监理机构应编写工程质量评估报告，并应经总监理工程师和工程监理单位技术负责人审核签字后报建设单位。

说明：工程质量评估报告应包括以下主要内容：

1   工程概况。

2   工程各参建单位。

3   工程质量验收情况。

4   工程质量事故及其处理情况。

5   竣工资料审查情况。

6   工程质量评估结论。

5.2.20   项目监理机构应参加由建设单位组织的竣工验收，对验收中提出的整改问题，应督促施工单位及时整改。工程质量符合要求的，总监理工程师应在工程竣工验收报告中签署意见。

5.3   工程造价控制

5.3.1   项目监理机构应按下列程序进行工程计量和付款签证：

1   专业监理工程师对施工单位在工程款支付报审表中提交的工程量和支付金额进行复核，确定实际完成的工程量，提出到期应支付给施工单位的金额，并提出相应的支持性材料。

2   总监理工程师对专业监理工程师的审查意见进行审核，签认后报建设单位审批。

3   总监理工程师根据建设单位的审批意见，向施工单位签发工程款支付证书。

说明：项目监理机构应及时审查施工单位提交的工程款支付申请，进行工程计量，并与建设单位、施工单位沟通协商一致后，由总监理工程师签发工程款支付证书。其中，项目监理机构对施工单位提交的进度付款申请应审核以下内容：

(1) 截至本次付款周期末已实施工程的合同价款。

(2) 增加和扣减的变更金额。

(3) 增加和扣减的索赔金额。

(4) 支付的预付款和扣减的返还预付款。

(5) 扣减的质量保证金。

(6) 根据合同应增加和扣减的其他金额。

项目监理机构应从第一个付款周期开始，在施工单位的进度付款中，按专用合同条款的约定扣留质量保证金，直至扣留的质量保证金总额达到专用合同条款约定的金额或比例为止。质量保证金的计算额度不包括预付款的支付、扣回以及价格调整的金额。

5.3.2   工程款支付报审表应按本规范表 B.0.11 的要求填写，工程款支付证书应按本规范表 A.0.8 的要求填写。

5.3.3   项目监理机构应编制月完成工程量统计表，对实际完成量与计划完成量进行比较分析，发现偏差的，应提出调整建议，并应在监理月报中向建设单位报告。

5.3.4   项目监理机构应按下列程序进行竣工结算款审核：

1   专业监理工程师审查施工单位提交的竣工结算款支付申请，提出审查意见。

2   总监理工程师对专业监理工程师的审查意见进行审核，签认后报建设单位审批，同时抄送施工单位，并就工程竣工结算事宜与建设单位、施工单位协商；达成一致意见的，根据建设单位审批意见向施工单位签发竣工结算款支付证书；不能达成一致意见的，应按施工合同约定处理。

说明：项目监理机构应按有关工程结算规定及施工合同约定对竣工结算进行审核。

5.3.5 工程竣工结算款支付报审表应按本规范表 B.0.11 的要求填写，竣工结算款支付证书应按本规范表 A.0.8 的要求填写。

5.4 工程进度控制

5.4.1 项目监理机构应审查施工单位报审的施工总进度计划和阶段性施工进度计划，提出审查意见，并应由总监理工程师审核后报建设单位。

施工进度计划审查应包括下列基本内容：

1 施工进度计划应符合施工合同中工期的约定。

2 施工进度计划中主要工程项目无遗漏，应满足分批投入试运、分批动用的需要，阶段性施工进度计划应满足总进度控制目标的要求。

3 施工顺序的安排应符合施工工艺要求。

4 施工人员、工程材料、施工机械等资源供应计划应满足施工进度计划的需要。

5 施工进度计划应符合建设单位提供的资金、施工图纸、施工场地、物资等施工条件。

说明：项目监理机构审查阶段性施工进度计划时，应注重阶段性施工进度计划与总进度计划目标的一致性。

5.4.2 施工进度计划报审表应按本规范表 B.0.12 的要求填写。

5.4.3 项目监理机构应检查施工进度计划的实施情况，发现实际进度严重滞后于计划进度且影响合同工期时，应签发监理通知单，要求施工单位采取调整措施加快施工进度。总监理工程师应向建设单位报告工期延误风险。

说明：在施工进度计划实施过程中，项目监理机构应检查和记录实际进度情况，发生施工进度计划调整的，应报项目监理机构审查，并经建设单位同意后实施。发现实际进度严重滞后于计划进度且影响合同工期时，项目监理机构应签发监理通知单、召开专题会议，督促施工单位按批准的施工进度计划实施。

5.4.4 项目监理机构应比较分析工程施工实际进度与计划进度，预测实际进度对工程总工期的影响，并应在监理月报中向建设单位报告工程实际进展情况。

5.5 安全生产管理的监理工作

5.5.1 项目监理机构应根据法律法规、工程建设强制性标准，履行建设工程安全生产管理的监理职责，并应将安全生产管理的监理工作内容、方法和措施纳入监理规划及监理实施细则。

5.5.2 项目监理机构应审查施工单位现场安全生产规章制度的建立和实施情况，并应审查施工单位安全生产许可证及施工单位项目经理、专职安全生产管理人员和特种作业人员的资格，同时应核查施工机械和设施的安全许可验收手续。

说明：项目监理机构应重点审查施工单位安全生产许可证及施工单位项目经理资格证、专职安全生产管理人员上岗证和特种作业人员操作证年检合格与否，核查施工机械和设施的安全许可验收手续。

5.5.3 项目监理机构应审查施工单位报审的专项施工方案，符合要求的，应由总监理工程师签认后报建设单位。超过一定规模的危险性较大的分部分项工程的专项施工方案，应检查施工单位组织专家进行论证、审查的情况，以及是否附具安全验算结果。项目监理机构应要求施工单位按已批准的专项施工方案组织施工。专项施工方案需要调整时，施工单位应按程序重新提交项目监理机构审查。

专项施工方案审查应包括下列基本内容：

1 编审程序应符合相关规定。

2 安全技术措施应符合工程建设强制性标准。

5.5.4 专项施工方案报审表应按本规范表 B.0.1 的要求填写。

5.5.5 项目监理机构应巡视检查危险性较大的分部分项工程专项施工方案实施情况。发现未按专项施工方案实施时，应签发监理通知单，要求施工单位按专项施工方案实施。

5.5.6 项目监理机构在实施监理过程中，发现工程存在安全事故隐患时，应签发监理通知单，要求施工单位整改；情况严重时，应签发工程暂停令，并应及时报告建设单位。施工单位拒不整改或不停止施工时，项目监理机构应及时向有关主管部门报送监理报告。

监理报告应按本规范表 A.0.4 的要求填写。

说明： 紧急情况下，项目监理机构通过电话、传真或者电子邮件向有关主管部门报告的，事后应形成监理报告。

6 工程变更、索赔及施工合同争议处理

6.1 一般规定

6.1.1 项目监理机构应依据建设工程监理合同约定进行施工合同管理，处理工程暂停及复工、工程变更、索赔及施工合同争议、解除等事宜。

6.1.2 施工合同终止时，项目监理机构应协助建设单位按施工合同约定处理施工合同终止的有关事宜。

6.2 工程暂停及复工

6.2.1 总监理工程师在签发工程暂停令时，可根据停工原因的影响范围和影响程度，确定停工范围，并应按施工合同和建设工程监理合同的约定签发工程暂停令。

6.2.2 项目监理机构发现下列情况之一时，总监理工程师应及时签发工程暂停令：

1 建设单位要求暂停施工且工程需要暂停施工的。

2 施工单位未经批准擅自施工或拒绝项目监理机构管理的。

3 施工单位未按审查通过的工程设计文件施工的。

4 施工单位违反工程建设强制性标准的。

5 施工存在重大质量、安全事故隐患或发生质量、安全事故的。

说明： 总监理工程师签发工程暂停令，应事先征得建设单位同意。在紧急情况下，未能事先征得建设单位同意的，应在事后及时向建设单位书面报告。施工单位未按要求停工或复工的，项目监理机构应及时报告建设单位。

发生情况1时，建设单位要求停工，总监理工程师经过独立判断，认为有必要暂停施工的，可签发工程暂停令；认为没有必要暂停施工的，不应签发工程暂停令。

发生情况2时，施工单位擅自施工的，总监理工程师应及时签发工程暂停令；施工单

位拒绝执行项目监理机构的要求和指令时，总监理工程师应视情况签发工程暂停令。

发生情况3、4、5时，总监理工程师均应及时签发工程暂停令。

6.2.3 总监理工程师签发工程暂停令应事先征得建设单位同意，在紧急情况下未能事先报告时，应在事后及时向建设单位作出书面报告。

工程暂停令应按本规范表A.0.5的要求填写。

6.2.4 暂停施工事件发生时，项目监理机构应如实记录所发生的情况。

6.2.5 总监理工程师应会同有关各方按施工合同约定，处理因工程暂停引起的与工期、费用有关的问题。

6.2.6 因施工单位原因暂停施工时，项目监理机构应检查、验收施工单位的停工整改过程、结果。

6.2.7 当暂停施工原因消失、具备复工条件时，施工单位提出复工申请的，项目监理机构应审查施工单位报送的工程复工报审表及有关材料，符合要求后，总监理工程师应及时签署审查意见，并应报建设单位批准后签发工程复工令；施工单位未提出复工申请的，总监理工程师应根据工程实际情况指令施工单位恢复施工。

工程复工报审表应按本规范表B.0.3的要求填写，工程复工令应按本规范表A.0.7的要求填写。

说明：总监理工程师签发工程复工令，应事先征得建设单位同意。

6.3 工程变更

6.3.1 项目监理机构可按下列程序处理施工单位提出的工程变更：

1 总监理工程师组织专业监理工程师审查施工单位提出的工程变更申请，提出审查意见。对涉及工程设计文件修改的工程变更，应由建设单位转交原设计单位修改工程设计文件。必要时，项目监理机构应建议建设单位组织设计、施工等单位召开论证工程设计文件的修改方案的专题会议。

2 总监理工程师组织专业监理工程师对工程变更费用及工期影响作出评估。

3 总监理工程师组织建设单位、施工单位等共同协商确定工程变更费用及工期变化，会签工程变更单。

4 项目监理机构根据批准的工程变更文件监督施工单位实施工程变更。

说明：发生工程变更，应经过建设单位、设计单位、施工单位和工程监理单位的签认，并通过总监理工程师下达变更指令后，施工单位方可进行施工。

工程变更需要修改工程设计文件，涉及消防、人防、环保、节能、结构等内容的，应按规定经有关部门重新审查。

6.3.2 工程变更单应按本规范表C.0.2的要求填写。

6.3.3 项目监理机构可在工程变更实施前与建设单位、施工单位等协商确定工程变更的计价原则、计价方法或价款。

说明：工程变更价款确定的原则如下：

1 合同中已有适用于变更工程的价格，按合同已有的价格计算、变更合同价款。

2 合同中有类似于变更工程的价格，可参照类似价格变更合同价款。

3 合同中没有适用或类似于变更工程的价格，总监理工程师应与建设单位、施工单位就工程变更价款进行充分协商达成一致；如双方达不成一致，由总监理工程师按照成本加利润的原则确定工程变更的合理单价或价款，如有异议，按施工合同约定的争议程序处理。

6.3.4　建设单位与施工单位未能就工程变更费用达成协议时，项目监理机构可提出一个暂定价格并经建设单位同意，作为临时支付工程款的依据。工程变更款项最终结算时，应以建设单位与施工单位达成的协议为依据。

6.3.5　项目监理机构可对建设单位要求的工程变更提出评估意见，并应督促施工单位按会签后的工程变更单组织施工。

说明： 项目监理机构评估后确实需要变更的，建设单位应要求原设计单位编制工程变更文件。

6.4　费用索赔

6.4.1　项目监理机构应及时收集、整理有关工程费用的原始资料，为处理费用索赔提供证据。

说明： 涉及工程费用索赔的有关施工和监理文件资料包括：施工合同、采购合同、工程变更单、施工组织设计、专项施工方案、施工进度计划、建设单位和施工单位的有关文件、会议纪要、监理记录、监理工作联系单、监理通知单、监理月报及相关监理文件资料等。

6.4.2　项目监理机构处理费用索赔的主要依据应包括下列内容：

1　法律法规。

2　勘察设计文件、施工合同文件。

3　工程建设标准。

4　索赔事件的证据。

说明： 处理索赔时，应遵循"谁索赔，谁举证"原则，并注意证据的有效性。

6.4.3　项目监理机构可按下列程序处理施工单位提出的费用索赔：

1　受理施工单位在施工合同约定的期限内提交的费用索赔意向通知书。

2　收集与索赔有关的资料。

3　受理施工单位在施工合同约定的期限内提交的费用索赔报审表。

4　审查费用索赔报审表。需要施工单位进一步提交详细资料时，应在施工合同约定的期限内发出通知。

5　与建设单位和施工单位协商一致后，在施工合同约定的期限内签发费用索赔报审表，并报建设单位。

说明： 总监理工程师在签发索赔报审表时，可附一份索赔审查报告。索赔审查报告内容包括受理索赔的日期，索赔要求，索赔过程，确认的索赔理由及合同依据，批准的索赔额及其计算方法等。

6.4.4　费用索赔意向通知书应按本规范表C.0.3的要求填写；费用索赔报审表应按本规范表B.0.13的要求填写。

6.4.5　项目监理机构批准施工单位费用索赔应同时满足下列条件：

1　施工单位在施工合同约定的期限内提出费用索赔。

2　索赔事件是因非施工单位原因造成，且符合施工合同约定。

3　索赔事件造成施工单位直接经济损失。

6.4.6 当施工单位的费用索赔要求与工程延期要求相关联时，项目监理机构可提出费用索赔和工程延期的综合处理意见，并应与建设单位和施工单位协商。

6.4.7 因施工单位原因造成建设单位损失，建设单位提出索赔时，项目监理机构应与建设单位和施工单位协商处理。

6.5` 工程延期及工期延误

6.5.1 施工单位提出工程延期要求符合施工合同约定时，项目监理机构应予以受理。

说明：项目监理机构在受理施工单位提出的工程延期要求后应收集相关资料，并及时处理。

6.5.2 当影响工期事件具有持续性时，项目监理机构应对施工单位提交的阶段性工程临时延期报审表进行审查，并应签署工程临时延期审核意见后报建设单位。

当影响工期事件结束后，项目监理机构应对施工单位提交的工程最终延期报审表进行审查，并应签署工程最终延期审核意见后报建设单位。

工程临时延期报审表和工程最终延期报审表应按本规范表 B.0.14 的要求填写。

6.5.3 项目监理机构在批准工程临时延期、工程最终延期前，均应与建设单位和施工单位协商。

说明：当建设单位与施工单位就工程延期事宜协商达不成一致意见时，项目监理机构应提出评估意见。

6.5.4 项目监理机构批准工程延期应同时满足下列条件：

1 施工单位在施工合同约定的期限内提出工程延期。

2 因非施工单位原因造成施工进度滞后。

3 施工进度滞后影响到施工合同约定的工期。

6.5.5 施工单位因工程延期提出费用索赔时，项目监理机构可按施工合同约定进行处理。

6.5.6 发生工期延误时，项目监理机构应按施工合同约定进行处理。

6.6 施工合同争议

6.6.1 项目监理机构处理施工合同争议时应进行下列工作：

1 了解合同争议情况。

2 及时与合同争议双方进行磋商。

3 提出处理方案后，由总监理工程师进行协调。

4 当双方未能达成一致时，总监理工程师应提出处理合同争议的意见。

说明：项目监理机构可要求争议双方出具相关证据。总监理工程师应遵守客观、公平的原则，提出合同争议的处理意见。

6.6.2 项目监理机构在施工合同争议处理过程中，对未达到施工合同约定的暂停履行合同条件的，应要求施工合同双方继续履行合同。

6.6.3 在施工合同争议的仲裁或诉讼过程中，项目监理机构应按仲裁机关或法院要求提供与争议有关的证据。

6.7 施工合同解除

6.7.1 因建设单位原因导致施工合同解除时，项目监理机构应按施工合同约定与建设单位和施工单位按下列款项协商确定施工单位应得款项，并应签发工程款支付证书：

1 施工单位按施工合同约定已完成的工作应得款项。

2 施工单位按批准的采购计划订购工程材料、构配件、设备的款项。

3 施工单位撤离施工设备至原基地或其他目的地的合理费用。

4 施工单位人员的合理遣返费用。

5 施工单位合理的利润补偿。

6 施工合同约定的建设单位应支付的违约金。

6.7.2 因施工单位原因导致施工合同解除时，项目监理机构应按施工合同约定，从下列款项中确定施工单位应得款项或偿还建设单位的款项，并应与建设单位和施工单位协商后，书面提交施工单位应得款项或偿还建设单位款项的证明：

1 施工单位已按施工合同约定实际完成的工作应得款项和已给付的款项。

2 施工单位已提供的材料、构配件、设备和临时工程等的价值。

3 对已完工程进行检查和验收、移交工程资料、修复已完工程质量缺陷等所需的费用。

4 施工合同约定的施工单位应支付的违约金。

6.7.3 因非建设单位、施工单位原因导致施工合同解除时，项目监理机构应按施工合同约定处理合同解除后的有关事宜。

7 监理文件资料管理

7.1 一般规定

7.1.1 项目监理机构应建立完善监理文件资料管理制度，宜设专人管理监理文件资料。

说明：监理文件资料是实施监理过程的真实反映，既是监理工作成效的根本体现，也是工程质量、生产安全事故责任划分的重要依据，项目监理机构应做到"明确责任，专人负责"。

7.1.2 项目监理机构应及时、准确、完整地收集、整理、编制、传递监理文件资料。

说明：监理人员应及时分类整理自己负责的文件资料，并移交由总监理工程师指定的专人进行管理，监理文件资料应准确、完整。

7.1.3 项目监理机构宜采用信息技术进行监理文件资料管理。

7.2 监理文件资料内容

7.2.1 监理文件资料应包括下列主要内容：

1 勘察设计文件、建设工程监理合同及其他合同文件。

2 监理规划、监理实施细则。

3 设计交底和图纸会审会议纪要。

4 施工组织设计、（专项）施工方案、施工进度计划报审文件资料。

5 分包单位资格报审文件资料。

6 施工控制测量成果报验文件资料。

7 总监理工程师任命书，开工令、暂停令、复工令，工程开工或复工报审文件资料。

8 工程材料、构配件、设备报验文件资料。

9 见证取样和平行检验文件资料。

10 工程质量检查报验资料及工程有关验收资料。

11 工程变更、费用索赔及工程延期文件资料。

12 工程计量、工程款支付文件资料。

13 监理通知单、工作联系单与监理报告。

14 第一次工地会议、监理例会、专题会议等会议纪要。

15 监理月报、监理日志、旁站记录。

16 工程质量或生产安全事故处理文件资料。

17 工程质量评估报告及竣工验收监理文件资料。

18 监理工作总结。

说明：合同文件、勘察设计文件是建设单位提供的监理工作依据。

项目监理机构收集归档的监理文件资料应为原件，若为复印件，应加盖报送单位印章，并由经手人签字、注明日期。

监理文件资料涉及的有关表格应采用本规范统一表式，签字盖章手续完备。

7.2.2 监理日志应包括下列主要内容：

1 天气和施工环境情况。

2 当日施工进展情况。

3 当日监理工作情况，包括旁站、巡视、见证取样、平行检验等情况。

4 当日存在的问题及处理情况。

5 其他有关事项。

说明：总监理工程师应定期审阅监理日志，全面了解监理工作情况。

7.2.3 监理月报应包括下列主要内容：

1 本月工程实施情况。

2 本月监理工作情况。

3 本月施工中存在的问题及处理情况。

4 下月监理工作重点。

说明：监理月报是项目监理机构定期编制并向建设单位和工程监理单位提交的重要文件。

监理月报应包括以下具体内容：

1 本月工程实施情况。

1）工程进展情况，实际进度与计划进度的比较，施工单位人、机、料进场及使用情况，本期在施工部位的工程照片。

2）工程质量情况，分项分部工程验收情况，工程材料、设备、构配件进场检验情况，主要施工试验情况，本月工程质量分析。

3）施工单位安全生产管理工作评述。

4）已完工程量与已付工程款的统计及说明。

2 本月监理工作情况。

1）工程进度控制方面的工作情况。

2）工程质量控制方面的工作情况。

3）安全生产管理方面的工作情况。

4）工程计量与工程款支付方面的工作情况。

5）合同其他事项的管理工作情况。

6）监理工作统计及工作照片。

3 本月施工中存在的问题及处理情况。

1）工程进度控制方面的主要问题分析及处理情况。

2）工程质量控制方面的主要问题分析及处理情况。

3）施工单位安全生产管理方面的主要问题分析及处理情况。

4）工程计量与工程款支付方面的主要问题分析及处理情况。

5）合同其他事项管理方面的主要问题分析及处理情况。

4 下月监理工作重点。

1）在工程管理方面的监理工作重点。

2）在项目监理机构内部管理方面的工作重点。

7.2.4 监理工作总结应包括下列主要内容：

1 工程概况。

2 项目监理机构。

3 建设工程监理合同履行情况。

4 监理工作成效。

5 监理工作中发现的问题及其处理情况。

6 说明和建议。

说明： 监理工程总结经总监理工程师签字后报工程监理单位。

7.3 监理文件资料归档

7.3.1 项目监理机构应及时整理、分类汇总监理文件资料，并应按规定组卷，形成监理档案。

说明： 监理文件资料的组卷及归档应符合相关规定。

7.3.2 工程监理单位应根据工程特点和有关规定，保存监理档案，并应向有关单位、部门移交需要存档的监理文件资料。

说明： 工程监理单位应按合同约定向建设单位移交监理档案。工程监理单位自行保存的监理档案保存期可分为永久、长期、短期三种。

8 设备采购与设备监造

8.1 一般规定

8.1.1 项目监理机构应根据建设工程监理合同约定的设备采购与设备监造工作内容配备监理人员，并明确岗位职责。

8.1.2 项目监理机构应编制设备采购与设备监造工作计划，并应协助建设单位编制设备采购与设备监造方案。

8.2 设备采购

8.2.1 采用招标方式进行设备采购时，项目监理机构应协助建设单位按有关规定组织设备采购招标。采用其他方式进行设备采购时，项目监理机构应协助建设单位进行询价。

8.2.2 项目监理机构应协助建设单位进行设备采购合同谈判，并应协助签订设备采购合同。

8.2.3 设备采购文件资料应包括下列主要内容：

1 建设工程监理合同及设备采购合同。

2 设备采购招投标文件。

3 工程设计文件和图纸。

4 市场调查、考察报告。

5 设备采购方案。

6 设备采购工作总结。

8.3 设备监造

8.3.1 项目监理机构应检查设备制造单位的质量管理体系，并应审查设备制造单位报送的设备制造生产计划和工艺方案。

8.3.2 项目监理机构应审查设备制造的检验计划和检验要求，并应确认各阶段的检验时间、内容、方法、标准，以及检测手段、检测设备和仪器。

8.3.3 专业监理工程师应审查设备制造的原材料、外购配套件、元器件、标准件，以及坯料的质量证明文件及检验报告，并应审查设备制造单位提交的报验资料，符合规定时应予以签认。

8.3.4 项目监理机构应对设备制造过程进行监督和检查，对主要及关键零部件的制造工序应进行抽检。

8.3.5 项目监理机构应要求设备制造单位按批准的检验计划和检验要求进行设备制造过程的检验工作，并应做好检验记录。项目监理机构应对检验结果进行审核，认为不符合质量要求时，应要求设备制造单位进行整改、返修或返工。当发生质量失控或重大质量事故时，应由总监理工程师签发暂停令，提出处理意见，并应及时报告建设单位。

8.3.6 项目监理机构应检查和监督设备的装配过程。

8.3.7 在设备制造过程中如需要对设备的原设计进行变更时，项目监理机构应审查设计变更，并应协调处理因变更引起的费用和工期调整，同时应报建设单位批准。

8.3.8 项目监理机构应参加设备整机性能检测、调试和出厂验收，符合要求后应予以签认。

8.3.9 在设备运往现场前，项目监理机构应检查设备制造单位对待运设备采取的防护和包装措施，并应检查是否符合运输、装卸、储存、安装的要求，以及随机文件、装箱单和附件是否齐全。

8.3.10 设备运到现场后，项目监理机构应参加设备制造单位按合同约定与接收单位的交接工作。

8.3.11 专业监理工程师应按设备制造合同的约定审查设备制造单位提交的付款申请单，提出审查意见，并应由总监理工程师审核后签发支付证书。

8.3.12 专业监理工程师应审查设备制造单位提出的索赔文件，提出意见后报总监理工程师，并应由总监理工程师与建设单位、设备制造单位协商一致后签署意见。

8.3.13 专业监理工程师应审查设备制造单位报送的设备制造结算文件，提出审查意见，并应由总监理工程师签署意见后报建设单位。

8.3.14 设备监造文件资料应包括下列主要内容：

1 建设工程监理合同及设备采购合同。

2　设备监造工作计划。

3　设备制造工艺方案报审资料。

4　设备制造的检验计划和检验要求。

5　分包单位资格报审资料。

6　原材料、零配件的检验报告。

7　工程暂停令、开工或复工报审资料。

8　检验记录及试验报告。

9　变更资料。

10　会议纪要。

11　来往函件。

12　监理通知单与工作联系单。

13　监理日志。

14　监理月报。

15　质量事故处理文件。

16　索赔文件。

17　设备验收文件。

18　设备交接文件。

19　支付证书和设备制造结算审核文件。

20　设备监造工作总结。

9　相关服务

9.1　一般规定

9.1.1　工程监理单位应根据建设工程监理合同约定的相关服务范围，开展相关服务工作，编制相关服务工作计划。

说明：相关服务范围可包括工程勘察、设计和保修阶段的工程管理服务工作。建设单位可委托其中一项、多项或全部服务，并支付相应的服务费用。相关服务工作计划应包括相关服务工作的内容、程序、措施、制度等。

9.1.2　工程监理单位应按规定汇总整理、分类归档相关服务工作的文件资料。

9.2　工程勘察设计阶段服务

9.2.1　工程监理单位应协助建设单位编制工程勘察设计任务书和选择工程勘察设计单位，并应协助签订工程勘察设计合同。

说明：工程监理单位协助建设单位选择工程勘察设计单位时，应审查工程勘察设计单位的资质等级、勘察设计人员的资格以及工程勘察设计质量保证体系。

9.2.2　工程监理单位应审查勘察单位提交的勘察方案，提出审查意见，并应报建设单位。变更勘察方案时，应按原程序重新审查。

勘察方案报审表可按本规范表 B.0.1 的要求填写。

9.2.3　工程监理单位应检查勘察现场及室内试验主要岗位操作人员的资格，及所使用设备、仪器计量的检定情况。

说明：现场及室内试验主要岗位操作人员是指钻探设备操作人员、记录人员和室内实验的数据签字和审核人员。

9.2.4　工程监理单位应检查勘察进度执行情况、督促勘察单位完成勘察合同约定的工作内容、审查勘察单位提交的勘察费用支付申请表，以及签发勘察费用支付证书，并应报建设单位。

工程勘察阶段的监理通知单可按本规范表 A.0.3 的要求填写，监理通知回复单可按本规范表 B.0.9 的要求填写；勘察费用支付申请表可按本规范表 B.0.11 的要求填写；勘察费用支付证书可按本规范表 A.0.8 的要求填写。

9.2.5　工程监理单位应检查勘察单位执行勘察方案的情况，对重要点位的勘探与测试应进行现场检查。

说明：重要点位是指勘察方案中工程勘察所需要的控制点、作为持力层的关键层和一些重要层的变化处。对重要点位的勘探与测试可实施旁站。

9.2.6　工程监理单位应审查勘察单位提交的勘察成果报告，并应向建设单位提交勘察成果评估报告，同时应参与勘察成果验收。

勘察成果评估报告应包括下列内容：

1　勘察工作概况。

2　勘察报告编制深度、与勘察标准的符合情况。

3　勘察任务书的完成情况。

4　存在问题及建议。

5　评估结论。

9.2.7　勘察成果报审表可按本规范表 B.0.7 的要求填写。

9.2.8　工程监理单位应依据设计合同及项目总体计划要求审查设计各专业、各阶段设计进度计划。

9.2.9　工程监理单位应检查设计进度计划执行情况、督促设计单位完成设计合同约定的工作内容、审核设计单位提交的设计费用支付申请表，以及签认设计费用支付证书，并应报建设单位。

工程设计阶段的监理通知单可按本规范表 A.0.3 的要求填写；监理通知回复单可按本规范表 B.0.9 的要求填写；设计费用支付申请表可按本规范表 B.0.11 的要求填写；设计费用支付证书可按本规范表 A.0.8 的要求填写。

9.2.10　工程监理单位应审查设计单位提交的设计成果，并应提出评估报告。评估报告应包括下列主要内容：

1　设计工作概况。

2　设计深度、与设计标准的符合情况。

3　设计任务书的完成情况。

4　有关部门审查意见的落实情况。

5　存在的问题及建议。

说明：审查设计成果主要审查方案设计是否符合规划设计要点，初步设计是否符合方案设计要求，施工图设计是否符合初步设计要求。根据工程规模和复杂程度，在取得建设单位同意后，对设计工作成果的评估可不区分方案设计、初步设计和施工图设计，只出具一份报告即可。

9.2.11　设计阶段成果报审表可按本规范表 B.0.7 的要求填写。

9.2.12 工程监理单位应审查设计单位提出的新材料、新工艺、新技术、新设备在相关部门的备案情况。必要时应协助建设单位组织专家评审。

说明：审查工作主要针对目前尚未经过国家、地方、行业组织评审、鉴定的新材料、新工艺、新技术、新设备。

9.2.13 工程监理单位应审查设计单位提出的设计概算、施工图预算，提出审查意见，并应报建设单位。

9.2.14 工程监理单位应分析可能发生索赔的原因，并应制定防范对策。

9.2.15 工程监理单位应协助建设单位组织专家对设计成果进行评审。

9.2.16 工程监理单位可协助建设单位向政府有关部门报审有关工程设计文件，并应根据审批意见，督促设计单位予以完善。

9.2.17 工程监理单位应根据勘察设计合同，协调处理勘察设计延期、费用索赔等事宜。

勘察设计延期报审表可按本规范表 B.0.14 的要求填写；勘察设计费用索赔报审表可按本规范表 B.0.13 的要求填写。

9.3 工程保修阶段服务

9.3.1 承担工程保修阶段的服务工作时，工程监理单位应定期回访。

说明：由于工作的可延续性，工程保修阶段服务工作一般委托工程监理单位承担。工程保修期限按国家有关法律法规确定。工程保修阶段服务工作期限，应在建设工程监理合同中明确。

9.3.2 对建设单位或使用单位提出的工程质量缺陷，工程监理单位应安排监理人员进行检查和记录，并应要求施工单位予以修复，同时应监督实施，合格后应予以签认。

说明：工程监理单位宜在施工阶段监理人员中保留必要的专业监理工程师，对施工单位修复的工程进行验收和签认。

9.3.3 工程监理单位应对工程质量缺陷原因进行调查，并应与建设单位、施工单位协商确定责任归属。对非施工单位原因造成的工程质量缺陷，应核实施工单位申报的修复工程费用，并应签认工程款支付证书，同时应报建设单位。

说明：对非施工单位原因造成的工程质量缺陷，修复费用的核实及支付证明签发，宜由总监理工程师或其授权人签认。

 应用案例 1-2

【案例背景】

某监理单位承担了一项大型石油化工工程项目施工阶段的监理任务，合同签订后，监理单位任命了总监理工程师，总监上任后计划重点抓好3件事。

1. 抓监理组织机构建设，并绘制了监理组织机构建立与运行程序框图（图 1.1）。

2. 落实各类人员工作职责。

（1）确定项目监理机构人员及岗位职责；

（2）组织编制监理规划、审批监理实施细则；

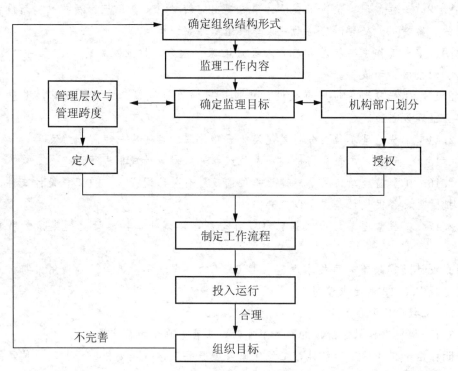

图 1.1 监理组织机构建立与运行程序

（3）参与审核分包单位资格；

（4）审查分包单位提交的涉及本专业的报审文件；

（5）组织审查和处理工程变更；

（6）检查施工单位投入工程的人力、主要设备的使用及运行状况；

（7）调解建设单位和施工单位的合同争议，处理工程索赔；

（8）复核工程计量有关数据；

（9）验收检验批、隐蔽工程、分项工程，参与验收分部工程；

（10）参与或配合工程质量安全事故的调查和处理；

（11）检查进场的工程材料、构配件、设备的质量；

（12）组织检查施工单位的付款申请，签发工程款支付证书，组织审核竣工结算；

（13）检查工序施工结果。

3．抓监理规划编制工作。

【观察与思考】

（1）请改正监理组织机构建立与运行程序流程框图。

（2）所列监理职责中哪些属于总监理工程师的职责？哪些属于监理工程师的职责？哪些属于监理员的职责？

（3）监理规划的编制应符合什么要求？应编制什么内容？

【案例分析】

1．监理组织机构建立与运行程序（图 1.2）。

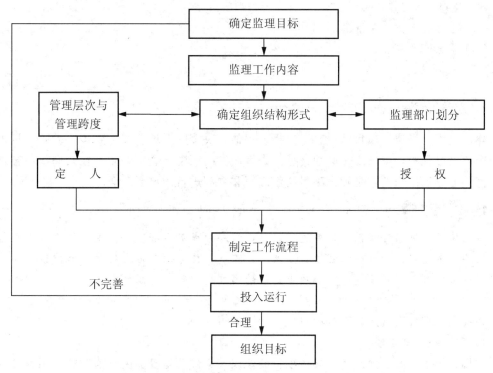

图 1.2 监理组织机构建立与运行程序

2. 各类人员职责

总监理工程师职责：(1)(2)(5)(7)(10)(12)

监理工程师职责：(3)(4)(9)(11)

监理员职责：(6)(8)(13)

3. 监理规划的编制应符合如下要求：

(1) 监理规划内容构成的统一；

(2) 监理规划具体内容应针对工程项目特征；

(3) 监理规划的表达应规范化、标准化、格式化；

(4) 监理规划应由总监理工程师组织编制；

(5) 监理规划应把握项目运行脉搏；

(6) 监理规划可分阶段编写；

(7) 监理规划编制完成后应由监理单位审核批准和业主认可后实施。

监理规划的内容：

(1) 工程项目概况；

(2) 监理工作范围；

(3) 监理工作内容；

(4) 监理工作目标；

(5) 监理工作依据；

(6) 项目监理机构的组织形式；

(7) 项目监理机构的人员配备计划；

(8) 项目机理机构的人员岗位职责；

（9）监理工作程序；

（10）监理工作方法及措施；

（11）监理工作制度；

（12）监理设施。

1.2.3　建设工程建设程序

建设程序是指建设项目从设想、选择、评估、决策、设计、施工到竣工验收、投入生产整个建设过程中，各项工作必须遵循的先后次序的法则。这个法则是在人们认识客观规律的基础上制定出来的，是建设项目科学决策和顺利进行的重要保证。

 特 别 提 示

按照建设项目内在联系和发展过程，建设程序分成若干阶段，这些发展阶段有严格的先后次序，不能任意颠倒。工程项目虽然千差万别，但它们都应遵循科学的建设程序，每一位建设工作者必须严格遵守工程项目建设的内在规律和组织制度。

在我国，按现行规定，工程项目建设程序如下。

1）项目建议书阶段

项目建议书是要求建设某一具体项目的建议性文件，是投资决策前对拟建项目的轮廓设想。项目建议书的主要作用是为推荐拟建项目作出说明，论述项目建设的必要性、条件的可行性和获利的可能性，供基本建设管理部门选择并确定是否进行下一步工作。

项目建议书的内容视项目的不同而有繁有简，但一般应包括以下几个方面。

（1）建设项目提出的必要性和依据。

（2）产品方案、拟建规模和建设地点的初步设想。

（3）资源情况、建设条件、协作关系等的初步分析。

（4）投资估算和资金筹措设想。

（5）经济效益和社会效益的估计。

2）可行性研究阶段

项目建议书一经批准，即可着手进行可行性研究，对项目在技术上是否可行和经济上是否合理进行科学的分析和论证。

 特 别 提 示

可行性研究报告是确定建设项目、编制设计文件的重要依据，因而编制可行性研究报告必须保证有相当的深度和准确性。

大中型项目的可行性研究报告一般应包括以下几个方面。

（1）根据经济预测、市场预测确定的建设规模和产品方案。

（2）资源、原材料、燃料、动力、供水、交通运输条件。

（3）建厂条件和厂址方案。

（4）技术工艺、主要设备选型和相应的技术经济指标。

（5）主要单项工程、公用辅助设施、配套工程。

（6）环境保护、城市规划、防震、防洪等要求和采取的相应措施方案。

（7）企业组织、劳动定员和管理制度。

（8）建设进度和工期。

（9）投资估算和资金筹措。

（10）经济效益和社会效益。

可行性研究报告经批准后，组建项目管理班子，并着手项目实施阶段的工作。

3）项目设计阶段

设计工作开始前，项目业主按建设监理制的要求委托建设工程监理。在监理企业的协助下，根据可行性研究报告，做好勘察和调查研究工作，落实外部建设条件，进行设计招标，确定设计方案和设计单位。对于一般建设项目，设计过程一般划分为两个阶段进行，即初步设计阶段和施工图设计阶段。重大项目和技术复杂项目可根据不同行业的特点和需要，在初步设计之后增加技术设计(扩大初步设计)阶段。

4）建设准备阶段

项目在开工建设之前要切实做好各项准备工作，其主要内容如下。

（1）征地、拆迁和场地平整。

（2）完成施工用水、用电、用路等工程。

（3）组织设备、材料订货。

（4）准备必要的施工图样。

（5）组织施工招标投标，择优选定施工单位。

5）施工阶段

建设项目经批准新开工建设，项目即进入了施工阶段，按设计要求施工安装，建成工程实体。项目新开工时间是指建设项目设计文件中规定的任何一项永久性工程第一次正式破土开始施工的日期。铁路、公路、水库等需要进行大量土、石方的工程，以开始进行土、石方工程的时间作为正式开工时间。工程地质勘察、平整工地、旧有建筑物的拆除、临时建筑、施工用临时道路和水电等施工不算正式开工。

6）交付使用前准备

项目业主在监理企业的协助下，根据建设项目或主要单项工程生产的技术特点，及时组成专门班子或机构，有计划地抓好交付使用前准备工作，保证项目建成后能及时投产或投入使用。交付使用前准备工作主要包括人员培训、组织准备、技术准备、物资准备等。

7）竣工验收阶段

竣工验收是工程建设过程的最后一环，是全面考核基本建设成果、检验设计和工程质量的重要步骤，也是基本建设转入生产使用的标志。

申请建设项目验收需要做好整理技术资料、绘制项目竣工图样、编制项目决算等准备工作。

对大中型项目应当经过初验，然后再进行最终的竣工验收。简单、小型项目可以一次性进行全部项目的竣工验收。竣工验收合格可以交付使用。同时按规定实施保修，保修期限在《建设工程质量管理条例》中有详细规定。

8）建设项目后评价阶段

建设项目后评价是工程项目竣工投产、生产运营一段时间后，再对项目的立项决策、设计施工、竣工投产、生产运营等全过程进行系统评价的一种经济活动，是固定资产投资管理的一项重要的内容，也是固定资产投资管理的最后一个环节。通过建设项目后评价以达到肯定成绩、总结经验、研究问题、吸取教训、提出建议、改进工作、不断提高项目决策水平和投资效果的目的。

特别提示

建设程序为工程建设行为提出了规范化的要求，监理工程师必须严格按照建设程序开展监理活动，并熟悉建设过程各阶段的工作内容。

1.2.4 建设工程主要管理制度

按照我国有关规定：在工程建设中，应当实行项目法人责任制、工程招标投标制、建设工程监理制、合同管理制等主要制度。这些制度相互关联、相互支持，共同构成了建设工程管理制度体系。

1. 项目法人责任制

为了建立投资约束机制，规范建设单位的行为，建设工程应当按照政企分开的原则组建项目法人，实行项目法人责任制，即由项目法人对项目的策划、资金筹措建设实施、生产经营、债务偿还和资产的保值增值，实行全过程负责的制度。

1）项目法人

国有单位经营性大中型建设工程必须在建设阶段组建项目法人。项目法人可按《中华人民共和国公司法》（以下简称《公司法》）的规定设立有限责任公司（包括国有独资公司）和股份有限公司等。

2）项目法人的设立

（1）设立时间。对于新建设的项目在项目建议书被批准后，应及时组建项目法人筹备组，具体负责项目法人的筹建工作。项目法人筹备组主要由项目投资方派代表组成。

（2）备案。国家重点建设项目的公司章程须报国家发展与改革委员会备案，其他项目的公司章程按项目隶同关系分别向有关部门、地方发展和改革委员会备案。

3）组织形式和职责

（1）组织形式。

国有独资公司设立董事会，董事会由投资方负责组建。

国有控股或参股的有限责任公司、股份有限公司设立股东会、董事会和监事会。董事会、监事会由各投资方按照《公司法》的有关规定组建。

（2）建设项目董事会职权。

① 负责筹措建设资金。

② 审核上报项目初步设计和概算文件。

③ 审核上报年度投资计划并落实年度资金。

④ 提出项目开工报告。

⑤ 研究解决建设过程中出现的重大问题。

⑥ 负责提出项目竣工验收申请报告。

⑦ 审定偿还债务计划和生产经营方针，并负责按时偿还债务。

⑧ 聘任或解聘项目总经理，并根据总经理的提名聘任或解聘其他高级管理人员。

（3）总经理职权。

① 组织编制项目初步设计文件，对项目工艺流程、设备选型、建设标准、总图布置提出意见，提交董事会审查。

② 组织工程设计、工程监理、工程施工和材料设备采购招标工作，编制和确定招标方案、标底和评标标准，评选和确定投、中标单位。

③ 编制并组织实施项目年度投资计划、用款计划和建设进度计划。

④ 编制项目财务预算、决算。

⑤ 编制并组织实施归还贷款和其他债务计划。

⑥ 组织工程建设实施，负责控制工程投资、工期和质量。

⑦ 在项目建设过程中，在批准的概算范围内对单项工程的设计进行局部调整。

⑧ 根据董事会授权处理项目实施过程中的重大紧急事件，并及时向董事会报告。

⑨ 负责生产准备工作和培训人员。

⑩ 负责组织项目试生产和单项工程预验收。

⑪ 拟订生产经营计划、企业内部机构设置、劳动定员方案及工资福利方案。

⑫ 组织项目后评估，提出项目后评估报告。

⑬ 按时向有关部门报送项目建设、生产信息和统计资料。

⑭ 提请董事会聘请或解聘项目高级管理人员。

4）项目法人责任制与建设工程监理制的关系

（1）项目法人责任制是实行建设工程监理制的必要条件。建设工程监理制的产生、发展取决于社会需求。没有社会需求，建设工程监理就会成为无源之水，也就难以发展。

特 别 提 示

实行项目法人责任制，贯彻执行谁投资、谁决策、谁承担风险的市场经济下的基本原则，这就为项目法人提出了一个重大问题：如何做好决策和承担风险的工作。也因此对社会提出了需求，这种需求为建设工程监理的发展提供了坚实的基础。

（2）建设工程监理制是实行项目法人责任制的基本保障。有了建设工程监理制，建设单位就可以根据自己的需要和有关的规定委托监理。在工程监理企业的协助下，做好投资控制、进度控制、质量控制、合同管理、信息管理、组织协调工作，就为在计划目标内实现建设项目提供了基本保证。

2. 工程招标投标制

为了在工程建设领域引入竞争机制，择优选定勘察单位、设计单位、施工单位以及材料、设备供应单位，需要实行工程招标投标制。

我国《招标投标法》对招标范围和规模标准、招标方式和程序、招标投标活动的监督等内容作出了相应的规定。

3. 建设工程监理制

早在1988年建设部发布的"关于开展建设监理工作的通知"中就明确提出要建立建设监理制度，在《建筑法》中也作了"国家推行建筑工程监理制度"的规定。

4. 合同管理制

为了使勘察、设计、施工、材料设备供应单位和工程监理企业依法履行各自的责任和义务，在工程建设中必须实行合同管理制。

合同管理制的基本内容是：建设工程的勘察、设计、施工、材料设备采购和建设工程监理都要依法订立合同。各类合同都要有明确的质量要求、履约担保和违约处罚条款。违约方要承担相应的法律责任。合同管理制的实施对建设工程监理开展合同管理工作提供了法律上的支持。

 应用案例 1-3

【案例背景】

目前，我国的建设程序和计划经济时期相比较，发生了重要变化。其主要是实行了项目法人责任制、工程招投标制、工程监理制和合同管理制。实行项目法人责任制是由于项目法人对项目的策划、资金筹措、建设实施、生产经营、债务偿还和资产的保值增值，实行全过程负责的制度；为了在工程建设领域引入竞争机制，择优选定勘察单位、设计单位、施工单位和材料、设备供应单位，需要实行工程招投标制度；合同管理制的实施为建设工程监理开展合同管理工作提供了法律上的支持。

【观察与思考】

对工程项目实施监理有何意义？

【案例分析】

（1）有利于提高建设工程投资决策科学化水平。在建设单位委托工程监理企业实施全方位、全过程监理的条件下，在建设单位有了初步的项目投资意向之后，工程监理企业可协助建设单位选择适当的工程咨询机构，管理工程咨询合同的实施，并对咨询结果（如项目建议书、可行性研究报告）进行评估，提出有价值的修改意见和建议；或者直接从事工程咨询工作，为建设单位提供建设方案。

（2）有利于规范工程建设参与各方的建设行为。工程建设参与各方的建设行为都应当符合法律、法规、规章和市场准则。要做到这一点，仅仅依靠自律机制是远远不够的，还需要建立有效的约束机制。

（3）有利于促使承建单位保证建设工程质量和使用安全。建设工程是一种特殊的产品，不仅价值大、使用寿命长，而且还关系到人民的生命财产安全、健康和环境。因此，保证建设工程质量和使用安全就显得尤为重要，在这方面不允许有丝毫的懈怠和疏忽。

1.3　监理工程师的素质与职业道德

● 知 识 拓 展 ●

监理工程师是指在工程建设监理工作岗位上工作，经全国监理工程师执业资格统一考试合格并经政府注册的工程建设监理人员。它包含三层含义：①监理工程师是从事工程建设监理工作的人员；②已经取得国家确认的"监理工程师资格证书"；③经省、自治区、直辖市建委(建设厅)或由国务院工业、交通等部门的建设主管单位核准、注册，取得"监理工程师岗位证书"。监理工程师是一种岗位职务。监理工程师经政府确认注册就意味着他具有相应岗位责任的签字权，他与那些从事工程建设监理工作但未取得"监理工程师岗位证书"的监理员的区别就在于此。

1.3.1　监理工程师的素质

1. 良好的思想素质

监理工程师良好的思想素质主要体现在以下几个方面。

(1) 热爱社会主义祖国，热爱人民，热爱本职工作。

(2) 具有科学的工作态度。

(3) 具有廉洁奉公、为人正直、办事公道的高尚情操。

(4) 能听取不同的意见，而且有良好的包容性。

(5) 具有良好的职业道德。

2. 良好的业务素质

(1) 具有较高的学历和多学科复合型的知识结构。现代工程建设，工艺越来越先进，材料、设备越来越新颖，而且规模大、应用科技门类多，需要组织多专业、多工种人员，形成分工协作、共同工作的群体。工程建设涉及的学科很多，其中主要学科就有几十种。作为监理工程师，不可能学习和掌握这么多的专业理论知识，但是，起码应学习、掌握一种专业理论知识。没有深厚专业理论知识的人员绝不可能胜任监理工程师的工作。

特别提示

要成为一名监理工程师，至少应具有工程类大专以上学历，并了解或掌握一定的工程建设经济、法律和组织管理等方面的理论知识。同时，应不断学习和了解新技术、新设备、新材料、新工艺和法规等方面的新知识，从而达到一专多能，成为工程建设中的复合型人才，使监理企业真正成为智力密集型的知识群体。

(2) 要有丰富的工程建设实践经验。工程建设实践经验就是理论知识在工程建设中的成功应用。监理工程师的业务主要表现为工程技术理论与工程管理理论在工程建设中的具体应用，因此，实践经验是监理工程师的重要素质之一。一般来说，一个人在工程建设领域工作的时间越长，经验就越丰富。反之，经验则不足。据有关资料统计分析表明，工程建设中出现的失误多数与经验不足有关，少数原因是责任心不强。所以，世界各国都很重视工程建设实践经验。在考核某个单位或某一个人的能力时，都把经验作为重要的衡量尺度。

特别提示

英国咨询工程师协会规定，入会的会员年龄必须在38岁以上。新加坡有关机构规定，注册工程师必须具有8年以上的工程结构设计实践经验。我国在监理工程师注册制度中规定，取得中级技术职称后还要有 3 年的工作实践，方可参加监理工程师的资格考试。当然，若不从实际出发，单凭以往的经验也难以取得预期的成效。

（3）要有较好的工作方法和组织协调能力。较好的工作方法和善于组织协调是体现监理工程师工作能力高低的重要因素，监理工程师要能够准确地综合运用专业知识和科学手段，做到事前有计划、事中有记录、事后有总结，建立较为完善的工作程序、工作制度。既要有原则性，又要有灵活性。同时，要能够抓好参与工程建设各方的组织协调，发挥系统的整体功能，善于通过别人的工作把事情做好，实现投资、进度、质量目标的协调统一。

3. 良好的身心素质

尽管工程建设监理是以脑力劳动为主，但是，也必须具有健康的身体和充沛的精力，才能胜任繁忙、严谨的监理工作。工程建设施工阶段由于露天作业，工作条件艰苦，往往工作紧迫、业务繁忙，更需要有健康的身体，否则，难以胜任工作。我国对年满 65 周岁的监理工程师就不再进行注册，主要就是考虑监理从业人员身体健康状况的适应能力而设定的条件。

1.3.2 监理工程师的职业道德

工程建设监理是一项高尚的工作，监理工程师在执业过程中不能损害工程建设任何一方的利益。为了确保建设监理事业的健康发展，对监理工程师的职业道德和工作纪律都有严格的要求，在有关法规中也作了具体的规定。

（1）维护国家的荣誉和利益，按照"守法、诚信、公正、科学"的准则执业。

（2）执行有关工程建设的法律、法规、规范、标准和制度，履行监理合同规定的义务和职责。

（3）努力学习专业技术和建设监理知识，不断提高业务能力和监理水平。

（4）不以个人名义承揽监理业务。

（5）不同时在两个或两个以上监理企业注册和从事监理活动，不在政府部门和施工、材料设备的生产供应等单位兼职。

（6）不为所监理的工程建设项目指定承建商、建筑构配件、设备、材料和施工方法。

（7）不收受被监理单位的任何礼金。

（8）不泄露所监理工程各方认为需要保密的事项。

（9）坚持独立自主地开展工作。

1.3.3 FIDIC 道德准则

国际咨询工程师联合会（FIDIC）于 1991 年在慕尼黑讨论批准了 FIDIC 通用道德准则，该准则分别对社会和职业的责任、能力、正直性、公正性、对他人的公正等 5 个问题共计 14 个方面规定了监理工程师的道德行为准则。目前，国际咨询工程师协会的会员国家都认真地执行这一准则。FIDIC 认识到监理工程师的工作对于取得社会信誉及其实现可持续发展是十分关键的。为使监理工程师的工作充分有效，不仅要求监理工程师必须不断增长他们的知识和技能，还要求社会尊重他们的道德公正性，信赖他们作出的评审，同时给予公正的报酬。

FIDIC 的全体会员协会同意并且相信，如果要使社会对其专业顾问具有必要的信赖，下述准则是其成员行为的基本准则。

1. 对社会和职业的责任

（1）接受对社会的职业责任。

（2）寻求与确认的发展原则相适应的解决办法。

（3）在任何时候，维护职业的尊严、名誉和荣誉。

2. 能力

（1）保持其知识和技能与技术、法规、管理的发展相一致的水平，对于委托人要求的服务采用相应的技能，尽心尽力。

（2）仅在有能力从事服务时方才进行。

3. 正直性

在任何时候，均为委托人的合法权益行使其职责，并且正直和忠诚地进行职业服务。

4. 公正性

（1）在提供职业咨询、评审或决策时不偏不倚。

（2）通知委托人在行使其委托权时可能引起的任何潜在的利益冲突。

（3）不接受可能导致判断不公的报酬。

5. 对他人的公正

（1）加强"按照能力进行选择"的观念。

（2）不得故意或无意地作出损害他人名誉或事务的事情。

（3）不得直接或间接取代某一特定工作中已经任命的其他咨询工程师的位置。

（4）通知该咨询工程师并且接到委托人终止其先前任命的建议前，不得取代该咨询工程师的工作。

（5）在被要求对其他咨询工程师的工作进行审查的情况下，要以适当的职业行为和礼节进行。

◉ 知 识 拓 展 ▰▰▰▰▰▰▰▰▰▰▰▰▰▰▰▰▰▰▰▰▰▰▰▰▰▰▰▰▰▰▰▰

监理工程师的工作纪律如下：

（1）遵守国家的法律和政府的有关条例、规定和法规等。

（2）认真履行工程建设监理合同所承诺的义务和承担约定的责任。

（3）坚持公正的立场，公平地处理有关各方的争议。

（4）坚持科学的态度和实事求是的原则。

（5）在坚持按监理合同的规定向业主提供技术服务的同时，帮助被监理者完成其担负的建设任务。

（6）不得以个人的名义在报刊上刊登承揽监理业务的广告。

（7）不得损害他人的利益。

（8）不得泄露所监理的工程需保密的事项。

（9）不得在任何承建商或材料设备供应商中兼职。

（10）不得擅自接受业主额外的津贴，也不得接受被监理单位的任何津贴，不得接受可能导致判断不公正的报酬。监理工程师违反工作纪律，由政府主管部门没收非法所得，收缴"监理工程师岗位证书"，并可处以罚款。监理企业还要根据企业内部的规章制度给予处罚。

1.4 监理工程师执业资格考试及注册

执业资格是政府对某些社会通用性强、责任较大、关系公共利益的专业技术工作实行的市场准入控制，是专业技术人员依法独立开业或独立从事某种专业技术工作所必备的学识、技术和能力标准。执业资格一般要通过考试取得。

特 别 提 示

实行监理工程师执业资格考试制度有助于促进监理人员和其他愿意掌握建设监理基本知识的人员努力钻研监理业务，提高业务水平；有利于统一监理工程师的基本水准，保证全国各地方、各部门监理队伍的素质；有利于公正地确定监理人员是否具备监理工程师的资格。

1.4.1 监理工程师的执业资格考试

监理工程师执业资格考试是一种水平考试，是对考生掌握监理理论和监理实务技能的检验。

1. 实行监理工程师执业资格考试制度的重要意义

（1）有助于促进监理人员和其他愿意掌握建设监理基本知识的人员努力钻研监理业务，提高业务水平。

（2）有利于统一监理工程师的基本水准，保证全国各地方、各部门监理队伍的素质。

（3）有利于公正地确定监理人员是否具备监理工程师的资格。

（4）有助于建立建设监理人才库，把监理企业以外，已经掌握监理知识的人员的监理资格确认下来，形成蕴涵于社会的监理人才库。

（5）通过考试确认相关资格的做法是国际上通行的方式。这样做既符合国际惯例，又有助于开拓国际工程建设监理市场，同国际接轨。

2. 报考监理工程师的条件

根据建设工程监理工作对监理人员素质的要求，我国对参加监理工程师执业资格考试的报名条件从业务素质和能力两方面作出了限制。凡是中华人民共和国公民，遵纪守法，具有工程技术或工程经济专业大专以上(含大专)学历，并符合下列条件之一者，可申请参加监理工程师执业资格考试。

（1）具有按照国家有关规定评聘的工程技术或工程经济专业中级职称，并任职满 3 年的。

（2）具有按照国家有关规定取得工程技术或工程经济专业高级职称的。

3. 考试内容

根据监理工程师的业务范围，监理工程师执业资格考试的内容主要是建设工程监理基本理论、工程质量控制、工程进度控制、工程投资控制、建设工程合同管理和建设工程监理的相关法律法规等方面的理论知识和实务技能。

● 特 别 提 示

监理工程师执业资格考试科目：《建设工程监理基本理论和相关法规》，《建设工程合同管理》，《工程建设质量、投资、进度控制》，《建设工程监理案例分析》。其中，《建设工程监理案例分析》主要是考评对建设监理理论知识的理解和在工程实际中运用的综合能力。

4. 考试组织管理

根据我国国情，对监理工程师执业资格考试工作实行政府统一管理的原则。为了体现公开、公平、公正的原则，考试实行全国统一大纲、统一命题、统一时间组织、闭卷考试、分科计分、统一录取标准的办法，一般每年组织一次。

（1）住房和城乡建设部和人事部共同负责全国监理工程师执业资格考试制度的政策制定、组织协调、资格考试和监督管理工作。

（2）住房和城乡建设部负责组织拟定考试科目、编写考试大纲及培训教材，组织命题工作，统一规划和组织考前培训。

（3）人事部负责审定考试科目、考试大纲及试题，组织实施各项考务工作，会同住房和城乡建设部对考试进行检查、监督、指导和确定考试合格标准。

1.4.2 监理工程师执业资格注册

对监理工程师执业资格实行注册制度，这既是国际上通行的做法，也是政府对监理从业人员实行市场准入控制的有效手段。经注册的监理工程师具有相应的岗位责任和权力。仅取得"监理工程师执业资格证书"，没有取得"监理工程师注册证书"的人员，则不具备这些权力也不承担相应的责任。监理工程师的注册根据注册内容的不同分为三种形式，即初始注册、续期注册和变更注册。

1. 初始注册

初始注册是指在执业资格考试合格，取得"监理工程师执业资格证书"后，第一次申请监理工程师注册。初始注册时应填写监理工程师注册申请表并提供有关材料，向聘用单位提出申请，由省、自治区、直辖市人民政府主管部门初审合格后，报国务院建设行政主管部门对初审意见进行审核，对符合条件者准予注册，其有效期为3年。

监理工程师的注册条件如下。

（1）热爱中华人民共和国，拥护社会主义制度，遵纪守法，遵守监理工程师的职业道德。

（2）身体健康，胜任工程建设的现场监理工作。

（3）已取得"监理工程师执业资格证书"。

对出现下述情形之一者，不能获得注册：不具备完全民事行为能力；受到刑事处罚，自刑事处罚执行完毕之日起至申请注册之日不满 5 年；在工程监理或相关业务中有违法行为或犯严重错误，受到责令停止执业的行政处罚，自行政处罚决定之日起至申请注册之日不满 2 年；在申报注册过程中有弄虚作假行为；年满 65 周岁及以上；同时注册于两个及两个以上单位。

2. 续期注册

注册期满后需要继续执业的，要办理续期注册。续期注册由申请人向聘用单位提出申请，将有关材料（从事工程监理工作的业绩证明和工作总结、国务院建设行政主管部门认可的工程监理继续教育证明）报省、自治区、直辖市人民政府主管部门进行审核，合格者准予续期注册，并报国务院建设行政主管部门备案。续期注册有效期也为 3 年。

对出现下述情形之一者，将不予续期注册：没有从事工程监理工作的业绩证明和工作总结；未按规定参加监理工程师继续教育或参加继续教育未达到标准；同时在两个或两个以上单位执业；允许他人以本人名义执业；在工程监理活动中有过失，造成重大损失。

3. 变更注册

监理工程师注册后，如果注册内容有变更，应当向原注册机构办理变更注册。变更注册后，一年内不能再次进行变更注册。

监理工程师的注册工作实行分级管理，国务院建设行政主管部门为全国监理工程师注册管理机关，其主要职责有以下几方面。

（1）制定监理工程师注册法规、政策和计划等。

（2）制定"监理工程师注册证书"式样并监制。

（3）受理各地方、各部门监理工程师注册机关上报的监理工程师注册备案。

（4）监督、检查各地方、各部门监理工程师注册工作。

（5）受理对监理工程师处罚不服的上诉。

● 知 识 拓 展 ●●●

省、自治区、直辖市人民政府建设行政主管部门为本行政区域内地方工程监理企业监理工程师的注册机关。国务院各有关部门的建设监理主管机构为本部门直属工程监理企业监理用工程师的注册机关。两者的主要职能基本相同，如下所述：

（1）贯彻执行国家有关监理工程师注册的法规、政策和计划，制定相关的实施细则。

（2）受理所属工程监理企业关于监理工程师注册的申请。

（3）审批注册监理工程师，并上报国家监理工程师注册管理机关备案。

（4）颁发"监理工程师注册证书"。

（5）负责对违反有关规定的注册监理工程师的处罚。

（6）负责对注册监理工程师的日常考核、管理，包括每 5 年对持有"监理工程师注册证书"者复查一次。对不符合条件者，注销注册，并收回"监理工程师注册证书"，以及注册监理工程师退出、调出（入）监理企业或被解聘时，办理有关核销注册手续。

注册监理工程师按专业设置岗位，并在"监理工程师注册证书"中注明专业。

1.5　建设工程监理的发展趋势

从 1988 年我国开始监理试点以来，建设工程监理在我国取得了长足的发展，但目前仍处于初级阶段，无论是服务的内容、范围，还是服务的水平，都有待于进一步提高。

(1) 建设工程监理向规范化、法制化发展。目前，虽然我国颁布的法律法规中有关工程监理的条款不少，尤其是《建设工程监理规范》（GB/T 50319—2013），对施工阶段的监理行为进行了规范。但是，我国在法制建设方面还比较薄弱，突出表现在市场规则和市场机制方面。而且合同管理意识不强，无法可依，或有法不依。监理工程师合同管理的水平还较低，监理行为也经常不规范，远不能适应发展的需要。因此，建设工程监理必须向规范化和法制化发展。

(2) 由单纯的施工阶段监理向全方位、全过程监理发展。建设工程监理是工程监理企业向建设单位提供项目管理的服务性活动，因此，在建设程序的各阶段都可接受建设单位的委托，提供管理服务。然而，在工程建设实际中，主要是以施工阶段的监理为主，并且工作的重点主要是质量控制和工期控制，虽然对投资控制和合同管理等方面的工作也在进行，但起到的作用有限。然而，从建设单位的角度出发，决策阶段和设计阶段对项目的投资、质量具有决定性的影响，非常需要管理服务，而且不仅需要质量控制，还需要工期控制和投资控制、合同管理与组织协调等各方面的管理服务。所以，代表建设单位进行全方位、全过程的项目管理是建设工程监理的发展趋势。

(3) 工程监理企业结构向多层次发展。工程监理行业的企业结构应建立起综合性监理企业与专业性监理企业相结合、大中小型监理企业相结合的合理布局。按工作内容分，逐渐建立起承担全过程、全方位监理任务的综合性监理企业与能承担某一专业监理任务的监理企业相结合的企业结构。按工作阶段分，建立起能承担工程建设全过程监理的大型监理企业，与能承担某一阶段工程监理任务的中型监理企业和只提供旁站监理劳务的小型监理企业相结合的企业结构，从而使各类监理企业都有合理的生存和发展空间。

(4) 监理工程师的业务水平向高层次发展。目前，虽然我国从业的监理工程师均了解监理理论和法律、法规，质量、进度、投资三大控制以及合同管理方面的知识，并通过国家或地方的考试才允许执业。但是，相当多的监理工程师的专业水平和管理知识根本无法胜任全方位、全过程的监理工作。有些人专业技术能力很强，但管理水平不高；有些人管理知识不少，但由于专业技术水平差，根本无法综合解决实际监理问题；甚至有些监理人员将监理工作简单理解为验收和检查，日常工作就是在做质量检查员。监理人员的从业素质低已经成为监理业务向全方位、全过程发展的一大瓶颈。因此，必须加强监理工程师的继续教育，引导监理工程师不断学习，掌握新技术、新设备和新工艺，学习管理和合同知识，不断地总结经验和教训，使其业务水平向高层次发展。

(5) 建设工程监理向国际化发展。我国加入 WTO 以后，逐渐向国际市场开放，越来越多的外国企业进入我国市场。同时，我国企业也有机会进入国际市场，参与国际竞争。但是，我国监理企业不熟悉国际惯例，执业人员的素质不高，现代企业管理制度不健全，要想在与国际上同类企业的竞争中取胜，就必须与国际惯例接轨，才能够向国际化发展。

综合应用案例

【案例背景】

某工程项目分为三个相对独立的标段，业主组织了招标并分别和三家施工单位签订了施工承包合同。承包合同价分别为 3 652 万元、3 225 万元和 2 733 万元。合同工期分别为 30 个月、20 个月和 24 个月。根据第三标段的施工合同约定，合同内的打桩工程由施工单位分包给专业基础工程公司施工。工程项目施工前，业主委托一家监理公司承担施工监理任务。总监理工程师根据本项目合同结构的特点，组建了监理组织机构，绘制了业主、监理、被监理单位三方关系示意图（见图 1.3），并且列出了各类人员的基本职责如下：

(1) 确定项目监理机构人员及岗位职责；

(2) 组织编写监理规划，审批项目监理实施细则；

(3) 组织召开监理例会；

(4) 审查承包单位提交的涉及本专业的报审文件；

(5) 进行工程计量；

(6) 检查施工单位投入的人力、主要设备的使用与运行状况；

(7) 处理发现的质量问题和安全事故隐患；

(8) 进行见证取样；

(9) 参与或配合工程质量安全事故调查和处理；

(10) 检查进场的工程材料、构配件、设备的质量；

(11) 组织编写监理月报、监理工作总结，组织整理监理文件资料；

(12) 检查工序施工成果。

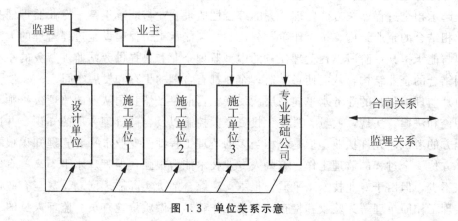

图 1.3　单位关系示意

【观察与思考】

(1) 如果要求每个监理工程师的工作职责范围只能分别限定在某一个合同标段范围内，则总监理工程师应建立什么样的组织形式？并请绘出组织结构示意图。

(2) 图 1.3 表达的业主、监理和被监理单位三方关系是否正确？为什么？请用文字加以说明。

(3) 以上所列监理职责中哪些属于总监理工程师？哪些属于监理工程师？哪些属于监理员？

【案例分析】

1. 总监理工程师应建立直线制监理组织机构，如图1.4所示。

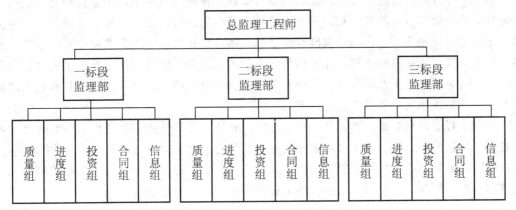

图1.4　直线制监理组织机构

说明： 此图第一层应为总监理工程师并可有平行的"总监办公室"；第二层应按合同标段设立三个监理分支部分。此图若在第一层与第二层之间设"总监办公室"，则只得一半分。

2. 图1.3表达的三方关系不正确，正确关系如图1.5所示。

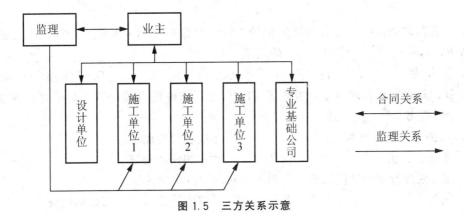

图1.5　三方关系示意

（1）业主与分包单位之间不是合同关系。

（2）因是施工阶段监理，故监理单位与设计单位之间无监理与被监理关系。

（3）因业主与分包单位之间无直接合同关系，故监理单位与分包单位之间不是直接的监理与被监理关系。

3. 各类人员职责归属如下。

属于总监理工程师的职责：（1）、（2）、（3）、（9）、（11）；

属于监理工程师的职责：（4）、（5）、（7）、（10）；

属于监理员的职责：（6）、（8）、（12）。

本章小结

本章主要介绍了建设工程监理，监理工程师的概念、性质、特点和相关制度等内容，

为后续章节的学习奠定了基础。

监理工程师是指在工程建设监理工作岗位上工作，经全国监理工程师执业资格统一考试合格，并经政府注册的建设工程监理人员。监理工程师与监理员的主要区别是：监理工程师具有相应岗位责任的签字权，而监理员没有相应岗位责任的签字权。监理工程师除应具备丰富的专业知识和工程建设实践经验之外，还应具有良好的思想素质、业务素质、身体与心理素质和职业道德水准，才能担负起建设工程监理工作的责任。监理工程师在执行监理业务时必须遵守国家规范、规程和有关政策法规及监理工作纪律。我国具有较为严格的监理工程师执业资格考试与注册制度。

建设工程监理具有服务性、科学性、独立性和公正性等特点，而建设工程监理制的特点是服务对象的单一性、属于强制推行的制度、具有监督功能和市场准入的双重控制等。

建设工程管理的主要制度包括项目法人责任制、工程招投标制、建设工程监理制和合同管理制等，同时，还介绍了注册监理工程师的素质和职业道德。

习　题

一、单选题

1. 工程监理企业应当拥有足够数量的、管理经验丰富和应变能力较强的监理工程师骨干队伍，这是建设工程监理（　　）的表现。

A. 服务性　　　　　B. 科学性　　　　　C. 独立性　　　　D. 公正性

2. 我国建设工程监理制中，吸收了 FIDIC 合同条件的有关内容，对工程监理企业和监理工程师提出了（　　）要求。

A. 维护施工单位利益　　　　　　　B. 代表政府监理

C. 独立、公正　　　　　　　　　　D. 承担法律责任

3. 国务院建设主管部门以部长令形式发布的规范性文件属于（　　）。

A. 法律　　　　　B. 行政法规　　　　C. 国家标准　　　　D. 部门规章

4. 实施建设工程监理的基本目的是（　　）。

A. 对建设工程的实施进行规划、控制和协调

B. 控制建设工程的投资、进度和质量

C. 保证在计划的目标内将建设工程建成并投入使用

D. 协助建设单位在计划的目标内将建设工程建成并投入使用

5. 在工程建设程序中，建设单位进行工具、器具、备品、备件等的制造或订货，是（　　）阶段的工作。

A. 建设准备　　　　B. 施工安装　　　　C. 生产准备　　　　D. 竣工验收

6. 实施建设工程监理（　　）。

A. 有利于避免发生承建单位的不当建设行为，但不能避免发生建设单位的不当建设行为

B. 有利于避免发生建设单位的不当建设行为，但不能避免发生承建单位的不当建设行为

C. 既有利于避免发生承建单位的不当建设行为，又有利于避免发生建设单位的不当建设行为

D. 既不能避免发生承建单位的不当建设行为，又不能避免发生建设单位的不当建设行为

二、多选题

1. 建设工程监理的作用在于（　　）。

A. 有利于政府对工程建设参与各方的建设行为进行监督管理

B. 可以对承包单位的建设行为进行监督管理

C. 可以对建设单位的建设行为进行监督管理

D. 尽可能避免发生承包单位的不当建设行为

E. 尽可能避免发生建设单位的不当建设行为

2. 下列内容中，属于建设程序中生产准备阶段的工作是（　　）。

A. 组建项目法人　　　　　　　　　B. 组建管理机构，制定有关制度和规定

C. 招聘并培训生产管理人员　　　　D. 组织设备、材料订货

E. 进行工具、器具、备品、备件等的制造或订货

3. 在实行项目法人责任制的前提下，属于项目总经理职权的是（　　）。

A. 负责提出项目竣工验收申请报告　　B. 编制项目财务预算、决算

C. 组织工程建设实施　　　　　　　　D. 审核初步设计和概算文件

E. 拟定生产经营计划

4. 建设工程全过程监理所依据的有关建设工程合同包括（　　）。

A. 造价合同　　　　　　　　　　　B. 授权合同

C. 设计合同　　　　　　　　　　　D. 施工合同

E. 设备采购合同

5. 我国现阶段强制性推行建设工程建立制度的手段包括（　　）。

A. 经济手段　　　　　　　　　　　B. 技术手段

C. 行政手段　　　　　　　　　　　D. 金融手段

E. 法律手段

三、简答题

1. 什么是建设工程监理？它的概念要点是什么？

2. 建设工程监理具有哪些性质？它们的含义是什么？

3. 建设工程监理有哪些作用？

4. 《建筑法》由哪些基本内容构成？对建筑工程许可、建筑工程发包和承包、建筑工程监理、建筑工程质量管理有哪些规定？

5. 建设工程质量责任主体各自的质量责任和义务有哪些？

6. 《建设工程监理规范》由哪些部分构成？规范对项目监理机构、监理规划和监理实施细则有哪些规定？

7. 施工阶段项目监理机构的工作有哪些？

8. 什么是建设程序？我国现行建设程序的内容是什么？

四、案例题

【案例背景】

A 建筑公司承包了某市一个粮库工程的施工任务，工程监理由该市 B 监理公司承担。在施工中，一个月中就连续发生了以下 3 次安全事故。

（1）7 月 3 日在砂浆拌合机作业的工人刘某开动拌合机时，发现拌合机开动后由于漏电保护开关自动掉闸而停机。为了继续作业，刘某将电源线绕过继电保护，直接与电源连接，结果在拌合机启动后，刘某因触电被击倒，抢救无效死亡。

（2）7 月 18 日，机械工王某进入已停机的混凝土搅拌机内进行维修保养。十几分钟后另一名作业工人张某也来到搅拌机处来检查搅拌机，并扳动搅拌机电源开关，盲目启动搅拌机，使拌合鼓桶内的王某被绞致死。

（3）7 月 30 日上午，2 号粮仓进行混凝土浇筑滑模拆除作业。该粮仓高 20m，采用滑模浇筑施工。工人赵某乘吊篮上升至工作面，当其踏上滑模外仓面走道面板时，突然踩翘脚踏板，从 15m 高处直接坠落到地面，头部先着地，当即死亡。经检查，滑模外操作平台每跨间脚手板原是卡在角钢支撑架框内相互抵紧的，由于前一天已经拆除一部分，使局部卡紧定型脚手板松动，一头已移出支撑角钢 1cm 左右，人踩在上面，脚手板随翘起坠落。

【问题】

（1）简要分析出现上述安全事故的原因。

（2）针对一个月内出现 3 次安全事故的情况，施工项目经理应当吸取哪些经验教训，做好哪些处理工作？应本着什么原则进行处理？

（3）简要说明三级安全教育的内容是什么。安全控制的方针是什么？

综合实训

【实训项目背景】

（1）某超高层工程项目，建设单位委托丙级监理单位承担施工阶段的监理任务，总承包单位按照施工合同约定选择了设备安装分包单位。该工程在工程开工前，施工单位采购了一批钢材，钢材进场时有出厂合格证和出厂的材质单。进场后施工单位自己主动对钢材进行了取样并自己送到有资质的检测机构进行了检测，结果质量合格。施工单位决定将这批钢材用到工程上。

（2）专业监理工程师检查电气工程施工时，发现承包单位使用的电线质量不合格，马上要求施工单位将不合格的电线退掉，并将自己亲戚经销的合格电线推荐给施工单位以确保工程质量。

（3）专业监理工程师在现场巡视时发现，设备安装分包单位违章作业，有可能导致发生重大质量事故。总监理工程师口头要求总承包单位暂停分包单位施工，但总承包单位未予执行。总监理工程师随即向总承包单位下达了"工程暂停令"，总承包单位在向设备安装分包单位转发"工程暂停令"前，发生了设备安装质量事故。

该工程在开工之前已具备开工条件，开工前质量控制的流程是：开工准备→提交工程开工报审表→审查开工条件→批准开工申请。在该工程全部完成后，应进行竣工验收，其工作流程：竣工验收文件资料准备→申请工程竣工验收→审核竣工验收申请→签署工程竣工验收申请→组织工程验收。

【实训内容及要求】

（1）到建设工程项目监理实训现场，做监理工作记录，同时，注重把握监理的任务和内容以及监理规范的应用。

（2）根据以上背景资料分析总承包单位的做法有何不妥？按照《工程质量管理条例》应该如何取样？

（3）开工前的各项流程由哪个单位进行？竣工验收阶段的各项流程由哪个单位完成？工程开工报审表应附有哪些材料？

（4）到实训现场做好监理工作记录，详细说明本工程监理任务和监理内容，总监理工程师和专业监理工程师及监理员的工作分工是什么样的？要求以书面报告的形式提交。

第2章

建设工程监理企业

📽️学习目标

通过本章学习，要求熟悉工程监理企业的定义；熟悉现行监理企业取费的常用方法及各自利弊；掌握工程监理企业经营管理的基本准则；掌握工程监理企业与项目业主、承建商的关系；了解工程监理企业分类的方式；了解工程监理企业设立、资质审批的基本要求。

📽️学习要求

能力目标	知识要点	权重
掌握监理企业的基本概念	监理企业的概念及分类	10%
了解监理企业设立、资质审批的基本步骤	监理企业的设立及资质管理	15%
掌握监理企业资质构成要素		
掌握监理企业经营管理的基本准则	监理企业的经营管理	32%
掌握监理取费的常用方法及使用特点		
了解如何通过加强企业管理增强企业竞争力		
掌握监理企业与项目业主及承建商的相互关系	监理企业与各方的关系	28%
掌握监理企业承揽业务的常用方式及注意事项	监理企业承揽业务	15%
了解国外选择监理企业的常用方法		

导入案例

A 监理公司是某县级市实力最雄厚的监理企业，资质等级为房屋建筑工程专业乙级，承揽并完成了很多工程项目的监理任务，积累了丰富的经验，建立了一定的业务关系。某业主投资建设一栋 30 层综合办公大楼，由于甲监理单位为本地实力最雄厚的监理单位，且该监理公司曾承揽过本地一栋 26 层的单体写字楼的监理任务，其监理效果良好，所以，业主就指定该监理公司实施委托监理工作并签订了书面合同。合同的有关条款约定，由监理人负责工程建设的所有外部关系的协调(因监理公司已建立了一定的业务关系)，业主不派工地常驻代表，全权委托总监理工程师处理一切事务。在监理过程中，业主和承包人发生争议，总监理工程师以业主的身份，与承包人进行协商。

【观察与思考】

(1) 本例中，业主的做法是否正确？

(2) 甲监理公司是否具备监理该项目的资质？

(3) 监理单位在实际工程中应如何处理与项目业主及承建商的关系？

(4) 通过本章学习，你将如何解答这些问题？

2.1 工程监理单位的分类

2.1.1 工程监理单位的概念

工程监理单位是指依法成立并取得建设主管部门颁发的工程监理单位资质证书，从事建设工程监理与相关服务活动的服务机构。它是监理工程师的执业机构。

在我国建设工程监理制度经过二十余年的推广与发展，已形成了相当的社会影响力和社会效应，并在工程建设中发挥了巨大作用。而监理单位也正是在这一过程中得以不断发展壮大，并最终成为建筑市场的三大主体之一。工程监理单位所从事的工作是一种以服务性为根本属性的智力活动，其经营管理活动具有高智能性及创造性两大特点，所以监理单位服务质量的优劣，很大程度上取决于监理单位自身对信息、知识、经验等因素的集成与创造。

2.1.2 工程监理单位的分类

工程监理单位可以是全民、集体或个体所有，也可以根据目前市场经济的发展规律，按股份制、上市公司的形式组建。也就是说，不管什么所有制的监理单位，均可以依法申请。监理单位根据分类方式的不同，我们可以将监理单位分为多种不同的类型，在组建监理单位的时候，可以参考这些方式进行组建。其具体表现形式有以下几种。

1. 按经济性质分类

1) 全民所有制监理单位

这类企业成立较早，一般是在《中华人民共和国公司法》(以下简称《公司法》)颁布实施之前批准成立的。其人员一般是从原有的全民所有制企业中分离出来，由原有企业或原有企业的上级主管部门负责组建。这类监理单位在组建初期，往往在人力、物力、财力上还需要原来企业的支持，但随着监理事业的发展，全民所有制企业将会按照《公司法》的规定，改建为新型的企业，成为真正具有独立法人资格的企业法人。

2）集体所有制监理单位

我国的法律中允许成立集体所有制的监理单位，但实际上由于种种原因，申请这类经济性质的监理单位较少。

3）私有监理单位

在国外，私有监理单位的存在比较普遍，但是由于私有监理承揽监理业务，属于"无限责任"经营，一旦发生监理事故，私有监理单位不仅要赔偿因自己的责任而产生的直接损失，甚至还要赔偿间接的损失，所以风险是非常大的。因此，在20世纪90年代初我国相关法规对建设工程监理单位进行了限制，暂不允许成立私有监理单位。

2. 按组建方式分类

1）股份公司

股份公司又可分为有限责任公司和股份责任公司。

（1）有限责任公司的股东以其出资额为限，对公司承担责任，公司以全部资产对公司的债务承担责任。公司股东，按其投入公司资本额的多少，享有大小不同的资产收益权、重大决策参与权和对管理者的选举权。公司则享有由股东成本形成的全部法人财产权，依法享有民事权，并承担民事责任。这是我国目前所提倡组建公司形式的主要类别之一。

（2）股份有限公司以其全部资本分为等额股份，股东以其所持股份为限对公司承担经济责任。同时，以其所持股份的多少，享有相应的资产收益权、重大决策参与权和选择管理者的权利。公司则以其全部资产对公司的债务承担责任。另外，与有限责任公司一样，股份有限公司享有由股东成本形成的全部法人财产权，依法享有民事权利，承担民事责任。

股份有限公司是市场经济体制下大量存在的公司组建形式，目前我国的工程监理单位大多是这种类型。

2）合资监理单位

这种组建形式是现阶段经济体制形态下的产物，它包括国内企业合资组建的监理单位，也包括中外企业合资组建的监理单位。合资单位合资各方按照投入资金多少或按约定的合资章程的规定对合资监理单位承担一定的责任，同时享有相应的权利。合资监理单位依法享有民事权利，承担民事责任。

3）合作监理单位

对于风险较大、规模较大或技术复杂的工程建设项目的监理，由于自身能力的原因，一家监理单位难以胜任时，往往由两家甚至多家监理单位共同合作监理，并经工商局注册，组成合作监理单位，以独立法人的资格享有民事权利，承担民事责任。合作各方按照约定的合作章程分享利益和承担相应的责任。

 特 别 提 示

需要注意的是若两家和几家监理单位仅仅合作监理而不在工商局注册，则不构成合作监理单位。

3. 按资质等级分类

根据建设部令第158号《工程监理企业资质管理规定》，我国将工程监理单位资质分为综合类资质、专业类资质和事务所三个序列。具体分类标准我们会在后面的章节中具体论述。

同一个监理单位根据不同的分类标准可能同时符合以上述若干类别，对企业的经营发展无任何影响。

2.2   工程监理单位的设立及资质管理

2.2.1   工程监理单位设立的基本条件

（1）筹备设立工程监理单位的申请报告，必要时还应提交设立工程监理单位的可行性研究报告。

（2）由主管单位的，应出具主管单位同意设立工程监理单位的批准文件。

（3）拟定的工程监理单位组织机构方案和主要负责人的人员名单。

（4）工程监理单位章程（草案）。

（5）已有的从事监理工作的人员一览表及相关证件，从事监理工作的工程经济、技术人员要有一定数量且具有相应职称并应做到专业配套。

（6）已有的可应用于监理工作的机械、设备一览表。

（7）有一定数额的注册资金，且开户银行要出具的验资证明。

（8）办公场所所有权或使用权的房产证明。

2.2.2   设立工程监理单位的申报及资质审批程序

要设立工程监理单位首先应在工商行政管理部门申请登记注册，经审查合格后，进行登记注册并签发营业执照。

在取得企业法人营业执照后，工程监理单位方可到企业注册所在地的县级以上地方人民政府建设行政主管部门办理相关资质申请手续。

根据我国2007年8月起实施的《工程监理企业资质管理规定》，新设立的企业申请工程监理单位资质，应先在工商部门登记注册，取得《企业法人营业执照》或《合伙企业营业执照》，办理完相应的执业人员注册手续后，方可申请资质。

我国工程监理单位资质管理的基本原则是"分级管理，统分结合。"总的来说，对工程监理单位资质的管理分中央和地方两个层次。

申请综合资质、专业甲级资质的，应当向企业工商注册所在地的省、自治区、直辖市人民政府建设主管部门提出申请。省、自治区、直辖市人民政府建设主管部门应当自受理申请之日起20日内初审完毕，并将初审意见和申请材料报国务院建设主管部门。

国务院建设主管部门应当自省、自治区、直辖市人民政府建设主管部门受理申请材料之日起 60 日内完成审查，公示审查意见，公示时间为 10 日。其中，涉及铁路、交通、水利、通信、民航等专业工程监理资质的，由国务院建设主管部门送国务院有关部门审核。国务院有关部门应当在 20 日内审核完毕，并将审核意见报国务院建设主管部门。国务院建设主管部门根据初审意见进行审批。

专业乙级、丙级资质和事务所资质由企业所在地省、自治区、直辖市人民政府建设主管部门进行审批。专业乙级、丙级资质和事务所资质许可，延续的实施程序由省、自治区、直辖市人民政府建设主管部门依法确定。

省、自治区、直辖市人民政府建设主管部门应当自作出决定之日起 10 日内，将准予资质许可的决定报国务院建设主管部门备案。

工程监理单位资质证书分为正本和副本，每套资质证书包括一本正本，四本副本。正、副本具有同等法律效力。工程监理单位资质证书由国务院建设主管部门统一印制并发放，证书的有效期为 5 年。

2.2.3 工程监理单位的资质等级标准和业务范围

1. 工程监理单位的资质

工程监理单位的资质是对监理单位的经营规模、技术能力、业务及管理水平以及社会信誉等综合性实力指标的评价，也是工程监理单位综合实力的体现。我国新修订的《工程监理企业资质管理规定》（以下简称《规定》）于 2007 年 8 月正式施行，其目的就是以更科学、更加符合行业发展要求的标准来完善监理单位的市场准入制度，促使工程监理单位不断提高自身的服务水平。

工程监理单位的监理能力和监理效果主要取决于监理人员素质、专业配套能力、技术装备、监理经历和管理水平、注册资金等要素。因此，我国的政府主管部门通过对工程监理单位在各方面进行严格审核，按照这些要素的总体情况来综合评定监理单位的资质等级。

工程监理单位应该以企业自身所拥有注册资本、专业技术人员的数量、取得的监理业绩等条件申请资质。经有关部门审核合格后，方可取得工程监理单位资质，并应在工程监理单位资质证书许可的范围内从事工程监理活动。

我国将监理单位资质分为综合类资质、专业类资质和事务所三个序列。

综合类资质不分等级，企业可承担资质证书中允许从事的专业工程中所有建设工程项目的工程监理及相应工程项目管理业务。

专业类资质按照工程性质和技术特点划分为若干个专业工程类别，原则上分为甲、乙两个级别，除房屋建筑、水利水电、公路和市政公用四个专业工程类别设丙级资质外，其他专业工程类别不设丙级资质。

事务所资质不分专业和等级，可承担三级建设工程项目中非强制监理的工程监理业务。

2. 工程监理单位资质等级标准和业务范围

1）综合资质标准

（1）具有独立法人资格且注册资本不少于 600 万元。

（2）企业技术负责人应为注册监理工程师，并具有 15 年以上从事工程建设工作的经历或者具有工程类高级职称。

（3）具有 5 个以上工程类别的专业甲级工程监理资质。

（4）注册监理工程师不少于 60 人，注册造价工程师不少于 5 人，一级注册建造师、一级注册建筑师、一级注册结构工程师或者其他勘察设计注册工程师合计不少于 15 人次。

（5）企业具有完善的组织结构和质量管理体系，有健全的技术、档案等管理制度。

（6）企业具有必要的工程试验检测设备。

（7）申请工程监理资质之日前一年内没有《规定》禁止的行为。

（8）申请工程监理资质之日前一年内没有因本企业监理责任造成重大质量事故。

（9）申请工程监理资质之日前一年内没有因本企业监理责任发生三级以上工程建设重大安全事故或者发生两起以上四级工程建设安全事故。

2）专业资质标准

（1）甲级专业资质。

① 具有独立法人资格且注册资本不少于 300 万元。

② 企业技术负责人应为注册监理工程师，并具有 15 年以上从事工程建设工作的经历或者具有工程类高级职称。

③ 注册监理工程师、注册造价工程师、一级注册建造师、一级注册建筑师、一级注册结构工程师或者其他勘察设计注册工程师合计不少于 25 人次；其中，相应专业注册监理工程师不少于《专业资质注册监理工程师人数配备表》（表 2-1）中要求配备的人数，注册造价工程师不少于 2 人。

④ 企业近 2 年内独立监理过 3 个以上相应专业的二级工程项目，但是，具有甲级设计资质或一级及以上施工总承包资质的企业申请本专业工程类别甲级资质的除外。

⑤ 企业具有完善的组织结构和质量管理体系，有健全的技术、档案等管理制度。

⑥ 企业具有必要的工程试验检测设备。

⑦ 申请工程监理资质之日前一年内没有《规定》中禁止的行为。

⑧ 申请工程监理资质之日前一年内没有因本企业监理责任造成重大质量事故。

⑨ 申请工程监理资质之日前一年内没有因本企业监理责任发生三级以上工程建设重大安全事故或者发生两起以上四级工程建设安全事故。

甲级监理单位可承担相应专业工程类别中所有建设工程项目的工程监理业务。

（2）乙级专业资质。

① 具有独立法人资格且注册资本不少于 100 万元。

② 企业技术负责人应为注册监理工程师，并具有 10 年以上从事工程建设工作的经历。

③ 注册监理工程师、注册造价工程师、一级注册建造师、一级注册建筑师、一级注册结构工程师或者其他勘察设计注册工程师合计不少于 15 人次。其中，相应专业注册监理工程师不少于《专业资质注册监理工程师人数配备表》（表 2-1）中要求配备的人数，注册造价工程师不少于 1 人。

表 2-1　专业资质注册监理工程师人数配备表　　　　　　　　（单位：人）

序号	工程类别	甲级	乙级	丙级
1	房屋建筑工程	15	10	5
2	冶炼工程	15	10	
3	矿山工程	20	12	
4	化工石油工程	15	10	
5	水利水电工程	20	12	5
6	电力工程	15	10	
7	农林工程	15	10	
8	铁路工程	23	14	
9	公路工程	20	12	5
10	港口与航道工程	20	12	
11	航天航空工程	20	12	
12	通信工程	20	12	
13	市政公用工程	15	10	5
14	机电安装工程	15	10	

注：表中各专业资质注册监理工程师人数配备是指企业取得本专业工程类别注册的注册监理工程师人数。

④ 有较完善的组织结构和质量管理体系，有技术、档案等管理制度。

⑤ 有必要的工程试验检测设备。

⑥ 申请工程监理资质之日前一年内没有《规定》中禁止的行为。

⑦ 申请工程监理资质之日前一年内没有因本企业监理责任造成重大质量事故。

⑧ 申请工程监理资质之日前一年内没有因本企业监理责任发生三级以上工程建设重大安全事故或者发生两起以上四级工程建设安全事故。

乙级监理单位可承担相应专业工程类别二级以下（含二级）建设工程项目的工程监理业务。

（3）丙级专业资质。

① 具有独立法人资格且注册资本不少于 50 万元。

② 企业的技术负责人应为注册监理工程师，并具有 8 年以上从事工程建设工作的经历。

③ 相应专业的注册监理工程师不少于 5 人。

④ 有必要的质量管理体系和规章制度。

⑤ 有必要的工程试验检测设备。

丙级监理单位可承担相应专业工程类别三级建设工程项目的工程监理业务。

3）事务所资质标准

（1）取得合伙企业营业执照，具有书面合作协议书。

（2）合伙人中有3名以上注册监理工程师，合伙人均有5年以上从事建设工程监理的工作经历。

（3）有固定的工作场所。

（4）有必要的质量管理体系和规章制度。

（5）有必要的工程试验检测设备。

具有事务所资质的监理单位可承担三级建设工程项目的工程监理业务，但是，国家规定必须实行强制监理的工程除外。

同时，作为各等级资质的工程监理单位还可以开展相应类别建设工程的项目管理、技术咨询等业务。

对于资质要求中的注册人员，如一人同时具有注册监理工程师、注册造价工程师、一级注册建造师、一级注册建筑师、一级注册结构工程师或者其他勘察设计注册工程师两个及以上执业资格，且在同一监理单位注册的，可以按照取得的注册执业证书个数，累计计算其人次。

2.2.4　工程监理单位资质管理

工程监理单位的资质等级在某种程度上代表着该监理单位的能力与水平，而监理单位水平的高低又与监理单位所服务的工程项目的实施效果密切相关。因此，工程监理单位资质管理工作成功与否直接影响着监理行业甚至建筑行业的发展。一般来说，工程监理单位资质管理内容主要包括：工程监理单位的设立、级别评定、级别升降以及资质年检等工作。

1）工程监理单位的资质申请管理

对新设立的工程监理单位，其资质等级按最低等级核定，并设一年的暂定期。

取得专业资质的企业申请晋升专业资质等级或者取得专业甲级资质的企业申请综合资质的，除前款规定的材料外，还应当提交企业原工程监理单位资质证书正、副本复印件，企业《监理业务手册》及近两年已完成代表工程的监理合同、监理规划、工程竣工验收报告及监理工作总结。

资质有效期届满，工程监理单位需要继续从事工程监理活动的，应当在资质证书有效期届满60日前，向原资质许可机关申请办理延续手续。

对在资质有效期内遵守有关法律、法规、规章、技术标准，信用档案中无不良记录，且专业技术人员满足资质标准要求的企业，经资质许可机关同意，可进行资质延续，有效期为5年。

2）工程监理单位的名称、资质变更管理

工程监理单位在资质证书有效期内名称、地址、注册资本、法定代表人等发生变更的，应当在工商行政管理部门办理变更手续后30日内办理资质证书变更手续。

涉及综合资质、专业甲级资质证书中企业名称变更的，由国务院建设主管部门负责办理，并自受理申请之日起3日内办理变更手续。

上述规定以外的资质证书变更手续，由省、自治区、直辖市人民政府建设主管部门负责办理。省、自治区、直辖市人民政府建设主管部门应当自受理申请之日起3日内办理变更手续，并在办理资质证书变更手续后15日内将变更结果报国务院建设主管部门备案。

申请资质证书变更，应当提交以下材料：

（1）资质证书变更的申请报告；

（2）企业法人营业执照副本原件；

（3）工程监理单位资质证书正、副本原件。

（4）工程监理单位改制的，除前款规定材料外，还应当提交企业职工代表大会或股东大会关于企业改制或股权变更的决议、企业上级主管部门关于企业申请改制的批复文件。

工程监理单位如申请晋升资质，则申请之日前一年之内如有下述行为之一者，不允许晋升资质：

（1）与建设单位串通投标或者与其他工程监理单位串通投标，以行贿手段谋取中标；

（2）与建设单位或者施工单位串通弄虚作假、降低工程质量；

（3）将不合格的建设工程、建筑材料、建筑构配件和设备按照合格签字；

（4）超越本企业资质等级或以其他企业名义承揽监理业务；

（5）允许其他单位或个人以本企业的名义承揽工程；

（6）将承揽的监理业务转包；

（7）在监理过程中实施商业贿赂；

（8）涂改、伪造、出借、转让工程监理单位资质证书；

（9）其他违反法律法规的行为。

工程监理单位合并的，合并后存续或者新设立的工程监理单位可以承继合并前各方中较高的资质等级，但应当符合相应的资质等级条件。

工程监理单位分立的，分立后企业的资质等级，根据实际达到的资质条件，按照本规定的审批程序核定。

企业需增补工程监理单位资质证书的（含增加、更换、遗失补办），应当持资质证书增补申请及电子文档等材料向资质许可机关申请办理。遗失资质证书的，在申请补办前应当在公众媒体刊登遗失声明。

3）工程监理单位资质年检管理

对工程监理单位实行资质年检制度是政府对监理单位实行动态管理的重要手段，目的在于督促工程监理单位不断加强自身建设，提高企业管理水平和业务水平。年检内容包括：检查监理单位现有资质条件是否满足资质等级标准，是否存在质量、市场行为等方面的违法违规行为。

工程监理单位应在规定的时间内参加资质年检，并向资质管理部门提交《工程监理单位资质年检表》《工程监理单位资质证书》《监理业务手册》以及本企业监理人员变化情况及有关情况，并交验"企业法人营业执照"。

工程监理单位资质管理部门在收到监理单位年检资料后，将会根据监理单位的实际情况，对该监理单位做出年检结论，并记录在"工程监理单位资质证书"副本的年检结论里。年检结论分为合格、基本合格和不合格三类。且工程监理单位连续两年合格，方可晋升资质。

若工程监理单位没有按规定及时参加资质年检，则其资质证书自行失效，且一年内不得重新申请资质。

2.3　工程监理单位的经营管理

2.3.1　工程监理单位经营活动基本准则

工程监理单位在工程建设的决策阶段、勘察设计阶段、招投标阶段以及施工阶段等各个阶段从事建设工程监理活动时，均应当遵循"公平、独立、诚信、科学"这八字准则。

1. 公平

公平，是指工程监理单位在处理业主与承建商之间的矛盾和纠纷时，要做到"一碗水端平"，既要维护业主的利益，又不能损害承包商的合法利益，并依据合同公平合理地处理业主与承包商之间的争议。决不能因为监理单位受业主的委托，就偏袒业主。例如，承建商因为业主没有按合同规定的时间提供施工图而提出索赔，要求业主赔偿损失。监理单位接到承建商的索赔报告后，首先要核对业主提供施工图的具体时间，再查对合同规定提供施工图的日期以及未能提供施工图时，业主的责任和处理办法。如果承建商的索赔成立，则协助业主处理索赔。再如，一个建设工程项目有若干承建商参与建设，若其中一个承建商编制的施工组织方案，从局部看是可行的、合理的，甚至能加快施工进度，但从全局看，会影响交叉作业，会影响其他承建商的施工，或者会增加工程建设资金的投入。那么，工程监理单位就要从全局考虑，从维护业主的整体利益出发，建议该承建商修改施工组织设计，以维护业主的利益。一般来说，监理单位维护业主的合法权益容易做到，而维护承建商的利益比较难。究其根源，无非是怕别人说自己出卖业主的利益，怕因此而影响自己以后承揽监理业务。所以，实际工作中要真正做到公正地处理问题并不容易。

工程监理单位要做到公正，必须做到以下几点：

（1）要具有良好的职业道德，在处理相关问题时不受利益的影响；

（2）要坚持实事求是，对业主或上级领导的意见不盲目听从；

（3）要熟悉有关建设工程合同条款，能够依据条款处理争议；

（4）要提高专业技术能力，能够在第一时间发现问题并恰当地协调、处理问题；

（5）要提高综合分析判断问题的能力，在面对综合性的问题时不为局部问题或表面现象而影响自己的判断。

2. 独立

独立是公正的前提，监理单位作为建筑市场的三大主体之一，与建设单位、承建商之间的关系是一种平等主体关系，虽然受聘于建设单位，受建设单位委托代表建设单位对工程建设实施监督管理，但仍应当按照独立自主的原则开展监理活动，主要体现在组织关系、经济关系、人际关系和业务关系独立四个方面。

（1）组织关系独立是指监理单位不得与工程建设的有关各方以及政府部门发生人事上的连带关系或经营性的合作关系和隶属关系。

（2）经济关系独立是指监理单位不得与参与工程建设的其他各方发生利益分享的关

系，不接受合同规定之外的任何形式报酬。

（3）人际关系独立是指监理单位在执行监理过程中应保持始终处于业主和承包商两方之间的独立一方，在工作过程中不得因任何原因，故意倾向或偏袒任何一方。

（4）业务关系独立是指在监理过程中，监理工程师应按签订的监理合同所授予的职权进行项目的管理，业主在授权范围内不能干涉监理的正常工作，更不能直接向承包商发号施令。

3. 诚信

诚信，即诚实守信。这是道德规范在市场经济中的体现，是做人的基本品德，也是考核企业信誉的核心内容。它要求一切市场参加者要在不损害他人利益和社会公共利益的前提下，追求自己的利益，目的是在当事人之间的利益关系和当事人与社会之间的利益关系中实现平衡，并维护市场道德秩序。诚信原则的主要作用在于指导当事人以善意的心态、诚信的态度行使民事权利，承担民事义务，正确地从事民事活动。我国的建设工程监理事业刚刚兴起，每个监理单位，甚至每个监理人员能否做到诚信，都会对这一事业造成一定的影响，会对监理单位、对监理人员自己的声誉带来很大影响。所以说，诚信是监理单位经营活动基本准则的重要内容之一。

加强企业信用管理，提高企业信用水平，是完善我国工程监理制度的重要保证。企业信用的实质是解决经济活动中经济主体之间的利益关系。它是企业经营理念、经营责任和经营文化的集中体现。信用是企业的一种无形资产，良好的信用能为企业带来巨大效益。我国是世贸组织的成员，信用将成为我国企业走出去，进入国际市场的身份证。它是能给企业带来长期经济效益的特殊资本。监理单位应当树立良好的信用意识，使企业成为讲道德、讲信用的市场主体。

工程监理单位应当建立健全企业的信用管理制度。信用管理制度主要有：

（1）建立健全合同管理制度；

（2）建立健全与业主的合作制度，及时进行信息沟通，增强相互间的信任感；

（3）建立健全监理服务需求调查制度，这也是企业进行有效竞争和防范经营风险的重要手段之一；

（4）建立企业内部信用管理责任制度，及时检查和评估企业信用的实施情况，不断提高企业信用管理水平。

4. 科学

科学，是指工程监理单位要依据科学的方案，运用科学的手段，采取科学的方法开展监理工作。工程监理工作结束后，还要进行科学的总结。总之，监理工作的核心问题是"预控"，必须要有科学的思想、科学的方法。在处理相关事件时要有可靠依据和凭证；判断问题，要用数据说话。只有这样，才能提供高智能的、科学的服务，才能符合建设工程监理事业发展的需要。

实施科学化管理主要体现在以下三个方面。

1）科学的方案

科学的方案，是指无论在哪个阶段，开展监理工作之前，均必须编制完成有针对性的监理规划和监理实施细则，用以在具体实施过程中指导现场工作。同时要响应投标文件的内容，充分利用企业内专业人员的优势，做好对工程的主动控制，前馈控制，防患于未然。

监理规划的主要内容包括：工程监理的组织计划；监理工作的程序；各专业、各阶段监理工作内容；工程的关键部位或可能出现的重大问题时的监理措施等。而监理实施细则的主要内容是：在实施监理前，要尽可能准确地预测出各种可能的问题，有针对性地拟定解决办法，制定出切实可行、行之有效的监理实施细则，使各项监理活动都纳入计划管理的轨道。

2）科学的手段

工程监理单位在监理活动中要始终强调实事求是，要做到这一点就要求监理人员在进行管理时必须以事实为依据，随着建设行业的不断发展，仅仅依靠人的感官这种原始的方法进行监理已经不能适应工程的需要。因此，作为监理单位必须借助先进的科学仪器"力求"实现监理工作目标。如利用各种检测、试验、化验仪器、摄录像设备及办公自动化设备等为监理工作服务。

3）科学的方法

监理工作的科学方法主要体现在监理人员在掌握大量的、确凿的有关监理对象及其外部环境实际情况的基础上，适时、妥帖、高效地处理有关问题，解决问题要用事实说话、用书面文字说话、用数据说话；要开发、利用计算机软件辅助工程监理。

● 特 别 提 示

在实际工作中要真正做到"公平、独立、诚信、科学"这八字准则，除了要保证监理单位、监理人员在建设项目中的相对独立性，更为重要的是要在制度上给予一定的约束，同时也要求监理人员素质、专业配套能力必须能满足项目的需要。

2.3.2 监理费用

1. 收取工程监理费的必要性

建设工程监理是一种有偿的服务活动，而且是一种"高智能的有偿技术服务"。众所周知，工程建设是一个比较复杂且需花费较长时间才能完成的系统工程。要取得预期的、比较满意的效果，对工程建设的管理就要付出艰辛的劳动。工程项目业主为了使监理单位能顺利地完成监理任务，必须付给监理单位一定的报酬，用以补偿监理单位在完成监理任务时的支出，包括监理人员的劳务支出、各项费用支出以及监理单位交纳各项税金和应提留的利润。所以，对于监理单位来说，收取的监理费用是监理单位得以生存和发展的必要条件。

合理适中的监理费，保障了监理单位健康良性的发展，同时也使监理人员的劳动得到了认可和回报，激发其工作积极性和创造性，创造出远高于监理费的价值和财富。

2. 工程监理费的构成

作为经营性企业，监理单位承揽业务的目的是要获得一定的收益，但也要担负必要的支出。建设工程监理费是指业主依据委托监理合同支付给监理单位的监理酬金。它是构成工程概（预）算的一部分，在工程概（预）算中单独列支。建设工程监理费由监理直接成本、监理间接成本、税金和利润四部分构成。

1）直接成本

直接成本是指监理单位履行委托监理合同时所发生的成本。主要包括：

① 监理人员和监理辅助人员的工资、奖金、津贴、补助、附加工资等；

② 用于监理工作的常规检测工器具、计算机等办公设施的购置费和其他仪器、机械的租赁费；

③ 用于监理人员和辅助人员的其他专项开支，包括办公费、通信费、差旅费、书报费、文印费、会议费、医疗费、劳保费、保险费、休假探亲费等；

④ 其他费用。

2）间接成本

间接成本是指全部业务经营开支及非工程监理的特定开支，具体内容包括：

① 管理人员、行政人员以及后勤人员的工资、奖金、补助和津贴；

② 经营性业务开支，包括为招揽监理业务而发生的广告费、宣传费、有关合同的公证费等；

③ 办公费，包括办公用品、报刊、会议、文印、上下班交通费等；

④ 公用设施使用费，包括办公使用的水、电、气、环卫、保安等费用；

⑤ 业务培训费，图书、资料购置费；

⑥ 附加费，包括劳动统筹、医疗统筹、福利基金、工会经费、人身保险、住房公积金、特殊补助等；

⑦ 其他费用。

3）税金

税金是指按照国家规定，工程监理单位应交纳的各种税金总额，如营业税、所得税、印花税等。

4）利润

利润是指工程监理单位的监理活动收入扣除直接成本、间接成本和各种税金之后的余额。

3．工程监理费的计算方法

工程监理费的计算方法，一般由业主与工程监理单位协商确定。目前常用的工程监理费计算方法主要有以下几种：

（1）工资加一定比例计算法。这种方法是以项目监理机构监理人员的实际工资为基数乘上一个系数而计算出来的。这个系数包括了应有的间接成本和税金、利润等。除了监理人员的工资之外，其他各项直接费用等均由业主另行支付。一般情况下，这种方法采用的相对较少，因为在核定监理人员数量和监理人员的实际工资方面，业主与工程监理单位之间往往难以取得完全一致的意见。

（2）按时计算法。这种方法是根据委托监理合同约定的服务时间（计算时间的单位可以是小时，也可以是工作日或月），按照单位时间监理服务费来计算监理费的总额。单位时间的监理服务费一般是以工程监理单位员工的基本工资为基础，加上一定的管理费和利润（税前利润）。采用这种方法时，监理人员的差旅费、工作函电费、资料费以及试验和检验费、交通费等均由业主另行支付。

这种计算方法主要适用于临时性的、短期的监理业务，或者不宜按工程概(预)算的百分比等其他方法计算监理费的监理业务。由于这种方法在一定程度上限制了工程监理单位潜在效益的增加，因而，单位时间内监理费的标准比工程监理单位内部实际的标准要高得多。

(3) 按建设工程投资的百分比计算法。这种方法是按照工程规模的大小和所委托的监理工作的繁简，以建设工程投资额的百分比来计算。一般情况下，工程规模越大，建设工程投资越多，计算监理费的百分比越小。这种方法比较简便、科学，业主和工程监理单位均容易接受，也是国家制定监理取费标准的主要形式。采用这种方法的关键是确定计算监理费的基数。通常，新建、改建、扩建工程以及较大型的技术改造工程所编制的工程的概(预)算就是初始计算监理费的基数。工程结算时，再按实际工程投资进行调整。当然，这里所说的工程概(预)算不一定是该工程概(预)算的全部，因为根据项目的需要业主有时只把工程建设项目的一部分委托给某一监理公司进行监理，那么，只有委托监理的这部分工程的概(预)算才能作为计算监理费的基数。而且严格地讲，就是监理的这部分工程的概(预)算也不一定全部用来计算监理费，如业主的管理费、工程所用土地的征用费、所有建(构)筑物的拆迁费等一般都应扣除，不作为计算监理费的基数。只是为了简便起见，签订监理合同时，可不扣除这些费用，由此造成的出入，留待在工程结算时一并调整。目前这种方法被普遍采用。

(4) 固定价格计算法。这种方法是指在明确监理工作内容的基础上，业主与监理单位协商一致确定的固定监理费，或监理单位在投标中以固定价格报价并中标而形成的监理合同价格。即一次性包死，当工作量有所增减时，一般也不调整监理费。这种方法适用于监理内容比较明确的中、小型工程监理费的计算，业主和工程监理单位都不会承担较大的风险。如住宅工程的监理费，可以按单位建筑面积的监理费乘以建筑面积确定监理总价。

(5) 监理成本加固定费用计算法。监理成本是指监理单位在工程监理项目上花费的直接成本。固定费用是指直接费用之外的其他费用。一般来说，各监理单位的直接费用与其他费用的比例是不同的，但是，一个监理单位的监理直接费与其他费用之比大体上可以确定一个比例。这样，只要估算出某工程项目的监理成本，那么整个监理费也就可以确定了。但是在实际工程商谈监理合同时，又往往很难准确地确定监理成本，这就为协商签订监理合同带来较大的阻力。所以，这种方法采用的机会也相对较少。

4. 各种计算方法的特点

前述五种方法是目前经常使用的监理费计算方法，当然，还有其他的计算方法。但是不论采用哪种方法，对于业主和监理单位来说，都有有利和不利的地方。因此科学地选择一个和本工程相适应的计算方法对项目实施极为重要。

(1) 工资加一定比例计算法和按时计算法。使用这两种方法，业主所支付的费用，是对监理单位实际消费的时间进行补偿。由于监理单位不必对成本预先做出精确的估算，因此，这一类方法对监理单位来说显得方便、灵活。但是，采用这两种方法，要求监理单位必须保存详细的各阶段工作使用时间一览表，以供业主随时审查、核实。特别是监理工程师如果不能严格地对工作加以控制，就容易造成滥用经费。而且即使没有这类弊病，业主也可能会怀疑监理工程师在工程中的努力程度不够或人为地造成时间消耗过多。

（2）建设成本百分比法。这种方法的方便之处在于一旦建设成本确定之后，监理费用很容易算出。监理单位对各项经费开支可以不需要那么详细的记录，业主也不用去审核监理单位的成本。这种方法还有一个好处就是可以防止因物价上涨而产生的影响，因为建设成本的增加与监理服务成本的增加基本是同步的。这种方法主要的不足是：第一，如果采用实际建设成本作基数时，监理费的数量直接与建设成本的变化相关。如果监理工程师因工作出色，降低了建设成本的同时也意味着减少了自己的收入。反之，则有可能增加收入。这显然是不合理的。因此，按国际惯例，在商签合同时要明确规定适当的奖惩措施，即由于监理工程师出色的工作，节约了投资，业主应给予一定的补偿和奖励。第二，这种办法带有一定的经验性，不能把影响监理工作费用的所有因素都考虑进去。

（3）监理加固定费用计算方法。该方法的方便之处在于：第一，监理单位在谈判阶段可以先不估算成本，只是在对附加的固定费用进行谈判时，从必须做出适当的估算，可以减少工作量；第二，这种方法弹性较大，监理单位的实际成本，包括物价因素均可能得到补偿；第三，附加的固定费一经定下，一般不受建设工期的延长、服务范围的变化等因素的影响，只有在出现重大问题时，才有可能重新对附加固定费用进行谈判。这种方法的不利之处在于：在谈判中可能出现对于某些成本项目是否应该得到补偿存在分歧，附加固定费的谈判常常也是很困难的，如果因为工作范围或计划进度发生变化而引起附加固定费的重新谈判，则实施的困难更大。

（4）固定价格计算方法，这种方法比较简单，一旦谈判成功，双方都很清楚费用总额，支付方式也简单，业主可以不要求监理单位提供支付记录和证明。但是，这种方法却要求监理单位在事前要对成本作出认真的估算，如果工期较长，还应考虑物价变动的因素。这种方法容易导致双方对于实际从事的服务范围，缺乏相互一致而清楚的理解，有时会引起双方之间关系紧张。

● 特 别 提 示 ....

以上任何一种取费方式均各有利弊，所以在与建设单位进行关于取费的谈判过程中，要充分分析该项目的具体特点，同时加强双方的互相理解和信任，进而保证双方能够比较顺利地进行合作。

2.3.3　监理企业经营管理

管理是一门科学。对于企业来说，管理包括组织管理、人事管理、财务管理、设备管理、生产经营管理、科技管理以及档案文书管理等若干方面的内容。监理单位的管理也不例外。监理单位的管理水平的高低取决于企业能否把包含人员和设备在内的各种要素积极有效的组织与协调起来，能否做到人尽其才、物尽其用。强化企业管理，提高科学管理水平，是建立现代企业制度的要求，也是监理单位提高市场竞争能力的重要途径。监理单位管理应抓好成本管理、资金管理、质量管理，增强法制意识，依法经营管理。具体表现在以下几个方面。

1. 关注管理措施的落实情况

（1）市场定位。要加强自身发展战略研究，适应市场，根据本企业实际情况，合理确定企业的市场地位，制定和实施明确的发展战略、技术创新战略，并根据市场变化适时调整。

（2）管理方法现代化。要广泛采用现代管理技术、方法和手段，推广先进企业的管理经验，借鉴国外企业现代管理方法。

（3）建立市场信息系统。要加强现代信息技术的运用，建立灵敏、准确的市场信息系统，掌握市场动态。

（4）开展贯标活动。要积极实行 ISO 9000 质量管理体系贯标认证工作，严格按照质量手册和程序文件的要求开展各项工作，防止贯标认证工作流于形式。贯标的作用一是能够提高企业市场竞争能力；二是能够提高企业人员素质；三是能够规范企业各项工作；四是能够避免或减少工作失误。

（5）要严格贯彻实施《建设工程监理规范》，结合企业实际情况，制定相应的规范实施细则，组织全员学习，在签订委托监理合同、实施监理工作、检查考核监理业绩、制定企业规章制度等各个环节，都应当以《建设工程监理规范》为主要依据。

2. 加强企业规章制度的建立和贯彻效果

管理工作，说到底是一种法制，即制订并严格执行科学的规章制度，靠法规制度进行管理，而不是单靠一两个领导进行管理。因此考察监理单位的管理水平要严格考察其规章制度的建立和贯彻情况如何。

一般情况下，监理单位应建立以下几种管理制度：

（1）组织管理制度。包括关于机构设置和各种机构职能划分、职责确定以及组织发展规划等。

（2）人事管理制度，包括职员录用制度、职员培训制度、职员晋升制度、工资分配制度、奖励制度等激励机制。

（3）财务管理制度。包括资产管理制度、财务计划管理、投资管理、资金管理制度、财务审计管理制度等。

（4）生产经营管理制度。包括企业的经营规划（经营目标、方针、战略、对策等）、工程项目监理机构的运行办法、各项监理工作的标准及检查评定办法、生产统计办法等。

（5）设备管理制度。包括设备的购置办法，设备的使用、保养规定等。

（6）科技管理制度。包括科技开发规划、科技成果评审办法、科技成果汇编和推广应用办法等。

（7）档案文书管理制度。包括档案的整理和保管制度，文件和资料的使用管理办法等。

另外，还有会议制度、工作报告制度、党、团、工会工作的管理制度等。

3. 提升领导者的能力与素质

一个单位、一个企业管理的好坏，领导者素质（包括领导者本身的技术水平、领导者的品德和作风、领导艺术和领导方法等）的高低是极为重要的一个因素。不难想象，一个没有一定专业技术能力的领导，或是一个品行不端、独断专行，或者没有领导方法，不懂领导艺术的领导能把一个企业管理好。

因此，我国的《工程监理单位资质管理规定》中明确规定，各等级的工程监理单位应由取得监理工程师资格的，且具有多年从事工程建设工作经验的人员作为企业负责人或者技术负责人，也就是说作为监理单位的领导者应该是企业对应专业资质主要方向的专家，并且应该精通工程管理、经济以及法律方面的相关知识。另外，领导者应该具备清醒的头脑，能够在不同的形势下做出正确的决策，并且能够听取群众的意见，善于总结经验，不断改进组织和管理方法。

2.4 工程监理单位与工程建设各方的关系

业主、工程监理单位和承包商共同构成了建筑市场的三个基本支柱。工程监理单位受业主委托，为业主进行工程管理服务，公正地监督承包商与业主签订的工程建设合同的履行。作为独立的法人，工程监理单位要成为公正的"第三方"，既要维护业主的合法权益，也要维护承包商的利益。

本节着重介绍监理单位与建筑市场中其他两大主体——建设工程项目业主和承建商的关系。

2.4.1 工程监理单位与项目业主的关系

工程监理单位是建筑市场的主体之一，工程建设监理为项目业主提供有偿技术服务。工程监理单位与项目业主之间是一种平等关系，是委托与被委托的合同关系，更是相互依存、相互促进、共兴共荣的紧密关系，如图 2.1 所示。

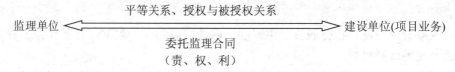

平等关系、授权与被授权关系

监理单位 ⟺ 建设单位(项目业务)

委托监理合同
（责、权、利）

图 2.1　工程监理单位与建设单位之间的关系

1. 工程监理单位与项目业主之间是平等的关系

监理单位和项目业主的平等关系表现在经济社会中的地位和工作关系两个方面。

第一，工程监理单位与业主都是市场经济中独立的企业法人。不同行业的企业法人，只有经营性质的不同，业务范围的不同，不分主次，更没有主仆之分。有人把工程监理单位与项目业主的关系理解为雇佣与被雇佣的关系，这是错误的。因为业主委托工程监理单位执行的工作任务和授予必要的权利，是通过双方平等协商，以合同的形式事先约定的。业主必须采用委托合同的方式事先约定工作任务，工程监理单位可以不去完成合同以外的工作任务。如果说业主在委托合同规定的任务外还要委托其他的工作任务，则必须与工程监理单位协商补充或修订委托条款，或另外签订委托合同。雇佣关系从本质上讲是一种剥削关系，被雇佣者要听命于雇佣者，而我国的工程监理单位和项目业主之间不存在这种剥削关系。我国的法律、法规要求工程监理单位与项目业主都要以主人翁的姿态对工程建设负责，对国家、对社会负责。

第二，两者在工作关系上仅维系在委托与被委托的水准上，监理单位仅按照项目业主委托的要求开展工作，对业主负责，但并不受项目业主的领导。项目业主对监理单位的人力、物力、财力等方面没有支配权、管理权。业主可以委托甲监理单位，也可以委托乙监理单位。同样，监理单位可以接受委托，也可以不接受委托，即使委托与被委托的关系建立之后，双方也只是按照约定的条款，各尽各的义务，各行使各的权力，各取得各自应得到的利益。所以说，如果二者之间的委托与被委托关系不成立，那么，就不存在任何联系。

2. 项目业主与工程监理单位之间是一种授权与被授权的关系

工程监理单位接受项目业主委托之后，项目业主将一部分工程项目建设的管理权力授予监理工程监理单位，而不同的业主对工程监理单位授予的权力是不一样的。一般来说，业主会将工程建设的组织协调工作的主持权、设计质量和施工质量以及建筑材料与设备质量的确认权与否决权、工程量与工程价款支付确认权与否决权、工程建设进度和建设工期的确认权与否决权以及围绕工程项目建设的各种建议权等授予监理单位。而业主自己则保留掌握的权力包括：工程建设规模、设计标准和使用功能的决定权；设计、设备供应和施工企业的选定权；设计、设备供应和施工合同的签订权；工程变更的审定权以及工程竣工后或阶段性的验收权；等等。

需要注意的是，虽然我国的建设工程监理制度日趋完善，但还未达到完全规范的程度。在实际工程中有相当一部分工程项目业主还没有完全认识到工程监理的重要性，在委托监理时，并没有授予监理单位相应的权利。例如，有的工程项目的业主只把质量控制权委托给监理单位，而将投资控制权牢牢把握在自己手中，事实证明这种做法对发挥监理作用，保障项目顺利实施是非常不利的。

另外，有人认为工程监理单位是工程项目业主的"代理人"，这种观点的也是不正确的。虽然监理单位是根据业主的授权开展工作，在工程项目建设实施的过程中进行监督管理，但是监理单位依旧不是业主的代理人。按照《民法通则》的界定，"代理人"的含义是："代理人在代理权限内，以被代理人的名义实施法律行为"，"被代理人对代理人的代理行为承担民事责任"。监理单位即不是以业主的名义开展监理活动，也不可能让业主对自己的监理行为承担任何民事责任。显然，监理单位不是，也不应该是业主的代理人。

3. 项目业主与工程监理单位之间是一种社会主义市场经济体制下的经济合同关系

业主与监理单位之间是一种委托与被委托确立后，双方订立合同，即工程建设监理合同。合同一经双方签订，这宗交易就意味着成立。业主是买方，监理单位是卖方，即业主出钱购买监理单位的智力劳动。如果有一方不接受对方的要求，对方又不肯退让，或者有一方不按双方的约定履行自己的承诺，那么，这宗交易活动就不能成交。就是说，双方都有自己经济利益的需求，监理单位不会无偿的为业主提供服务，业主也不会对监理单位施舍。双方的经济利益以及各自的职责和义务都体现在签订的监理合同中。但是，工程建设监理合同与其他经济合同还有所不同。这是由于监理单位在建筑市场中的特殊地位所决定的。众所周知，业主、监理单位、承建商是建筑市场的三大主体。业主发包工程建设项目，承建商承接工程建设业务。在这项交易活动中，业主向承建商购买的是建筑商品(或阶段性建筑产品)，而买方总是想在销售商品中获取较高的利润。监理单位的责任制是既要帮助业主购买到合适的建筑商品，又要维护承建商的合法权益。或者说，监理单位与业主签订的监理合同，不仅表明监理单位要为业主提供高智能的服务，维护业主的合法权益，而且也表明，监理单位有责任维护承建商的合法权益。这在其他经济合同中是难以找到的条款。可见，监理单位在建筑市场的交易活动中处于建筑商品买卖双方之间，起着维系公平交易、等价交换的制衡作用。因此，不能把监理单位单纯地看成业主利益的代表。这就是社会主义市场经济体制下，监理单位与业主之间经济合同关系的特点。

2.4.2　工程监理单位与承建商的关系

在实际工程当中，监理单位与承建商之间没有订立经济合同，但是，由于二者同处于建筑市场之中，所以，他们之间也有着紧密的关系。

这里所说的承建商，不单是指施工企业，而是包括承建工程项目规划的规划单位、承接工程勘察的勘察单位、承接工程设计任务的设计单位、承接工程施工的单位以及承接工程设备、工程构件和配件的加工制造单位在内的大概念，也就是说，凡是承接工程建设业务的单位，相对于业主来说，都叫做承建商。

工程监理单位与项目业主之间是一种平等关系，是监理与被监理的关系，二者共同为项目服务，其具体关系如图 2.2 所示。

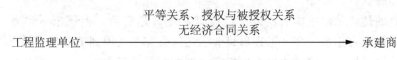

平等关系、授权与被授权关系
无经济合同关系

工程监理单位　————————————————————→　承建商

图 2.2　工程监理单位与承建商之间的关系

1. 监理单位与承建商之间是平等关系

如前所述，承建商也是建筑市场的主体之一。没有承建商，也就没有建筑产品。没有了卖方，买方也就不存在。这种平等的关系，主要表现在以下几个方面。

（1）承建商和工程监理单位一样同为建筑市场的三大主体之一，既然都是建筑市场的主体，那么，就应该是平等的，不应当凌驾于其他主体之上，更不存在谁隶属于谁。这种平等的关系，主要表现在二者都是为了完成工程建设项目的任务而服务，并承担一定的责任。

（2）承建商虽然和工程监理单位在工作中的角色不同，但在性质上都属于"出卖产品"的一方，即相对于业主来说，二者的角色、地位是一样的。

（3）无论是监理单位，还是承建商，都必须在工程建设的法规、规章、规范、标准等条款的制约下开展工作，进行工程建设的。二者之间也不存在领导与被领导的关系。

2. 监理单位与承建商之间是监理与被监理的关系

虽然监理单位与承建商之间没有签订任何经济合同，但是，工程监理单位对承建商在项目实施的过程中具有监督管理权。原因在于：

（1）业主的委托和授权。监理单位与业主签订有监理合同，监理单位为业主服务，业主授权于监理单位，委托其对工程项目进行监督管理，于是监理单位就拥有了监督管理承建商履行工程建设承发包合同的权利和义务。

（2）工程建设承发包合同中的确认。承建商与业主签订有工程建设承发包合同。在合同中也应注明，承建商必须接受业主聘请的工程监理单位的监理。也就是说承建商不再与业主直接交往，而转向与监理单位直接联系，并接受监理单位对自己进行工程建设实施过程的监督管理。

（3）我国在相关的法律、法规当中也有明确规定，工程监理单位具有监督建设法规、技术法规实施的职责。

3. 工程监理单位处理与承建商关系的基本原则

（1）严格督促承建商全面履行合同。

（2）在为业主服务的同时，积极维护承建商的合法权益。

（3）积极协助承建商解决工程中出现的各种问题，共同实现搞好工程建设这一根本目的，力求实现项目目标。

2.5　工程监理单位的选择

对项目业主而言选择一个优秀的工程监理单位有利于提高工程质量、有利于保障进度要求、有利于投资控制，进而增加投资收益。因此，可以说业主所选择工程监理单位的优劣直接关系到项目的成败。

2.5.1　工程监理单位取得监理业务的途径

1. 我国监理单位取得监理业务的基本方式

目前，在我国工程监理单位承揽监理业务的途径有两种：一是通过投标竞争取得监理业务；二是由业主直接委托取得监理业务。通过投标取得监理业务，是市场经济体制下比较普遍的形式。在《中华人民共和国招标投标法》中明确规定，关系公共利益安全、政府投资、外资工程等实行监理必须招标。在不宜公开招标的机密工程或没有投标竞争对手的情况下，或是工程规模比较小、比较单一的监理业务，再或者是对原工程监理单位的续用等情况下，业主也可以采用直接委托的方式选择工程监理单位。

如果工程监理单位需要通过投标竞争取得监理业务，则"投标书"就成为取得监理业务的一个重要因素。因为工程监理单位向业主提供的是管理服务，而工程监理单位投标书的核心是能够反映监理单位所提供的管理服务水平高低的监理大纲。

监理大纲的主要侧重点是监理对策。一般情况下，监理大纲中主要的监理对策是指：根据监理招标文件的要求，针对业主委托监理工程的特点，初步拟订的该工程的监理工作指导思想，主要的管理措施、技术措施，拟投入的监理力量以及为搞好该项工程建设而向业主提出的原则性的建议等内容。

特 别 提 示

无论是通过投标竞争取得监理业务还是由业主直接委托取得监理业务，其前提都是业主和社会已经认可该监理单位的业务能力、服务水平和企业的信誉。因此作为一个监理单位要在激烈的竞争中立于不败之地就必须不断加强企业的管理，建立健全企业的各项规章管理制度，完善人才培养机制，使企业的综合实力不断提升。

2. 国外选择监理单位的方法

在国外选择监理单位的方法和我国选择监理单位的方法基本类似，一般有通过直接委托方式选择监理单位、通过竞争性投标选择监理单位，这两种方法在程序上、内容上甚至基本要求上与我国采用的方法均没有本质区别，可参照前面所涉及的我国选择监理单位的方法进行了解。同时在国外还有一种UNDIO（联合国工业发展组织）推荐的选择监理单位的方法。具体程序如下：

（1）由业主指派的代表根据工程项目的情况，以及对有关咨询监理公司的调查、了解的情况，初步选择3～10个有可能胜任此项监理任务的公司。

（2）业主代表分别与初选名单上的监理公司进行洽谈，共同讨论服务要求、工作范围、拟委托的权限、要求达到的目标、监理公司为保障该项目的顺利实施拟采用的工作手段等内容。并在洽谈的过程中进一步了解监理公司的资质、专业技能水平、经验、该公司要求的费用、公司业绩和其他相关事宜。

（3）业主代表在与各个监理公司洽谈完毕后，根据所了解的情况将这些公司进行优劣排序。

（4）按优劣顺序与各个公司进一步协商洽谈费用及委托合同的细节问题。

（5）若与第一家公司不能达成协议，再按照前面所排出的优劣顺序表上的第二家公司进行洽谈，以此类推，直至确定一家监理公司为止。

2.5.2 工程监理单位承揽业务时应注意的事项

（1）严格遵守国家的法律、法规及有关规定，遵守监理行业职业道德，不参与恶性压价竞争活动，严格履行委托监理合同；

（2）严格按照批准的经营范围承接监理业务，特殊情况下，承接经营范围以外的监理业务时，但需向资质管理部门申请批准；

（3）承揽监理业务的总量要视本单位的力量而定，不得在与业主签订监理合同后，把监理业务转包给其他工程监理单位，不允许其他企业、个人以本监理单位的名义挂靠承揽监理业务；

（4）对于监理风险较大的建设工程，或建设工程较长，工程量庞大或技术难度很高的项目，监理单位除可向保险公司投保外，还可以与几家监理单位组成联合体共同承担监理风险。

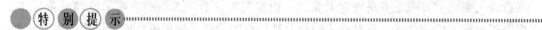

特 别 提 示

业主在选择监理单位时应将监理的服务水平作为重要的参考指标，而不应把监理费的高低作为选择工程监理单位的主要评定标准。而且作为工程监理单位，也不应该以降低监理费作为竞争的主要手段去承揽监理业务。

综合应用案例

【案例背景】

某专业房屋建筑工程丙级资质的监理企业欲晋升乙级资质，监理企业准备了相关的审批材料，报至有关主管单位，并成功升至乙级。在取得乙级资质后，该监理企业准备承揽A单位开发的位于本地的一栋26层的单体写字楼的施工阶段监理业务，由于该监理企业曾经监理A单位开发的的住宅小区建设项目，双方合作愉快。所以A单位直接委托该监理公司实施委托监理工作并签订了书面合同。

【观察与思考】

（1）该监理企业要升级为乙级资质，须满足哪些条件？

（2）该监理企业能否承接该写字楼？并说明原因。

（3）A单位的做法是否正确？并说明原因。

（4）工程监理单位从事建设工程监理活动，应当遵循的基本准则是什么？

【案例分析】

（1）应满足的条件。

① 具有独立法人资格且注册资本不少于100万元。

② 企业技术负责人应为注册监理工程师，并具有10年以上从事工程建设工作的经历。

③ 注册监理工程师、注册造价工程师、一级注册建造师、一级注册建筑师、一级注册结构工程师或者其它勘察设计注册工程师合计不少于15人次。其中，相应专业注册监理工程师不少于《专业资质注册监理工程师人数配备表》中要求配备的人数，注册造价工程师不少于1人。

④ 有较完善的组织结构和质量管理体系，有技术、档案等管理制度。

⑤ 有必要的工程试验检测设备。

⑥ 申请工程监理资质之日前一年内没有《工程监理企业资质管理规定》中禁止的行为。

⑦ 申请工程监理资质之日前一年内没有因本企业监理责任造成重大质量事故。

⑧ 申请工程监理资质之日前一年内没有因本企业监理责任发生三级以上工程建设重大安全事故或者发生两起以上四级工程建设安全事故。

（2）该监理企业不能承接该项目。因为该拟建写字楼按其规模属于一级工程项目，而该监理企业资质为房屋建筑工程乙级，不满足条件。

（3）A单位的做法不正确。第一，该监理单位不满足直接委托监理的条件，不得直接委托。第二，该监理单位的资质条件不满足要求，不能承揽该项目的监理工作。

（4）工程监理单位在从事建设工程监理活动时，应当遵循"公平、独立、诚信、科学"这八字准则。

本章小结

工程监理企业是指取得工程监理企业资质证书并从事工程监理业务，具有独立法人资格的经济组织。它是监理工程师的执业机构，是我国建筑市场的三大主体之一。工程监理企业的根本属性是服务性，其主要任务是向项目业主提供高质量的技术服务，对建设工程项目进行系统性、全方位、全过程的动态管理。通过加强对工程监理企业的审批及资质管理，促进建设工程监理的规范化和制度化。工程监理企业必须满足一定条件，经审核后才能设立，企业成立后应严格按照企业所拥有的资质等级中核准的业务范围开展监理工作。同时要将"公平、独立、诚信、科学"这八字准则作为监理企业经营管理的基本依据。明确监理企业和项目业主以及承建商的关系，有利于更好地完成监理任务。此外，还要不断加强工程监理企业自身的管理，促使其不断完善和发展，适应国际建筑市场的发展要求，尽早使我国的建设工程监理制度与国际接轨。

习 题

一、选择题

1. （　　）在工程建设中拥有确定建设工程规模、标准、功能等工程建设中重大问题的决定权。

A. 工程监理单位　　B. 建设单位　　　　C. 设计单位　　　　D. 施工单位

2. 工程监理单位经营活动的基本准则（　　）。

A. 公正、独立、自主、科学　　　　　B. 守法、热情、严格、科学

C. 公平、独立、诚信、科学　　　　　D. 守法、诚信、公正、科学

3. 工程监理单位年检结论分为（　　）。

A. 优秀、良好　　　　　　　　　　　B. 合格、基本合格、不合格

C. 合格、不合格　　　　　　　　　　D. 基本合格、不合格

4. 在我国，甲级监理单位可以对（　　）等工程开展监理。

A. 一　　　　　　B. 一、二　　　　　C. 一、二、三　　D. 一、二、三、四

5. 对工程监理单位实行（　　），是政府对监理单位实行动态管理的重要手段，目的在于督促企业不断加强自身建设，提高企业管理水平和业务水平。

A. 资质审批　　　B. 准入控制　　　　C. 资质管理　　　D. 资质年检

6. 工程监理单位只有连续（　　）年年检合格，才能申请晋升一个资质等级。

A. 1　　　　　　　B. 2　　　　　　　C. 3　　　　　　　D. 5

二、简答题

1. 什么是工程监理单位？

2. 我国工程监理单位的资质可分为几大类？分别可以监理何种类型的工程项目？

3. 工程监理单位经营管理的基本准则是什么？

4. 工程监理单位取得监理业务的途径有哪些？

5. 监理费用的构成和计算方法有哪些？

6. 工程监理单位与项目业主、承建商的关系是怎样的？

三、案例分析

试分析解答本章开始部分【导入案例】中所列出的问题。

综合实训

【实训项目背景】

某建设工程监理有限责任公司因监理业务下滑、监理企业面临困难，公司负责人召集该公司有关人员就本公司有关依法经营、加强企业管理、市场开发、竞争及承揽业务中应改进的问题进行了讨论。

【实训内容及要求】

要求学生分组进行模拟现场实训，分析完成以下内容：

（1）作为工程监理企业，依法经营应体现在哪些方面？

（2）加强企业管理的基本管理措施重点要做好哪几方面工作？

（3）竞争取得监理业务的基本方式及其核心工作是什么？

（4）工程监理企业在竞争及承揽业务中应注意哪些事项？

第3章

建设工程监理的组织

学习目标

　　了解组织的基本概念、特点，组织机构活动基本原理。掌握建设工程监理组织的几种基本模式的特点；熟悉监理委托模式与实施程序，项目监理机构设置以及建设监理的组织协调工作等内容。

学习要求

能力目标	知识要点	权重
了解相关知识	组织概念、构成；组织活动基本原理	10%
熟练掌握知识点	建设工程监理组织的基本模式；监理委托模式与实施程序；项目监理机构设置及人员配备；建设监理的组织协调	60%
熟练运用知识分析案例	结合知识点分析案例	30%

导 入 案 例

某单体写字楼工程，建设单位通过招标分别确定了甲设计单位和乙施工单位并签订了相应合同。业主委托一家监理公司承担施工监理任务。总监理工程师根据本项目合同结构的特点，组建了直线式监理组织机构，绘制了业主、监理、被监理单位三方关系示意图，并且列出了各类人员的基本职责。

【观察与思考】

（1）如果你是总监理工程师，你将如何绘制该组织的结构图。

（2）试绘制业主、监理、被监理单位三方关系示意图。

3.1 工程项目监理机构

3.1.1 组织与组织结构

1. 组织的概念

组织是两个以上的成员组成为实现某个共同目标而协同行动的集合体。组织目标一经确立，决策与计划一旦制定，为了保证目标与计划的有效实现，管理者就必须设计合理的组织架构，整合这个架构中的各个成员使之协同配合并使组织目标得以实现。

2. 组织的特征

（1）共同目标。任何一个组织都要有一个共同目标。

（2）相关结构。即组织内成员之间存在的内在的联系。如领导与被领导的关系，工作的协作关系，以及信息沟通等。

（3）内部规范。指所有成员都要遵循，且区别于其他组织的规范。为了保证共同目标的实现，就要使组织内每个成员的行为符合组织的内部规范，适当限制个人行为。正是由于具有组织内部规范，才使个人的努力与组织目标紧密结合在一起。

3.1.2 组织设计

1. 组织设计的任务

组织设计，就是对组织开展工作、实现目标所必需的各种资源进行安排，以便在适当的时间、适当的地点把工作所需的各方面力量有效地组合到一起的管理过程。组织设计是执行组织职能的基础工作，其任务是提供组织结构系统图和编制职务说明书。

组织结构系统图又称组织图、组织树，它用图形的方式表示组织内部的职权关系和重要职能。职务说明书简洁地指出各项管理职务的工作内容、职责与权利、与组织其他部门和其他职务间关系，担任该项职务所必备的条件，如基本素质、学历、技术知识、工作经验等。

为完成上述两项组织设计的最终成果，组织设计者按照下述步骤完成三项工作任务。

（1）职务分析与设计。职务分析与设计是在对组织的目标进行逐级分解的基础上，具体确定出组织内各项作业和管理活动所开展所需设置的职务类别与数量，以及每个职务所拥有的职责权限和任职人员所应具备的素质。

（2）部门划分和层次设计。根据各个职务所从事的工作性质、内容及职务间相互关系，依据一定原则，将各个职务组合成被称为"部门"的作业或管理单位。这些部门单位又按照一定的方式组合成上一层级的更大的部门，这样，就形成了组织的"层次"。

（3）结构形成。在上述工作基础上，根据组织内外现有的以及能获取的人力资源，对初步设计的部门和职务进行调整，使各部门、各职务的工作量平衡，使组织中各构成部分联合成一个有机整体。

2. 组织设计的原则

（1）目标至上原则。目标是组织设计的出发点和归宿，组织结构只是实现组织目标的手段。因此，一个组织在进行组织设计工作时，无论选取何种形式的组织机构，都必须服从并服务于组织目标实现的需要。

（2）统一指挥原则。即组织中每一个下属应当也只能向一个上级的指挥。组织内部分工越是细致、深入，统一指挥的原则对于保证组织目标的实现的作用就越重要。

（3）权责对等的原则。既要明确每一部门或职务的职责范围，又要赋予其完成职责所必需的权利，使职权和职责两者保持一致，这是组织有效运行的前提。既要防止有职无权，又要防止有权无责。

（4）分工与协作的原则。既要按照提高专业化程度和工作效率的要求合理分工，又要做好部门内部各部门之间的协调和配合。

（5）执行与监督分离的原则。要保证监督的有效性，就要把监督人员与执行人员分开，避免二者在组织上一体化。

（6）精简与效率原则，即经济原则。组织机构的设计，要有利于提高组织的效率，因此，要尽量精简组织机构，包括精简人员、精简部门、精简管理层次等。精简有利于建立良好的沟通，减少内耗，降低管理成本，提高组织效率。

3. 组织机构的基本类型

组织机构是随着社会发展而发展的，在现代社会组织机构有多种类型，但普遍采用并占主导地位的则仅有其中几种，如直线制、职能制、直线职能制和矩阵制等。各种组织形式没有绝对优劣之分，不同环境、不同企业、不同管理者，要根据实际情况选用某种最适合的组织形式。针对监理机构各种组织结构的应用将在本章 3.3 节中进一步进行阐述。

3.1.3 组织活动基本原理

1. 管理跨度与管理层次

由于受到时间、精力等诸多因素的限制，任何一个管理者都不可能直接领导整个组织的所有人员和活动。相反，只能直接领导几个有限数量的下属，并委托他们协助完成自己的部分管理责任。任何管理者能够直接有效地指挥和监督下属的数量总是有限的。这就要求管理者必须有一个适当的管理跨度。

●知识拓展●··

　　管理跨度就是管理者能有效领导和指挥下属的数目，也被称为管理跨度和管理宽度。在管理跨度给定的情况下，管理层次与组织规模大小成正比，组织规模越大，作业人数越多，所需要的管理层次就越多。在组织规模给定的条件下，管理层次与管理跨度成反比，每个主管所能直接领导的下属人数越多，所需要的管理层次就越少。

　　影响管理跨度有效性的因素主要有：管理者及其下属的工作能力，工作的内容和性质，计划的详尽程度，管理者非管理性事务的多少，信息手段配备的情况和工作环境的稳定性等因素。

　　当直接指挥的下级数目呈算术级数增长时，主管领导人需要协调的关系呈几何级数增长。其计算公式为

$$\sum = n(2^{n-1} + n - 1)$$

其中：$\sum$——协调的关系数；n——管理跨度。

···

　　一个组织由最高层到基层作业人员间的管理层次越多，这样的组织就越倾向于高耸型，而管理层次较少的组织则倾向于扁平型。扁平型组织所配备的管理人员要明显少于高耸型组织。但组织管理的层次和管理跨度不是可以随意减少和扩大的，主要应考虑以下因素。

　　（1）工作能力。管理跨度的大小同时取决于管理者和其下属能力的高低。

　　（2）工作内容和性质。主管人员的工作主要是决策和用人，因此，所处的管理层次越高，其决策职能越重要，管理跨度较中层和基层管理人员就越小。另外，下属工作的相似性对管理跨度的影响也很大。如果所从事的工作内容和性质相近，则对每人的工作指导和建议也大体相同，主管人员就可以指挥和监督更多的下属人员。

　　（3）计划的详尽程度。任何工作都在一定的计划指导下进行。因此，计划制定得越详尽，下属对计划的目的和要求就越清楚明白，主管亲自给予指导的情形就越少，则管理者就可以领导更多的下属。

　　（4）非管理性事务的多少。主管人员作为组织不同层次的代表，往往需要花费一定时间去处理一些非管理性事务。这些事务越多，则用于指挥和领导下属的时间就相应减少，此时，管理跨度就不可能扩大。

　　（5）信息手段配备情况。利用先进技术收集、处理传输信息，可以帮助管理者及时、全面了解下属工作情况，也可以使下属更多的了解与自己有关的工作情况，这样有利于扩大主管人员的管理跨度。

　　（6）工作环境。组织是否面临稳定的环境，会在很大程度上影响组织活动内容和政策的调整频率与跨度。环境变化越快，变化程度越大，下属向上级请示就越频繁，而上级则必须花费更多的时间关注环境的变化，考虑应变措施。因此，环境越不稳定，管理跨度就会越小。

　　2. 集权与分权

　　集权意味着决策权在很大程度上集中于较高的管理层次；分权则表示决策权分散到较低管理层次上。集权与分权是两个彼此对立但又相互依存的概念。现实中，不存在绝对的

分权，也没有绝对的集权。

对每个组织来说，客观存在着一个适合本组织的职权分散或集中的合理程度，影响集权分权程度的主要应考虑以下因素。

(1) 环境的变动性。如果组织面临的经营环境处于经常变动的状态中，组织在业务活动中必须保持较高的灵活性和创新性，这时，就应当实行较大程度的分权。反之，如面临的环境稳定就应实行较大程度的集权。

(2) 组织规模。组织规模较小时，组织可以实行集权化管理以保持组织运行的高效率。但随着组织规模不断扩大，其经营领域和地域范围都在不断扩大，这就要求组织向分权化方向转变。

(3) 决策的重要性和一致性。

3. 正式组织与非正式组织

任何组织，无论规模多大，正式组织与非正式组织相互交错地存在其中。正式组织是组织设计的结果，非正式组织是伴随着正式组织的运转而形成的。正式组织中某些成员因为工作性质一致，社会地位相当或由于性格、兴趣爱好一致，他们在平时的相处中会形成一些被小群体所共同接受，并共同接受，并遵守的行为规则，从而使原来松散、随机形成的群体渐渐成为趋向固定的非正式组织。非正式组织的存在和活动既可对组织目标的实现起到积极促进的作用，也可能产生消极的影响。

由于非正式组织的存在是一个客观、自然的现象，会对正式组织产生正负两方面的作用，因此，对待非正式组织的不能采取简单的禁止和取缔的态度，而应对它妥善的管理，善于最大限度地发挥非正式组织的积极作用。对待非正式组织的策略应参考以下内容。

(1) 管理者必须正视非正式组织存在的客观性和必然性，容许乃至鼓励它的存在，为非正式组织的存在形成提供条件，并努力使之与正式组织的目标一致。

(2) 由于非正式组织潜在的可能不利影响，管理者有必要通过建立和宣传特定的组织文化，以影响和改变非正式组织的行为规范，从而更好地引导非正式组织服务于正式组织的目标实现。

4. 直线职权与参谋职权

职权是指组织设计中赋予某一管理职位作出决策、发布命令和命令得到执行的权利。

直线职权是直线人员所拥有的发布命令及执行决策的权利，也就是通常所说的指挥权。直线管理人员是指能领导、监督、指挥和管理下属的人员。

参谋职权是参谋人员所拥有的服务、辅助性的职权。授予参谋人员的只是思考、筹划和建议的权利。正确处理直线职权与参谋职权之间的关系，是组织设计和运作中有效发挥各方面作用的一项重要内容。

1) 直线与参谋的矛盾

从理论上说，参谋是作为直线主管的助手而设置的，这不仅有利于适应复杂管理活动对多种专业知识的要求，同时也应该能够保证直线系统的统一指挥。但在实践中，直线和参谋之间却常常充满矛盾和冲突，影响组织运行的有效性。

2) 正确处理直线与参谋的关系

① 明确参谋与直线的关系与分工，分清双方的职权与存在价值，从而形成相互尊重、

相互配合的良好基础。

② 授予参谋机构在一定专业领域内必要的职能职权,以提高参谋人员的工作积极性。

③ 直线经理要为参谋人员提供必要的信息条件,以便从参谋人员处获得有助于组织目标实现的支持。

④ 参谋人员"不要越权","不要篡权";直线人员尊重参谋人员所拥有的专业知识,自觉利用他们的优势特征。

3.2 建设工程监理实施程序

为有效地开展监理工作,保证监理目标顺利实现,应首先确定与项目建设相适应的监理委托方式。不同的监理委托方式具有不同的合同体系和管理特点。

3.2.1 建设工程监理委托模式

1. 业主委托一家监理单位监理

这种监理委托模式是指业主只委托一家监理单位为其提供监理服务。这种监理委托模式要求被委托的监理单位应该具有较强的合同管理与组织协调能力,并能做好全面规划工作。监理单位的项目监理机构可以组建多个监理分支机构对各承建单位分别实施监理。在具体的监理过程中,项目总监理工程师应重点做好总体协调工作,加强横向联系,保证建设工程监理工作的有效运行。具体模式如图3.1所示。

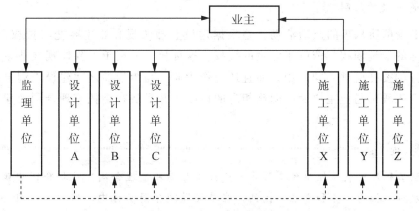

图3.1 委托一家监理单位

2. 业主委托多家监理单位监理

这种监理委托模式是指业主委托多家监理单位为其进行监理服务。采用这种模式,业主分别委托几家监理单位针对不同的承建单位实施监理。由于业主分别与多个监理单位签订委托监理合同,所以各监理单位之间的相互协作与配合需要业主进行协调。采用这种模式,监理单位的监理对象相对单一,便于管理。但整个工程的建设监理工作被肢解,各监理单位各负其责,缺少一个对建设工程进行总体规划与协调控制的监理单位。具体模式如图3.2所示。

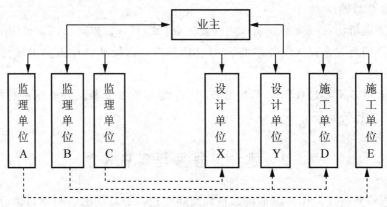

图 3.2　委托多家监理单位

3.2.2　建设工程监理实施原则

监理单位受业主委托对建设工程项目实施监理时，应遵守以下基本原则。

1. 公正、独立、自主的原则

监理工程师在建设工程监理中必须尊重科学、尊重事实，组织各方协同配合，维护有关各方的合法权益。为此，必须坚持公正、独立、自主的原则。业主和承建单位追求的经济目标有差异，监理工程师应在按合同约定的权、责、利关系的基础上，协调双方的一致性。

2. 权责一致的原则

监理工程师所从事的监理活动，是根据建设监理法规和业主委托与授权而进行的。监理工程师的监理职权，依赖于业主的授权。这种权力的授予，除体现在业主与监理单位之间签订的委托监理合同之中，而且还应作为业主与承建商之间建设工程合同的合同条件。监理工程师与业主协商，明确相应的授权，并反映在委托监理合同及建设工程合同中。

特 别 提 示

总监理工程师代表监理单位全面履行建设工程委托监理合同，承担合同中确定的监理方向业主方所承担的义务和责任。因此，在委托监理合同实施中，监理单位应给总监理工程师充分授权，体现权责一致的原则。

3. 总监理工程师负责制的原则

《建设工程监理规范》（GB/T 50319—2013)第 1.0.7 条明确规定："建设工程监理应实行总监理工程师负责制。"总监理工程师负责制的内涵包括以下几个方面。

（1）总监理工程师是工程监理的责任主体。责任是总监理工程师负责制的核心，它构成了对监理工程师的工作压力与动力，也是确定总监理工程师权力和利益的依据。所以总监理工程师应是向业主和监理单位所负责任的承担者。

（2）总监理工程师是工程监理的权力主体。总监理工程师全面领导建设工程的监理工作，包括组建项目监理机构，主持编制建设工程监理规划，组织实施监理活动，对监理工作总结、监督、评价。

（3）总监理工程师是项目监理的利益主体。利益主体的概念主要体现在监理项目中总监理工程师对国家利益负责，对业主投资项目的效益负责，同时也对所监理项目的监理效益负责，并负责项目监理机构内所有的监理人员利益分配。

因此，要建立健全总监理工程师负责制，就要健全项目监理组织，完善监理运行机制，运用现代化管理手段，形成以总监理工程师为首的高效能的决策指挥体系。

4. 严格监理、热情服务的原则

严格监理，就是各级监理人员应按照国家政策、法规、规范、标准和合同控制建设工程的目标，依照既定的程序和制度，认真履行职责，对承建单位进行严格监理。为贯彻这一原则，监理工程师必须提高自身素质和业务水平。

另外，监理工程师还应为业主提供热情的服务，"应运用合理的技能，谨慎而勤奋地工作。"监理工程师应按照委托监理合同的要求多方位、多层次地为业主提供良好服务，维护业主的正当权益；但不能损害承建单位的正当经济利益。

5. 综合效益的原则

建设工程监理活动既要考虑业主的经济效益，同时也必须考虑社会效益和环境效益。监理工程师应首先严格遵守国家的建设管理法律、法规、标准等，既对业主负责，又要对国家和社会负责。只有在符合宏观经济效益、社会效益和环境效益的条件下，业主投资项目的微观经济效益才能最终得以实现。

3.2.3　建设工程监理实施程序

工程监理企业承揽到建设工程监理任务后，按照法定的程序与业主签订委托监理合同后标志着监理工作正式开始。建设工程监理工作一般按照如下程序进行。

1. 确定项目总监理工程师，成立项目监理机构

监理单位应根据建设工程的规模、性质、业主对监理项目的要求，委派称职的人员担任项目总监理工程师。总监理工程师是一个建设工程监理工作的总负责人，他对内向监理单位负责，对外向业主负责。一般情况下，监理单位在承接工程监理任务时，在参与工程监理的投标、拟定监理方案（大纲）以及与业主商签委托监理合同时，即应选派称职的人员主持该项工作。在监理任务确定并签订委托监理合同后，该主持人即可作为项目总监理工程师。这样他在承接任务阶段即已介入，从而能了解业主的建设意图和对监理工作的要求，并与后续工作能更好地衔接。

监理机构的人员构成是监理投标书中的重要内容，是业主在评标过程中认可的，总监理工程师在组建项目监理机构时，应根据监理大纲内容和签订的委托监理合同内容组建，并在监理规划和具体实施计划执行中进行及时的调整。

2. 编制建设工程监理规划

建设工程监理规划是开展工程监理活动的纲领性文件，具体内容见本书第6章。

3. 制定各专业监理实施细则

在监理规划的指导下，为具体指导投资控制、质量控制、进度控制的进行，还需结合建设工程实际情况，制定相应的实施细则，具体内容见本书第6章。

4. 规范化地开展监理工作

建设工程监理作为一种科学的项目管理制度，应根据监理实施细则进行工作部署，规范化地开展监理工作。监理工作的规范化具体体现在以下几个方面。

1）工作的时序性

监理的各项工作都按一定的逻辑顺序先后展开，使监理工作能有效地达到目标而不致造成工作状态的无序和混乱。

2）职责分工的严密性

建设工程监理工作是由不同专业、不同层次的专家群体共同来完成的，他们之间严密的职责分工是协调进行监理工作的前提和实现监理目标的重要保证。

3）工作目标的确定性

在职责分工的基础上，每一项监理工作的具体目标都应是确定的，完成的时间也应有时限规定，从而能通过报表资料对监理工作及其效果进行检查和考核。

5. 参与验收，签署建设工程监理意见

建设工程项目施工完成以后，监理单位应在正式验交前组织竣工预验收，在预验收中发现的问题，应及时与施工单位沟通，提出整改要求，整改完毕后由总监理工程师签署工程竣工报验单，并应在此基础上提出质量评估报告。质量评估报告应由总监理工程师和监理单位技术负责人签字。

项目监理单位应参加由业主组织的工程竣工验收，并提供相关监理资料。对验收中的整改问题，项目监理机构应要求承包单位整改。工程质量符合要求的，由总监理工程师会同参加验收各方签署竣工验收报告。

6. 向业主提交建设工程监理档案资料

监理工作完成后，监理单位向业主提交的监理档案资料。监理档案资料内容应在委托监理合同文件中约定。但不论是否在合同中作出明确的规定，监理单位提交的资料应符合有关规范规定要求，一般向业主提交的档案资料包括：①设计变更、工程变更资料；②监理指令性文件；③各种签证资料；④隐蔽工程验收资料和质量评定资料；⑤监理工作总结；⑥设备采购与设备建造监理资料；⑦其他预约提交的档案资料。

7. 监理工作总结

监理工作完成后，项目监理机构应及时进行监理工作总结。

1）向业主提交的监理工作总结

主要内容有：委托监理合同履行情况概述，监理组织机构、监理人员和投入的监理设施，监理任务或监理目标完成情况的评价，工程实施过程中存在的问题和处理情况，由业主提供的供监理活动使用的办公用房、车辆、试验设施等的清单，必要的工程图片，表明监理工作终结的说明等。其内容主要侧重于：监理合同委托履行情况，监理任务或监理目标完成情况等。

2）向监理单位提交的监理工作总结

主要内容有：监理工作的经验，可以是监理技术、方法，某种经济措施、组织措施，委托监理合同执行方面，处理与业主、承包单位关系等的经验；监理工作中存在的问题及改进的建议等内容。其内容应主要侧重于：监理工作经验、存在的问题和改进建议等。

3.3　建设工程项目监理机构

监理单位与业主签订委托监理合同后，在实施建设工程项目监理工作之前，应建立项目监理机构。监理机构的组织形式、人员配备及职责分工应与监理合同的服务内容、服务期限、工程特点、工程环境等因素相适应。

3.3.1　建立建设工程项目监理机构的步骤

监理单位在组建项目监理机构时，一般按以下步骤进行。

1. 确定项目监理机构组织目标

建设工程监理机构组织目标是项目监理机构建立的前提。项目监理机构建立应根据委托监理合同中确定的监理目标，制定总目标并明确划分监理机构的分目标。

2. 确定监理工作内容

根据监理目标和委托监理合同中规定的监理任务，明确列出监理工作内容，并进行分类归并及组合。监理工作的归并及组合应便于监理目标控制，并综合考虑监理工程的组织管理模式、工程结构特点、合同工期要求、工程复杂程度、工程管理及技术特点；还应考虑监理单位自身组织管理水平、监理人员数量、技术业务特点等。如果建设工程进行实施阶段全过程监理，监理工作划分可按设计阶段和施工阶段分别归并和组合。

3. 项目监理机构的组织结构设计

1）选择组织结构形式

由于建设工程规模、性质、建设阶段等的不同，项目监理机构的组织结构时充分考虑监理工作的需要。组织结构形式选择的基本原则是：有利于工程合同管理、监理目标控制、决策指挥和信息沟通。

2）合理确定管理层次与管理跨度

项目监理机构中一般应有三个层次：

① 决策层。由总监理工程师和其助手组成，主要根据建设工程委托监理合同的要求和监理活动内容进行科学化、程序化决策与管理。

② 中间控制层（协调层和执行层）。由各专业监理工程师组成，具体负责监理规划的落实，监理目标控制及合同实施的管理。

③ 作业层（操作层）。主要由监理员、专业监理工程师等组成，具体负责监理活动的操作实施。

项目监理机构中管理跨度应考虑监理人员的素质、管理活动的复杂性和相似性、监理业务的标准化程度、各项规章制度的建立健全情况、建设工程的集中或分散情况等，按监理工作实际需要确定。

3）项目监理机构部门划分

应依据监理机构目标、监理机构可利用的人力和物力资源以及合同结构情况，将投资控制、进度控制、质量控制、合同管理、组织协调等监理工作内容按不同的职能活动形成相应的管理部门。

4）制定岗位职责及考核标准

根据项目监理机构部门划分情况，确定各部门的岗位及职责。制定时要有明确的目的性，并根据责权一致的原则，进行适当的授权，确定考核标准，对监理人员的工作进行定期考核。

5）安排监理人员

根据监理工作的任务，确定监理人员，包括专业监理工程师和监理员，必要时可配备总监理工程师代表。监理人员的安排除应考虑个人素质外，还应考虑人员总体构成的合理性和协调性。

特 别 提 示

《建设工程监理规范》（GB/T 50319—2013)规定，项目总监理工程师应由取得"中华人民共和国注册监理工程师注册执业证书"和执业印章，从事建设工程监理与相关服务等活动的注册监理工程师担任；总监理工程师代表应由具有工程类注册执业资格或具有中级及以上专业技术职称、3 年及以上工程实践经验并经监理业务培训的人员担任；专业监理工程师应由具有工程类注册执业资格或具有中级及以上专业技术职称、2 年及以上工程实践经验并经监理业务培训的人员担任。

4. 制定工作流程和信息流程

为使监理工作科学有序的进行，应按照监理工作的客观规律制定工作流程和信息流程，规范化地开展监理工作。

3.3.2 建设工程项目监理机构的组织形式

项目监理机构的组织形式是指项目监理机构具体采用的管理组织结构，为有效开展监理工作，实现监理总目标，监理机构应根据建设项目的特点、建设项目承发包方式、业主委托具体任务及监理企业自身情况确定监理机构的组织形式，下面介绍几种常用的类型。

1. 直线制监理组织形式

直线制是最早、最简单的一种组织结构形式。组织中各种职务按垂直系统直线排列，全部管理职能由各级管理者负责，不设职能或参谋机构；命令从最高管理者经过各级管理人员，最后到组织末端，如图 3.3 所示。

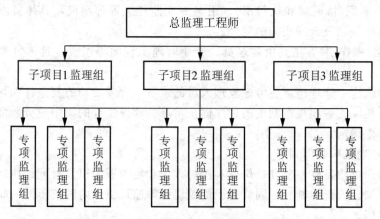

图 3.3　直线制监理组织形式

这种组织形式的特点是项目监理机构中任何一个下级只接受唯一一个上级的命令。各级部门主管人员对所属部门的问题负责，项目监理机构中不设投资控制、进度控制、质量控制及合同管理等职能部门。这种组织形式适用于小型项目或者能划分为若干相对独立的子项目的大、中型建设工程。

直线制监理组织形式的主要优点是组织机构简单，权力集中，命令统一，职责分明，决策迅速，隶属关系明确。缺点是实行没有职能部门的"个人管理"，这就要求总监理工程师博晓各种业务，通晓多种知识技能，成为"全能"式人物。

特别提示

总监理工程师负责整个工程的规划、组织和指导，并负责整个工程范围内各方面的指挥、协调工作；子项目监理组分别负责子项目的目标控制，具体领导现场专业或专项监理组的工作。

如果业主委托监理单位对建设工程实施阶段全过程监理，项目监理机构的部门还可按不同的建设阶段分解设立直线制监理组织形式，如图3.4所示。

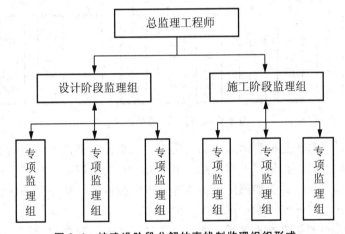

图3.4　按建设阶段分解的直线制监理组织形式

对于小型建设工程，监理单位也可以采用按专业内容分解的直线制监理组织形式，如图3.5所示。

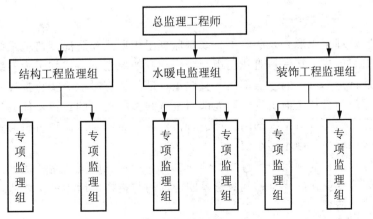

图3.5　按专业内容分解的直线制监理组织形式

2. 职能制监理组织形式

职能制组织形式的主要特点是，采用专业分工的职能管理者，代替直线制下的全能管理者。设立各专业领域的职能部门和职能主管，由他们在各自负责的业务范围内向直线系统下达命令和指示。下级主管除了要接受上级直线主管的领导外，还必须接受上级职能部门的指挥，如图 3.6 所示。这种结构除监理机构外多见于医院、高等院校、设计院、图书馆、会计师事务所等。

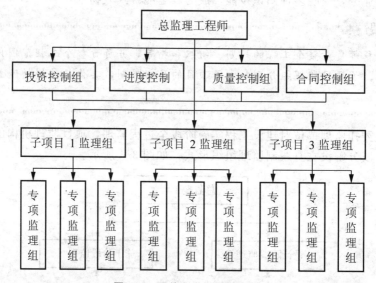

图 3.6　职能制监理组织形式

职能制监理组织形式是把管理部门和人员分为两类：一类是以子项目监理为对象的直线指挥部门和人员；另一类是以投资控制、进度控制、质量控制及合同管理为对象的职能部门和人员。监理机构内的职能部门按总监理工程师授予的权利和监理职责有权对指挥部门发布指令。此种组织形式一般适用于大、中型建设工程。

这种组织形式的主要优点是加强了项目监理目标控制的职能化分工，能够发挥职能机构的专业管理作用，提高管理效率，减轻总监理工程师负担。缺点是由于直线指挥部门人员受职能部门多头指令，如果这些指令相互矛盾，将使其在监理工作中无所适从。

如果子项目规模较大时，也可以在子项目层设置职能部门，如图 3.7 所示。

3. 直线职能制监理组织形式

直线职能制监理组织形式是吸收了直线制监理组织形式和职能制监理组织形式的优点而形成的一种组织形式，在保持直线制组织统一指挥的原则下，增加了为各级管理人员出谋划策、但不进行指挥命令的参谋部门。直线指挥部门拥有对下级实行指挥和发布命令的权力，并对该部门的工作全面负责；职能部门是直线指挥人员的参谋，他们只能对指挥部门进行业务指导，而不能对指挥部门直接进行指挥和发布命令。这种组织形式主要适用于处于简单而稳定环境中的中小型组织，如图 3.8 所示。

这种形式保持了直线制组织实行直线领导、统一指挥、职责清楚的优点，也保持了职能制组织目标管理专业化的优点；其缺点是职能部门与指挥部门易产生矛盾，信息传递路线长，不利于互通情报。

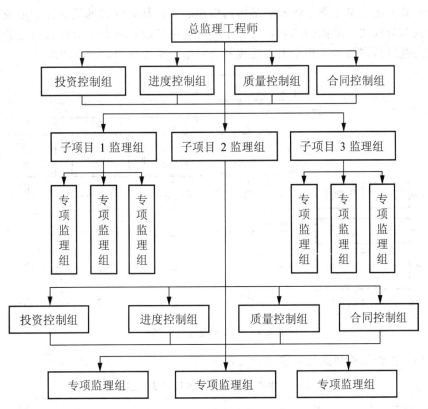

图 3.7   子项目层设置职能部门的职能制监理组织形式

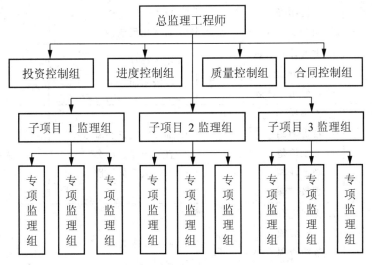

图 3.8   直线职能制监理组织形式

4. 矩阵制监理组织形式

矩阵制监理组织形式是由纵横两套管理系统组成的矩阵性组织结构，一套是纵向的职能系统，另一套是横向的子项目系统。两套管理系统在监理工作中是相互融合关系，两者协同以共同解决问题，如图 3.9 所示。

这种形式的优点是加强了各职能部门的横向联系，具有较大的机动性和适应性，把上下左右集权与分权实行最优的结合，有利于解决复杂难题，有利于监理人员业务能力的培养。其缺点是纵横向协调工作量大，处理不当会造成扯皮现象，产生矛盾。

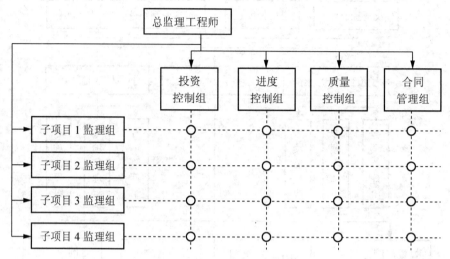

图 3.9 矩阵制监理组织形式

主要类型组织结构形式优缺点比较见表 3-1。

表 3-1 主要类型组织结构形式优缺点比较

组织结构形式	优　点	缺　点	适用范围
直线制	1. 命令统一 2. 权责明确 3. 组织稳定	1. 缺乏横向联系 2. 权力过于集中 3. 对变化反应慢	小型组织 简单环境
职能制	1. 高专业化管理 2. 轻度分权 3. 培养选拔人才	1. 多头领导 2. 权责不明	专业化组织
直线职能制	1. 命令统一 2. 权责明确 3. 分工清楚 4. 稳定性高 5. 积极参谋	1. 部门间缺乏交流 2. 直线与参谋冲突 3. 系统缺乏灵活性	大中型组织
矩阵制	1. 密切配合 2. 反应灵敏 3. 节约资源 4. 高效工作	1. 双重领导 3. 素质要求高 4. 组织不稳定	协作性组织 复杂性组织

应用案例 3-1

【案例背景】

某监理公司中标承担某项目施工监理及设备采购监理工作。该项目由 A 设计单位设计总分包、B施工单位施工总分包，其中，幕墙工程的设计和施工任务分包给具有相应设计和施工资质的C公司，土方工程分包给D公司，主要设备由业主采购。该项目总监理工程师组建了直线职能制监理组织机构，分析了参建各方的关系，并画出了各方关系图。

【观察与思考】

画出总监理工程师组建的监理组织机构图，并说明在监理工作中这种组织形式容易出现的问题。

3.3.3　项目监理机构的人员配备及职责分工

1. 项目监理机构的人员配备

项目监理机构人员配备主要考虑监理的任务范围、内容、期限，以及工程的类别、规模、技术复杂程度、工程环境等因素，并应符合委托监理合同中对监理深度和密度的要求，能体现项目监理机构的整体素质，满足监理目标控制的要求。

2. 项目监理机构的人员结构

项目监理机构应建立合理的人员结构，主要包括以下两方面的内容。

（1）合理的专业结构。由与监理工程的性质及业主对工程监理的要求相适应的各专业人员组成，也就是各专业人员要配套。

（2）合理的技术职务、职称结构。应根据建设工程的特点和建设工程监理工作的需要确定其技术职称、职务结构。合理的技术职称结构表现在高级职称、中级职称和初级职称有与监理工作要求相称的比例。一般来说，决策阶段、设计阶段的监理，具有高、中级技术职务和职称的人员在整个监理人员构成中应占绝大多数；施工阶段的监理，可由较多的初、中级技术职务和职称人员从事实际操作。

3. 项目监理机构监理人员数量的确定

影响项目监理机构人员数量的主要因素包括以下几个方面。

（1）工程建设强度。工程建设强度是指单位时间内投入的建设工程资金的数量，用下式表示：

$$工程建设强度＝投资/工期$$

其中，投资和工期是指由监理单位所承担的那部分工程的建设投资和工期。一般投资费用可按工程估算、概算或合同价计算，工期是根据进度总目标及其分目标计算。显然，工程建设强度越大，需投入的项目监理人数越多。

（2）建设工程复杂程度。一般可按以下因素考虑工程复杂程度：设计活动多少、工程地点位置、气候条件、地形条件、工程地质、施工方法、工程性质、工期要求、材料供应、工程分散程度等。

根据各项因素的具体情况，可将工程分为若干工程复杂程度等级。不同等级的工程需要配备的项目监理人员数量有所不同。工程复杂程度按五级划分：简单、一般、一般复杂、复杂、很复杂五级。显然，简单工程需要的项目监理人员较少，而复杂工程需要的项目监理人员较多。

（3）监理单位的业务水平。每个监理单位的业务水平和对某类工程的熟悉程度不完全相同，在监理人员素质、管理水平和监理的设备手段等方面也存在差异。高水平的监理单位可投入较少的监理人力完成一个建设工程的监理工作，而一个经验不多或管理水平不高的监理单位则需投入较多的监理人力。所以，监理单位应根据自己的实际情况制定监理人员需要量。

（4）项目监理机构的组织结构和任务职能分工。组织结构情况关系到具体的监理人员配备，务必使项目监理机构任务职能分工的要求得到满足，必要时，还需根据项目监理机构的职能分工对监理人员的配备作进一步的调整。

3.4　建设工程项目监理的组织协调

3.4.1　建设工程监理组织协调概述

1. 组织协调的概念

协调就是联结、联合、调和所有的活动及力量，使各方配合得适当，其目的是促使各方协同一致，以实现预定目标。协调工作应贯穿于整个建设工程实施及其管理过程中。

2. 建设工程的协调工作的分类及关系

建设工程系统就是一个由人员、物质、信息等构成的人为组织系统。用系统方法分析，建设工程的协调一般可分为三大类。

（1）"人员/人员界面"。指潜在的人员矛盾或危机，是人与人之间的间隔。

（2）"系统/系统界面"。指子系统功能、目标不同，产生各自为政的趋势和相互推诿的现象，是子系统之间的间隔。

（3）"系统/环境界面"。建设工程系统是一个开放系统，具有环境适应性，能主动从外部世界取得必要的能量、物质和信息。在取得的过程中，不可能没有障碍和阻力。是系统与环境之间的间隔。

项目监理机构的协调管理就是在三个界面之间，对所有的活动及力量进行联结、联合、调和的工作。系统方法强调，要把系统作为一个整体来研究和处理，因为总体的作用规模要比各子系统的作用规模之和大。组织协调工作是监理工作能否成功的关键，只有通过积极的组织协调才能实现整个系统全面协调控制的目的。

3. 组织协调的范围和层次

从系统方法的角度看，项目监理机构协调的范围分为系统内部的协调和系统外部的协调，系统外部协调又分为近外层协调和远外层协调。近外层和远外层的主要区别是，建设工程与近外层关联单位一般有合同关系，与远外层关联单位一般没有合同关系。

3.4.2　项目监理机构组织协调的工作内容

1. 项目监理机构内部的协调

1）项目监理机构内部人际关系的协调

项目监理机构的工作效率很大程度上取决于总监理工程师的人际关系的协调能力和激

励方法。总监理工程师应从以下几方面考虑。

① 在人员安排上要量才录用。依据个人专长安排工作，做到人尽其才；人员搭配时注意能力和性格两方面的互补；人员配置少而精，防止力不胜任和忙闲不均现象。

② 在工作委任上要职责分明。每一个岗位都应订立明确的工作目标和岗位责任制。应通过职能清理，使管理职能不重不漏，做到事事有人管，人人有专责，同时明确岗位职权。

③ 在成绩评价上要实事求是，发扬民主作风。

④ 在矛盾调解上要恰到好处。多听取项目监理机构成员的意见和建议，及时沟通，使监理团队始终处于团结、和谐、热情高涨的工作气氛之中。

2）项目监理机构内部组织关系的协调

项目监理机构内部组织关系的协调可从以下几方面进行：

① 在目标分解的基础上设置组织机构，根据工程对象及委托监理合同所规定的工作内容，设置配套的管理部门。

② 明确规定每个部门的目标、职责和权限，最好以规章制度的形式作出明文规定。

③ 事先约定各个部门在工作中的相互关系。有主办、牵头和协作、配合之分。

④ 建立信息沟通制度，通过工作例会、业务碰头会、发会议纪要、工作流程图或信息传递卡等方式来沟通信息，使局部了解全局，服从并适应全局需要。

⑤ 及时消除工作中的矛盾或冲突。总监理工程师应采用民主的作风，激励各个成员的工作积极性；采用公开的信息政策；经常性地指导工作，和成员一起商讨、多倾听意见和建议。

3）项目监理机构内部需求关系的协调

需求关系的协调需重点抓好以下两个环节：

① 对监理设备、材料的平衡。建设工程监理开始时，要做好监理规划和监理实施细则的编写工作，提出合理的监理资源配置，要注意抓好期限上的及时性、规格上的明确性、数量上的准确性、质量上的规定性。

② 对监理人员的平衡。要抓住调度环节，注意各专业监理工程师的配合。监理力量的安排必须考虑到工程进展情况，作出合理的安排，以保证工程监理目标的实现。

2. 与业主的协调

监理工程师应从以下几方面加强与业主的协调：

(1) 监理工程师首先要理解建设工程总目标、理解业主的意图。

(2) 利用工作之便做好监理宣传工作，增进业主对监理工作的理解，特别是对建设工程管理各方职责及监理程序的理解；主动帮助业主处理建设工程中的事务性工作，以自己规范化、标准化、制度化的工作去影响和促进双方工作的协调一致。

(3) 尊重业主，让业主一起投入建设工程全过程。必须执行业主的指令，使业主满意。对业主提出的某些不适当的要求，只要不属于原则问题，都可先执行，然后利用适当时机、适当方式加以说明或解释；对于原则性问题，可采取书面报告等方式说明原委，尽量避免发生误解，以使建设工程顺利实施。

3. 与承建商的协调

(1) 坚持原则，实事求是，严格按规范、规程办事，讲究科学态度。

为了保证建设工程监理目标的实现，监理工程师应强调各方面利益的一致性和建设工程总目标；应鼓励承建商将建设工程实施状况、实施结果和遇到的困难和意见向他汇报，以寻找对目标控制可能的干扰。

（2）协调不仅是方法、技术问题，更多的是语言艺术、感情交流和用权适度问题。有时尽管协调意见是正确的，但由于方式或表达不妥，反而会激化矛盾。而高超的协调能力则往往能起到事半功倍的效果，令各方面都满意。

（3）施工阶段的协调工作内容。

① 与承包商项目经理关系的协调。既懂得坚持原则，又善于理解承建商项目经理的意见，工作方法灵活，随时可能提出或愿意接受变通办法的监理工程师肯定受欢迎。

② 进度问题的协调。实践证明，有两项协调工作很有效：一是业主和承包商双方共同商定一级网络计划，并由双方主要负责人签字，作为工程施工合同的附件；二是设立提前竣工奖，由监理工程师按一级网络计划节点考核，分期支付阶段工期奖，如果整个工程最终不能保证工期，由业主从工程款中将已付的阶段工期奖扣回并按合同规定予以罚款。

③ 质量问题的协调。在质量控制方面应实行监理工程师质量签字认可制度。对设计变更或工程内容的增减，监理工程师要认真研究，合理计算价格，与有关方面充分协商，达成一致意见，并实行监理工程师签认制度。

④ 对承包商违约行为的处理。应该考虑自己的处理意见是否是监理权限以内的；要有时间期限的概念。对不称职的承建商项目经理或某个工地工程师，证据足够可正式发出警告；万不得已时有权要求撤换。

⑤ 合同争议的协调。首先采用协商解决的方式，协商不成方可由当事人向合同管理机关申请调解；只有当严重违约而造成重大损失且不能得到补偿时才采用仲裁或诉讼手段。

⑥ 对分包单位的管理。主要是对分包单位明确合同管理范围，分层次管理。将总包合同作为一个独立的合同单元进行投资、进度、质量控制和合同管理，不直接和分包合同发生关系。对分包合同中的工程质量、进度进行直接跟踪监控，通过总包商进行调控、纠偏。分包商在施工中发生的问题，由总包商负责协调处理，必要时，监理工程师帮助协调。当分包合同条款与总包合同发生抵触，以总包合同条款为准。分包合同不能解除总包商对总包合同所承担的任何责任和义务。分包合同发生的索赔问题，一般由总包商负责，涉及总包合同中业主义务和责任时，由总包商通过监理工程师向业主提出索赔，由监理工程师进行协调。

⑦ 处理好人际关系。

4. 与设计单位的协调

监理单位必须协调与设计单位的工作，以加快工程进度，确保质量，降低消耗。

（1）真诚尊重设计单位的意见，在设计单位向承建商介绍工程概况、设计意图、技术要求、施工难点等时，注意标准过高、设计遗漏、图纸差错等问题，解决在施工之前；施工阶段，严格按图施工；结构工程验收、专业工程验收、竣工验收等工作，约请设计代表参加；若发生质量事故，认真听取设计单位的处理意见；等等。

（2）施工中发现设计问题，应及时按工作程序向设计单位提出，以免造成大的直接损失；若监理单位掌握比原设计更先进的新技术、新工艺、新材料、新结构、新设备时，可主动与设计单位沟通；协调各方达成协议，约定一个期限，争取设计单位、承建商的理解和配合。

（3）注意信息传递的及时性和程序性。需要注意，监理单位和设计单位没有合同关系，监理单位主要是和设计单位做好交流工作，协调要靠业主的支持。设计单位应就其设计质量对建设单位负责；工程监理人员发现工程设计不符合建筑工程质量标准或者合同约定的质量要求的，应当报告建设单位要求设计单位改正。

5．与政府部门及其他单位的协调

（1）与政府部门的协调。

① 工程质量监督站是由政府授权的工程质量监督的实施机构，对委托监理的工程，质量监督站主要是核查勘察设计单位、施工单位和监理单位的资质，监督这些单位的质量行为和工程质量。监理单位在进行工程质量控制和质量问题处理时，要做好与工程质量监督站的交流与协调。

② 重大质量、安全事故，在承包商采取急救、补救措施的同时，应敦促承建商立即向政府有关部门报告情况，接受检查和处理。

③ 建设工程合同应送公证机关公证，并报政府建设管理部门备案；协助业主的征地、拆迁、移民等工作要争取政府有关部门支持和协作；现场消防设施的配置，宜请消防部门检查认可；要敦促承包商在施工中注意防止环境污染，坚持做到文明施工。

（2）协调与社会团体的关系。争取社会各界对建设工程的关心和支持，这是一种争取良好社会环境的协调。

● 特 别 提 示 ┈┈┈┈┈┈┈┈┈┈┈┈┈┈┈┈┈┈┈┈┈┈┈┈┈┈┈┈┈┈┈┈┈┈┈┈┈

对本部分的协调工作，从组织协调的范围看是属于远外层的管理。对远外层关系的协调，应由业主主持，监理单位主要是协调近外层关系。如果业主将部分或全部远外层关系协调工作委托监理单位承担，则应在委托监理合同专用条件中明确委托的工作和相应的报酬。

3.4.3　项目监理机构组织协调的方法

监理机构组织协调时采用的方法主要有以下五种。

1．会议协调法

这是建设工程监理中最常用的一种协调方法，实践中常用的会议协调法包括第一次工地会议、监理例会、专业性监理会议等。

1）第一次工地会议

① 第一次工地会议是建设工程尚未全面展开前，履约各方相互认识、确定联络方式的会议，也是检查开工前各项准备工作是否就绪并明确监理程序的会议。

② 应在项目总监理工程师下达开工令之前举行，会议由建设单位主持召开，监理单位、总承包单位的授权代表参加，也可要求分包单位参加，必要时邀请有关设计单位人员参加。

2）监理例会

① 监理例会是由总监理工程师主持，按一定程序召开的，研究施工中出现的计划、进度、质量及工程款支付等问题的工地会议。

② 监理例会应当定期召开，宜每周召开一次。

③ 参加人。包括：项目总监理工程师（也可为总监理工程师代表）、其他有关监理人员、承包商项目经理、承包单位其他有关人员。需要时，还可邀请其他有关单位代表参加。

④ 会议的主要内容、议决事项及其负责落实单位、负责人和时限要求。

⑤ 会议纪要。由项目监理机构起草，经与会各方代表会签，然后分发给有关单位。

3）专业性监理会议

除定期召开工地监理例会以外，还应根据需要组织召开一些专业性协调会议，例如加工订货会、业主直接分包的工程内容承包单位与总包单位直接的协调会、专业性较强的分包单位进场协调会等，均有监理工程师主持会议。

2. 交谈协调法

交谈包括面对面的交谈和电话交谈两种形式。无论是内部协调还是外部协调，这种方法使用频率都是相当高的。其作用在于以下几方面。

（1）保持信息畅通。本身没有合同效力及其方便性和及时性，所以建设工程参与各方之间及监理机构内部都愿意采用。

（2）寻求协作和帮助。采用交谈方式请求协作和帮助比采用书面方式实现的可能性要大。

（3）及时发布工程指令。监理工程师一般都采用交谈方式先发布口头指令，这样，一方面可以使对方及时地执行指令，另一方面可以和对方进行交流，了解对方是否正确理解了指令。随后再以书面形式加以确认。

3. 书面协调法

当会议或者交谈不方便或不需要时，或者需要精确地表达自己的意见时，就会用到书面协调的方法。书面协调方法的特点是具有合同效力，一般常用于以下几种情况。

（1）不需要双方直接交流的书面报告、报表、指令和通知等。

（2）需要以书面形式向各方提供详细信息和情况通报的报告、信函和备忘录等。

（3）事后对会议记录、交谈内容或口头指令的书面确认。

4. 访问协调法

访问法主要用于外部协调中，有走访和邀访两种形式。

● 知 识 拓 展 ∙∙

走访是指监理工程师在建设工程施工前或施工过程中，对与工程施工有关的各政府部门、公共事业机构、新闻媒介或工程毗邻单位等进行访问，向他们解释工程的情况，了解他们的意见。

邀访是指监理工程师邀请上述各单位（包括业主）代表到施工现场对工程进行指导性巡视，了解现场工作。多数情况有关各方不了解工程、不清楚现场的实际情况，一些不恰当的干预会对工程产生不利影响，此时，该法可能相当有效。

5. 情况介绍法

情况介绍法通常是与其他协调方法紧密结合在一起的，它可能是在一次会议前，或是一次交谈前，或是一次走访或邀访前向对方进行的情况介绍。形式上主要是口头的，有时也伴有书面的。介绍往往作为其他协调的引导，目的是使别人首先了解情况。

●●● 特 别 提 示 ●●

组织协调是一种管理艺术和技巧，监理工程师不仅需要学习领导科学、心理学等方面的知识和技能，而且还应掌握激励、谈判、交际等方面的技巧。这样，才能进行有效的协调。

●●

 综合应用案例

【案例背景】

某工程分为两个施工标段，建设单位通过招标确定了甲监理单位承担了该工程施工阶段的监理任务，一、二标段工程同时开工，甲监理单位组建的项目监理机构组织形式，如图 3.10 所示。

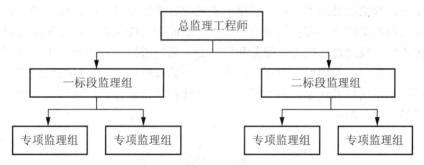

图 3.10　某项目监理组织机构

一、二标段工程开工半年后，随着工程推进，由于监理工作量日益增大，为适应整个项目监理工作的需要，总监理工程师决定调整项目监理机构组织形式，两个标段原有的项目监理组，均增加一个总监理工程师代表，同时在新的组织机构内增设投资控制部、进度控制部、质量控制部和合同管理部四个职能部门，对总监理工程师直接负责以加强各职能部门的横向联系，使上下、左右集权与分权实行最优的结合。

总监理工程师调整了项目监理机构组织形式后，安排总监理工程师代表按新的组织形式调配相应的监理人员、主持修改项目监理规划、审批项目监理实施细则；并安排专人主持整理项目的监理文件档案资料。

【观察与思考】

(1) 原项目监理机构和调整后的监理机构分别属何种组织形式，其主要优点是什么？

(2) 在施工阶段，项目监理机构与施工单位的协调工作有哪些内容？

(3) 总监理工程师调整项目监理机构组织形式后安排工作的有无不妥之处？

【案例分析】

（1）原项目监理机构为直线制组织形式，主要优点是组织机构简单、权力集中、命令统一、职责分明、决策迅速、隶属关系明确。

调整后的项目监理机构为直线职能式组织形式，其既保持了直线制组织实行直线领导、统一指挥、职责清楚的优点，又保持了职能制组织目标管理专业化的优点。

（2）协调工作。其主要内容有：与承包商项目经理关系的协调、进度问题的协调、质量问题的协调、对承包商违约行为的处理、合同争议的协调、对分包单位的协调、处理好人际关系。

（3）不妥之处：

① 安排总监理工程师代表调配相应的监理人员不妥，应由总监理工程师负责调配

② 安排总监理工程师代表主持修改项目监理规划不妥，应由总监理工程师主持修改。

③ 安排总监理工程师代表审批项目监理实施细则不妥，应由总监理工程师审批。

④ 指定专人主持整理项目的监理文件档案资料不妥，应由总监理工程师主持。

本章小结

建设工程监理组织是为了高效、有序地实现建设项目监理目标而设立的组织机构。常见的建设项目监理组织形式有直线制监理组织、职能制监理组织、直线职能制监理组织和矩阵制监理组织。监理机构的人员配备和职责分工都应依据一定规律、工程特征和监理合同内容来确定。同时，处理好与参建单位的关系是监理单位顺利开展工作的重要保障，监理工程师应根据不同的参建单位的不同情况，并针对具体事件选用适当的方式方法进行沟通协调，保障工程的顺利进行。

习题

一、单选题

1. 建设工程监理工作由不同专业、不同层次的专家群体共同来完成，（　　）体现了监理工作的规范化，是进行监理工作的前提和实现监理目标的重要保证。

　　A. 目标控制的动态性　　　　　　　　B. 职责分工的严密性

　　C. 监理指令的及时性　　　　　　　　D. 监理资料的完整性

2. 在建设工程监理实施中，总监理工程师代表监理单位全面履行建设工程委托监理合同，承担合同中监理单位与业主方约定的监理责任与义务，因此，监理单位应给总监理工程师充分授权，这体现了（　　）的监理实施原则。

　　A. 公正、独立、自主　　　　　　　　B. 权责一致

　　C. 总监理工程师是责任主体　　　　　D. 总监理工程师是权力主体

3. 项目监理机构的组织设计和建设工程监理实施均应遵循（　　）的原则，但两者却有着不同的内涵。

A. 集权与分权统一　　　　　　　　B. 分工与协作统一

C. 才职相称　　　　　　　　　　　D. 权责一致

4. 建设工程监理目标是项目监理机构建立的前提，应根据（　　）确定的监理目标建立项目监理机构。

A. 监理实施细则　　　　　　　　　B. 委托监理合同

C. 监理大纲　　　　　　　　　　　D. 监理规划

5. 组建一个完善的监理组织机构的步骤是（　　）。

A. 确定监理机构目标、确定监理工作内容、监理机构的组织结构设计、制定监理工作流程和信息流程

B. 选择组织结构形式、确定管理层次和管理跨度、划分监理机构部门、制定岗位职责和考核标准、选派监理人员

C. 确定监理机构目标、选择组织结构形式、制定工作流程和信息流程、确定监理工作内容

D. 选择组织结构形式、分解监理机构目标、配备监理人员、制定工作制度、编制工作计划

6. 监理组织机构中，拥有职能部门的监理组织形式有（　　）。

A. 直线制和职能制　　　　　　　　B. 职能制和矩阵制

C. 直线制和直线职能制　　　　　　D. 矩阵制和直线制

7. 某工程项目监理机构具有统一指挥、职责分明、目标管理专业化的特点，则该项目监理机构的组织形式为（　　）。

A. 直线制　　　　　　　　　　　　B. 职能制

C. 直线职能制　　　　　　　　　　D. 矩阵制

8. 在建设工程目标控制中，相对而言，组织协调对（　　）的作用最为突出且最为直接。

A. 进度控制　　　B. 投资控制　　　C. 质量控制　　　D. 风险控制

二、多选题

1. 监理工作的规范化体现在（　　）。

A. 工作目标的确定性　　　　　　　B. 监理实施细则的针对性

C. 职责分工的严密性　　　　　　　D. 工作的时序性

E. 组织机构的稳定性

2. 建设工程监理实施的原则之一是严格监理、热情服务。这一原则的基本内涵有（　　）。

A. 严格按照国家政策、法规、规范和标准控制建设工程目标

B. 对工程建设承包单位严格监理、热情服务

C. 认真履行职责，不超越业主授予的权限

D. 按委托监理合同的要求，多方位为业主提供服务

E. 维护业主的正当权益

3. 项目监理机构的组织结构设计步骤有（　　）。

A. 确定监理工作内容　　　　　　　B. 选择组织结构形式

C. 确定管理层次和管理跨度　　　　D. 划分项目监理机构部门

E. 制定岗位职责和考核标准

4. 影响项目监理机构人员数量的主要因素有（　　）。

A. 工程复杂程度　　　　　　　　　B. 监理单位业务范围

C. 监理人员专业结构　　　　　　　D. 监理人员技术职称结构

E. 监理机构组织结构和任务职能分工

5. 总监理工程师在项目监理工作中的职责包括（　　）。

A. 审查和处理工程变更　　　　　　B. 审批项目监理实施细则

C. 负责隐蔽工程验收　　　　　　　D. 主持整理工程项目的监理资料

E. 当人员需要调整时，向监理公司提出建议

6. 项目监理机构的工作效率在很大程度上取决于人际关系的协调，总监理工程师在进行项目监理机构内部人际关系的协调时，可从（　　）等方面进行。

A. 部门职能划分　　　　　　　　　B. 监理设备调配

C. 工作职责委任　　　　　　　　　D. 人员使用安排

E. 信息沟通制度

7. 关于建设工程监理组织协调，下列说法正确的是（　　）。

A. 书面协调具有合同效力　　　　　B. 访问协调主要用于外部协调中

C. 访问协调法有走访和邀请两种方式　D. 情况介绍法主要形式是口头的

E. 情况介绍法的形式不能是书面的

三、简答题

1. 常见的项目监理机构的组织形式有哪几种？若想建立具有机构简单、权力集中、命令统一、职责分明、隶属关系明确的监理组织机构，应选择哪一种组织形式？

2. 项目监理机构的建立步骤有哪些？

3. 项目监理机构的监理人员各自的职责分工是什么？

4. 我国《建筑法》对施工总包单位将承包工程中的部分工程发包给分包单位有哪些要求？

四、案例分析

【案例背景】

某建设工程项目采用的是预制钢筋混凝土管桩基础。项目业主委托某监理单位承担该建设工程项目施工招标及施工阶段的监理任务。因该工程涉及土建施工、沉桩施工和管桩预制工作，业主对工程发包提出了两种方案：一种是采用平行发包模式，即土建、沉桩、管桩制作进行分别发包；另一种是采用总分包模式，即由土建施工单位总承包，沉桩施工及管桩制作列入总承包范围再进行分包。

【问题】

（1）施工招标阶段，监理单位的主要工作内容有哪些？

（2）如果采取施工总分包模式，监理工程师应从哪些方面对分包单位进行管理？其主要手段是什么？

（3）在上述两种发包模式下，对管桩生产企业的资质考核各应在何时进行？考核的主要内容是什么？

（4）在平行发包模式下，沉桩施工单位对管桩运抵施工现场是否视为"甲供构件"？为什么？如何组织检查验收？

综合实训

【实训项目背景】

某单体写字楼工程，21层，剪力墙结构，总建筑面积为 40 000m²。经投标，甲监理单位中标，负责该工程施工阶段的监理工作。甲监理单位与建设单位签订建设工程监理合同后，开始着手组建项目监理部。

【实训内容及要求】

要求学生分组进行模拟现场实训，完成以下内容：

（1）组建项目监理部，绘制项目监理部组织结构图，明确人员职责分工，并说明原因。

（2）以新成立的项目监理部为单位，试说明本工程监理任务和监理内容，总监理工程师和专业监理工程师及监理员的工作分工是什么样的？要求以书面报告提交。

第4章

建设工程监理目标控制

学习目标

通过本章的学习，了解项目目标之间的关系、建设工程投资的基本概念、进度控制和质量控制的含义、建设工程安全管理概念以及合同的概念；熟悉目标控制流程和基本环节、投资控制的作用、影响建设工程进度控制和质量的主要因素以及合同的类型；掌握目标控制类型和控制措施、各个阶段工程投资控制的内容及方法、质量控制和进度的主要工作以及建设工程监理合同的内容。

学习要求

能力目标	知识要点	权重
熟悉建设工程项目目标控制流程和基本环节	目标控制基本原理	10%
掌握目标控制类型和措施	目标控制类型和措施	20%
熟悉投资控制的概念和作用	建设工程投资构成	10%
掌握进度控制的目的和任务	进度控制内涵	20%
掌握质量控制的目的和任务	质量控制内涵	20%
掌握建设工程监理合同	监理合同内容	20%

导 入 案 例

【案例背景】

某施工项目分为3个相对独立的标段，业主组织了招标并分别和3家施工单位签订了施工承包合同。承包合同价分别为3 652万元、3 225万元和2 733万元。合同工期分别为30个月、20个月和24个月。总监理工程师根据本项目合同结构的特点，组建了监理组织机构，编制了监理规划。监理规划的内容中提出了监理控制措施，要求监理工程师应将主动控制和被动控制紧密结合。

【观察与思考】

(1) 建设工程监理的目标有哪些？目标之间有何内在联系？目标控制流程图如何绘制？

(2) 主被动控制包括哪些内容？

(3) 对建设工程项目投资控制、进度控制和质量控制时应注意哪些内容？

4.1　目 标 控 制 概 述

4.1.1　建设工程监理目标

控制是控制者对控制对象施加一种主动影响，是一种有目的的主动行为。控制工作是建设工程监理的重要管理活动。在管理学中，控制通常是指管理人员按计划标准来衡量所取得的成果，纠正所发生的偏差，使目标和计划得以实现的管理活动。

建设工程监理的中心任务就是帮助业主实现其投资目的，即在计划的投资和工期内，按规定质量完成项目建设。建设工程监理目标控制工作的好坏直接影响业主的利益，同时也反映监理企业的监理效果。

4.1.2　建设工程项目目标之间的关系

工程建设项目目标之间具有相互依存、相互制约的关系，既存在对立的一面，又存在统一的一面，即对立统一关系(图4.1)。

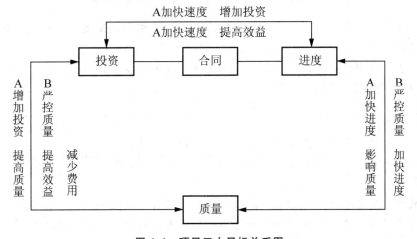

图4.1　项目三大目标关系图

A—互为矛盾的方面；B—相互统一的方面

1. 工程项目三大目标之间存在统一关系

工程项目投资、进度和质量三大目标之间存在统一的关系。例如，适当增加投资额，为加快进度提供经济条件，就可以加快项目建设进度，缩短工期，使项目提前运行，投资尽早收回，项目的全寿命成本降低，经济效益会得到提高；适当提高项目功能要求和质量标准，虽然会造成一次性投资额的增加和工期的延长，但能够节约项目动用后的经常费用和维修费用，从而获得更好的经济效益；如果项目进度计划制订得既可行又经过优化，使工程进展具有连续性、均衡性，则不但可以缩短施工工期，而且有可能获得较好的质量和较低的费用。

2. 工程项目三大目标之间存在对立关系

工程项目投资、进度、质量三大目标之间存在着矛盾和对立的关系，如图 4.2 所示。例如，如果提高工程质量目标，就要投入较多的资金、需要较长的时间；如果要缩短项目的工期，投资就要相应提高或者不能保证工程质量标准；如果要降低投资，就会降低项目的功能要求和质量标准。

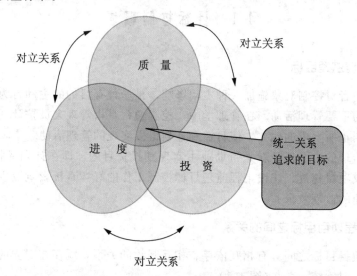

图 4.2　工程项目投资、进度、质量三大目标之间的关系

从图 4.2 可以看出，建设工程三大目标之间的对立关系，不能奢望投资、进度、质量三大目标同时达到"最优"，即既要投资少，又要工期短，还要质量好。

建设工程三大目标之间的统一关系，需要从不同的角度分析和理解。例如，全寿命费用（或寿命周期费用）、价值工程等。

特　别　提　示

监理工程师在开展目标控制活动时，应注意以下事项：

（1）工程项目进行目标控制时，注意统筹兼顾，合理确定投资、进度和质量目标的标准。

（2）要针对目标系统实施控制，防止追求单一目标而干扰和影响其他目标的实现。

（3）以实现项目目标系统作为衡量目标控制效果的标准，追求系统目标的实现，做到各目标的互补。

4.1.3 目标控制的基本原理

目标控制是建设工程监理的重要职能之一。

目标控制是指管理人员按照计划目标，对计划的执行情况进行跟踪检查，纠正所发生的偏差，以保证协调地实现总体目标。

1. 控制流程

不同的控制系统都有别于其他系统的特点，但同时又都存在着许多共性。建设工程项目目标控制的流程如图 4.2 所示。

建设项目按计划投入人力、材料、设备、机具、方法等资源和信息后，在工程实施过程中会不断输出实际的工程状况和投资、进度、质量情况的信息，但是由于外部环境和内部系统的各种因素变化的影响，实际输出的投资、进度、质量可能偏离计划目标。

控制人员收集实际状况信息和其他有关信息，进行整理、分类、综合，编写出工程状况报告。

项目目标控制人员收集数据是需要时间的，这些工作不可能同时进行并在瞬间内完成，因而其控制实际上表现为周期性循环过程。

控制部门根据工程状况报告，将项目实际完成的投资、进度和质量状况与相应的计划目标进行比较，以确定是否发生了偏离。如果计划运行正常，按计划继续进行；反之，如果已经偏离计划目标或者预计将要偏离，就需要采取纠正措施或改变投入，或采取其他纠正措施，使计划呈现一种新的状态，使工程能够在新的计划状态下顺利进行。

2. 控制的基本环节

图 4.3 所示的控制流程可以进一步抽象为投入、转换、反馈、对比、纠正 5 个基本环节，如图 4.4 所示。对每个控制循环来说，如果缺少某一环节或某一环节出现问题，就会导致循环障碍，降低控制的有效性，不能发挥循环控制的整体作用。因此，必须明确控制流程各个基本环节的有关内容，并做好相应的控制工作。

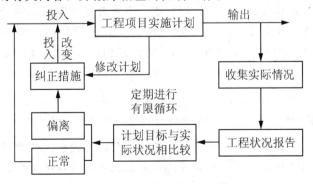

图 4.3 控制流程图

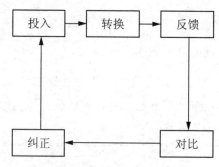

图4.4 控制流程的基本环节

投入是控制流程的开端，即按计划投入人力、财力、物力是整个控制工作的开始。计划确定的资源数量、质量和投入的时间是保证计划实施的基本条件和实现目标的保障。监理工程师应加强对"投入"的控制，为整个控制工作的顺利进行奠定基础。

所谓转换，是指工程项目由投入到产出的过程，也就是工程建设目标实现的过程。在转换过程中，计划的运行往往受到来自外部环境和内部各因素的干扰，造成实际工程偏离计划轨道。同时计划本身存在着不同程度的问题，造成期望输出和实际输出偏离的现象。鉴于以上原因，监理工程师应当做好"转换"环节的控制工作。具体工作主要有：跟踪了解工程进展情况，掌握工程转换的第一手资料，为今后分析偏差原因、确定纠正措施提供可靠的依据；对可以及时解决的问题，采取"即时控制"措施，发现偏离，及时纠正，避免后患。

反馈是控制的基础工作，是把各种信息返送到控制部门的过程。反馈信息包括已经发生的工程概况、环境变化等信息，还包括对未来工程预测的信息。信息反馈的方式可以分为正式和非正式两种。正式反馈信息的方式是指书面的工程状况报告一类，它是控制流程中应当采用的主要反馈方式。非正式反馈主要指口头方式，在控制流程中同样很重要，在具体工程监理业务实施期间非正式反馈信息应当转化为正式反馈信息。无论是正式反馈信息，还是非正式反馈信息，都应当满足全面、准确、及时的要求。

对比是将实际目标成果与计划目标进行比较，以确定是否偏离。这里指的偏离是实际输出的目标值超过计划目标值允许偏差的范围，并需要采取纠正措施的情况。对比的工作步骤可以分为两步：首先，收集工程实际成果并加以分类、归纳；其次，将实际成果与计划目标值（包括标准、规范）进行对比并判断是否发生偏离。

纠正是对偏离的情况采取措施加以处理的过程。根据其程度的不同，偏离可分为轻度偏离、中度偏离和重度偏离。如果是轻度偏离，则不改变原定目标的计划值，基本不改变原定实施计划，在下一个控制周期内，使目标的实际值控制在计划值范围内，即直接纠偏；如果是中度偏离，则采用不改变总目标的计划值，调整后期实施计划的方法进行纠偏；如果是重度偏离，则要分析偏离原因，重新确定目标的计划值，并据此重新制订实施计划。

● 特 别 提 示 ∷∷∷

投入、转换、反馈、对比和纠正五大环节性工作，在控制流程中缺一不可，构成一个循环链，因此，监理工程师对每一个环节都应重视，并做好各项工作，控制才得以实现。

4.1.4 控制的类型

根据依据的不同，可将控制分为不同类型（见表4-1）。在建设工程实施过程中，如果仅仅采取被动控制措施，出现偏差是不可避免的，而且偏差可能有累积效应，从而难以实现工程预定的目标。另一方面，主动控制的效果虽然比被动控制要好，但是仅仅采取主动控制措施确是不现实的，或者说是不可能的，并且在某些特定的情况下，被动控制倒可能是较佳的选择。因此主动控制与被动控制是控制实现项目目标必须采用的控制方式，二者缺一不可，两者应紧密结合起来。

表4-1 控制类型分类

序号	划分依据	分 类	备 注
1	作用于控制对象的时间	事前控制	在投入阶段对被控系统进行控制
		事中控制	在转化过程中对被控系统进行控制
		事后控制	在产出阶段对被控系统进行控制
2	控制信息来源	前馈控制	根据测得的干扰信息预测可能出现的偏差，采取预防措施
		反馈控制	按照计划所确定的标准来衡量计划的完成情况，并纠正执行计划过程中所出现的偏差，最终确保计划目标的实施
3	控制过程是否形成闭合回路	开环控制	指受控对象不对施控主体产生反作用的控制系统
		闭环控制	受控对象能够反作用于施控主体的控制系统
4	控制措施的出发点	主动控制	事前控制（起到防患于未然的作用）、前馈控制（起到避免重蹈覆辙的作用）、开环控制
		被动控制	事中和事后控制、反馈控制（控制效果在很大程度上取决于反馈信息的全面性、及时性和可靠性）、闭环控制

要做到主动控制与被动控制相结合，关键在于处理以下两个方面：

（1）要扩大信息来源。要包括本工程实施情况的信息、已建同类工程的有关情况等外部环境信息。

（2）把握好输入环节。要输入两类纠偏措施，不仅有纠正已经发生的偏差的措施，而且有预防和纠正可能发生的偏差的措施。

特 别 提 示

控制类型的划分是人为的，是根据不同的分析目的而选择的，而控制措施本身是客观的。因此，同一控制措施可以表述为不同的控制类型，或者说，不同划分依据的不同控制类型之间存在内在的同一性。

1. 主动控制

主动控制是事前控制，又是前馈式控制、面对未来的控制。主动控制的最主要的特点就是事前分析和预测目标值偏离的可能性，并采取相应的预防措施。因为主动控制是面对未来的控制，有一定的难度和不确定性，所以监理工程师更应当注意预测结果的准确性和全面性。监理工程师应做到：详细分析影响计划运行的各个有利和不利的因素；识别风险、做好风险管理工作；科学合理地确定计划；做好组织工作；制定必要的备用方案；加强信息收集、整理和研究工作。

2. 被动控制

被动控制是事后控制，又是反馈控制，面对现实和过去的控制。被动控制是根据被控系统输出情况，将实际值与计划值进行比较，确认是否有偏离，并根据偏离程度分析原因，采取相应措施进行纠偏的控制流程。

3. 主动控制和被动控制的关系

由以上分析可知，主动控制和被动控制对监理工程师而言缺一不可，进行项目目标控制的两种控制方式同样很重要。有些人认为具备一定控制经验的监理工程师在控制阶段只采取主动控制措施就可以，被动控制是只被那些没有控制经验的监理人员采用的控制方式，这种认识是片面的，并且扭曲了两种控制的关系。

主动控制的效果虽然比被动控制得好，但是，仅仅采取主动控制措施是不现实的，因为工程建设过程中有许多风险因素（如政治、社会、自然等因素）是不可预见的，甚至是无法防范的。并且采取主动控制措施往往要耗费一定的资金和时间，对于发生概率小且发生后损失也较小的情况，采取主动控制措施有时可能是不经济的。因此，最有效的控制是应当把主动控制和被动控制紧密结合起来，力求加大主动控制在控制流程中的比例，同时进行必要的被动控制。主动控制与被动控制相结合的关系如图 4.5 所示。

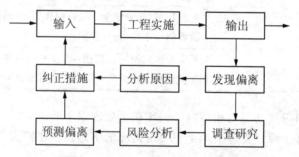

图 4.5　主动控制与被动控制相结合

4.1.5　控制系统

工程建设监理目标控制系统，是运用系统原理把围绕工程建设目标所进行的各种活动视为相互联系的整体，而建立起来的控制系统。

目标控制系统由施控主体和被控对象两个要素组成。在施控主体和被控对象之间，作用的是信息流。目标控制系统是一个开放系统，该系统与外部环境进行着各种形式的交换（图 4.6）。

特 别 提 示

信息反馈子系统能够连接控制子系统和被控制子系统，形成一个完整的系统体系。

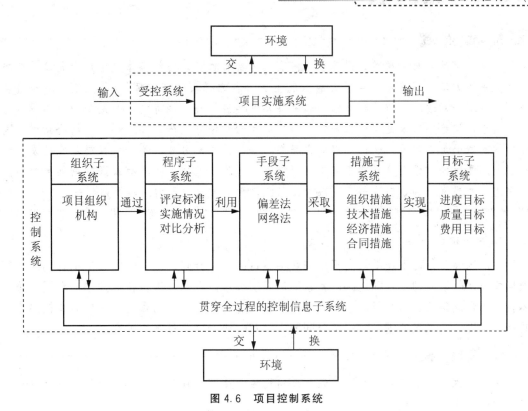

图 4.6　项目控制系统

4.1.6　控制措施

目标控制措施主要有组织措施、技术措施、经济措施、合同措施等。

1. 组织措施

组织是目标控制的前提和保障。组织措施主要是采取组织机构的合理建立和完善来达到目标控制的目的，具体有：建立健全监理组织，完善职责分工及有关制度，落实目标控制的责任，协调各种关系。

2. 技术措施

技术措施是目标控制的重要措施之一，在三大目标控制中具体技术措施有：投资控制方面，推选限额设计和优化设计，合理确定标底及合同价，合理确定材料设备供应厂家，审核施工组织设计和施工方案，合理开支施工措施费，避免不必要的赶工费；进度控制方面，建立网络计划和施工作业计划，增加同时作业的施工面，采用高效的施工机械设备，采用施工新工艺和新技术，缩短工艺过程间和工序间的技术间歇时间；质量控制方面，优化设计和完善设计质量保证体系，在施工阶段严格进行全过程质量控制。

3. 经济措施

经济措施在目标控制时很难独立使用，主要和其他措施相结合使用。经济措施的应用，必须受到合同的约束。经济措施具体有：投资控制方面，及时进行计划费用与实际开支费用的比较分析、对优化设计给予一定的奖励；进度控制方面，对工期提前者实行奖励，对应急工程采用较高的计件单价，确保资金的及时供应；质量控制方面，不符合质量要求的工程拒付工程款，优良工程支付质量补偿金或奖金。

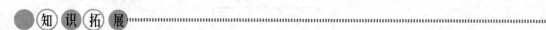

知识拓展

工程项目的参与者通常是以追求经济利益为经营目标，而经济措施实质上是调节各方经济关系的方案。经济措施在很大的程度上成为各方行动的"指挥棒"。无论是对投资实施控制，还是对进度、质量实施控制，都离不开经济措施。经济措施是最易为人接受和采用的措施，但绝不仅仅是审核工程量及相应的付款和结算报告，还需要从一些全局性、总体性的问题上加以考虑，往往可以取得事半功倍的效果。另外，不要仅仅局限在已发生的费用上。通过偏差原因分析和未完工程投资预测，可以发现一些现有或潜在的问题将引起未完工程的投资增加，对这些问题应以主动控制为出发点，及时采取预防措施。

4. 合同措施

在市场经济条件下，承包商根据与业主签订的设计合同、施工合同和供销合同来进行项目建设，所以监理工程师也必须紧紧地依靠工程建设合同来进行目标控制。合同措施具体有：按合同条款支付工资，防止过早、过量的现金支付；全面履约，减少对方提出索赔的条件和机会；正确处理索赔；按合同要求，及时协调有关各方的进度。

特别提示

组织措施、技术措施、经济措施和合同措施在建设工程实施的各个阶段的具体运用不完全相同。

 应用案例 4-1

【案例背景】

业主将钢结构公路桥建设项目的桥梁下部结构工程发包给甲施工单位，将钢梁的制作、安装工程发包给乙施工单位。业主还通过招标选择了某监理单位承担该建设项目施工阶段的监理任务。

监理合同签订后，总监理工程师组建了直线制监理机构，并重点提出了质量目标控制措施，其内容如下：

（1）熟悉质量控制依据。

（2）确定质量控制要点，落实质量控制手段。

（3）完善职责分工及有关质量监督制度，落实质量控制责任。

（4）对不符合合同规定质量要求的，拒签付款凭证。

（5）审查承包单位的施工组织设计，同时提出了项目监理规划编写的几点要求。

【观察与思考】

（1）监理工程师在进行目标控制时应采取哪些方面的措施？上述总监理工程师提出的质量目标控制措施属于哪一种措施？

（2）上述总监理工程师提出的质量目标控制措施哪些属于主动控制措施，哪些属于被动控制措施？

【案例分析】

(1) 监理工程师在进行目标控制时应采取组织、技术、经济和合同等方面的措施。

总监理工程师提出的质量目标控制措施中：第(1)条属于技术措施；第(2)条属于技术措施；第(3)条属于组织措施；第(4)条属于经济(或合同)措施；第(5)条属于技术措施。

(2) 在总监理工程师提出的质量目标控制措施中：第(1)、(2)、(3)、(5)条内容属于主动控制；第(4)条内容属于被动控制。

4.2　建设工程项目投资控制

4.2.1　建设工程项目投资控制的定义

建设工程项目投资是以货币形式表现的基本建设工作量，是反映建设项目投资规模的综合性指标，是指进行某项建设工程所花费的全部费用。建设工程项目投资包括固定资产投资和流动资产投资两部分。

(1) 建设工程项目总投资中固定资产投资的构成由建筑安装工程费用、设备工器具购置费用、工程建设其他费用、建设期贷款利息、预备费等组成。

(2) 流动资产投资是指生产经营性项目投产后，为正常生产运营，用于购买材料、燃料和支付工资及其他经营费用所需的周转资金。

　1. 投资控制的目标

投资控制是指通过有效的投资控制工作和具体的投资控制措施，在满足进度和质量要求的前提下，力求使工程实际投资不超过计划投资。这一目标如图 4.7 所示。

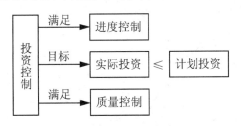

图 4.7　投资控制的含义

"实际投资不超过计划投资"可能表现以下几种情况。

(1) 在目标分解的各个层次上，实际投资均不超过计划投资(这是最理想的情况)。

(2) 在目标分解的较低层次上，实际投资在有些情况下超过计划投资；在大多数情况下不超过计划投资，因而在目标分解的较高层次上，实际投资不超过计划投资。

(3) 实际总投资不超过计划总投资，在投资目标分解的各个层次上，都出现实际投资超过计划投资的情况，但在大多数情况下实际投资未超过计划投资。

后两种情况虽然存在局部的超投资现象，但建设工程的实际总投资未超过计划总投资，因而仍然是令人满意的结果。何况出现这种现象除了投资控制工作和措施存在一定的问题、有待改进和完善之外，还可能是由于投资目标分解不尽合理所造成的，而投资目标分解绝对合理又是很难做到的。

2. 系统控制

在投资控制的过程中，要协调好与进度控制和质量控制的关系，做到三大目标控制的有机配合和相互平衡，而不能片面强调投资控制。

3. 全过程控制

它是指要求从立项阶段就开始进行投资控制，并将投资控制工作贯穿于建设工程实施的全过程，直至整个工程建成且延续到保修期结束，如图 4.8 所示。

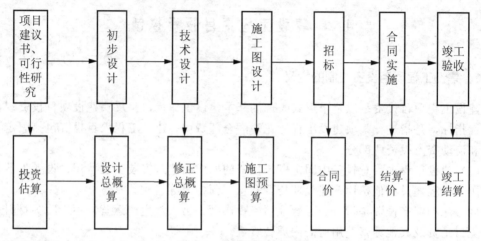

图 4.8　全过程投资控制

在明确全过程控制的前提下，还要特别强调早期控制的重要性。越早进行控制，投资控制的效果越好，节约投资的可能性越大，如图 4.9 所示。

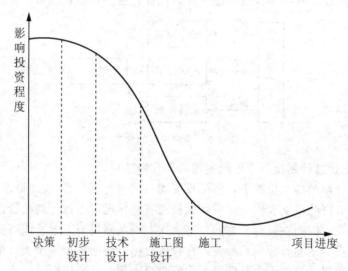

图 4.9　不同建设阶段对投资额的影响

4. 全方位控制

1）对投资目标进行全方位控制

（1）对按工程内容分解的各项投资进行控制。即对单项工程、单位工程，乃至分部分项工程的投资进行控制。

（2）对按总投资构成内容分解的各项费用进行控制。即对建筑安装工程费用、设备和工器具购置费用，以及工程建设其他费用等都要进行控制。

2）全方位控制投资目标应当注意的问题

（1）要认真分析建设工程及其投资构成的特点，了解各项费用的变化趋势和影响因素。

（2）要抓住主要矛盾、有所侧重。

（3）要根据各项费用的特点选择适当的控制方式。

4.2.2　建设工程项目投资控制的目的和任务

建设工程项目投资控制的目的是在保证建设项目质量、安全、工期目标实现的基础上，使建设项目在预定的投资额内建成动用。具体而言就是，可行性研究阶段确定的投资估算额控制在建设单位投资机会、投资意向设定的范围内；设计概算是技术设计和施工图设计的项目投资控制目标，不得突破投资估算；建设工程承包合同价是施工阶段控制建设工程投资的目标，施工阶段投资额不得突破合同价。

在不同的建设阶段将其相应的投资额控制在规定的投资目标限额内。使建设项目各阶段投资控制工作始终处于受控状态，做到有计划、有目标、有控制措施，使每个阶段的投资做到最大可能的合理化。在建设项目实施的各个阶段，合理确定投资控制目标，采取组织、经济、技术、合同与信息等措施，有效控制投资，并应用主动控制原理做到事前控制、事中控制、事后控制相结合，合理地处理投资过程中索赔与反索赔事件，以取得令人满意的效果。

1. 建设工程项目投资决策阶段的投资控制

1）建设工程项目投资决策阶段的投资控制的意义

（1）建设工程项目投资决策阶段的含义。

建设项目投资决策是选择和决定投资行为方案的过程，是对拟建工程项目的必要性和可行性进行技术经济分析论证，即在财务上是否盈利，技术上是否先进可靠，对不同建设方案进行技术经济比较，作出判断和决定，为投资决策提供科学的依据。监理工程师在建设项目决策阶段的投资控制，主要体现在建设项目可行性研究阶段协助建设单位或直接进行项目的投资控制，以保证项目投资决策的合理性。

（2）工程项目决策阶段投资控制的意义。

在工程项目决策阶段，监理工程师根据建设单位提供的建设工程的规模、协作条件、场址等，对各种拟建工程项目的方案进行固定资产投资估算，有时需估算工程项目竣工后的经营费用和维护费用，并向建设单位提交投资估算和建议，以便建设单位对可行方案的决策，确保工程项目的方案在功能上、技术上和财务上的可行性，确保工程项目的合理性。

具体来说，通过可行性研究阶段投资估算的合理确定、最佳投资方案的优选，达到资源的合理配置，促使建设项目的科学决策。反之，投资方案确定不合理，势必会造成工程项目决策失误。

决策阶段所确定的投资额是否合理，直接影响到整个工程项目的设计、施工等后续阶段投资的合理性，决策阶段所确定的投资额作为整个项目的限额目标，对于工程项目后续设计概算、承包合同价、设计预算、结算价、竣工决算都有直接影响。

通过监理工程师在决策阶段的投资控制，确定合理的投资估算，优选出可行方案，为建设单位进行工程项目决策提供了依据，也为建设项目主管部门审批项目建议书、可行性研究报告及投资估算提供了基础资料，同时为工程项目的规划、设计、设备购置、招投标、资金筹措等提供了重要依据。

2）工程建设项目决策阶段投资控制的任务

投资者为了排除盲目性，减少风险，一般都要委托咨询、设计等部门进行可行性研究，委托监理单位进行可行性研究的管理或对可行性报告的审查。主要任务是按建设单位的委托审查拟建工程项目投资估算的正确性与投资方案的合理性。在可行性研究阶段进行投资控制，主要应围绕对投资估算的审查和投资方案的分析、比选进行。

（1）建设项目的可行性研究。

建设项目的可行性研究是运用多种科学手段综合论证一个工程项目在技术上是否先进、实用和可靠，在财务上是否盈利；作出环境影响、社会效益和经济效益的分析和评价、工程项目抗风险能力等的结论；为投资决策提供科学的依据。

① 可行性研究的工作步骤。可行性研究的基本工作步骤大致可以概括为以下几步：

　　a. 签订委托协议；

　　b. 组建研究工作小组；

　　c. 制订研究工作计划；

　　d. 进行市场调查与预测；

　　e. 方案编制与优化；

　　f. 进行项目评价；

　　g. 编写可行性研究报告；

　　h. 与委托单位交换意见。

② 可行性研究报告包含的内容。根据国家计委批复的有关规定，项目可行性研究报告一般应按以下结构和内容编写：

　　a. 总论；

　　b. 市场调查与预测；

　　c. 资源条件评价；

　　d. 建设规模与产品方案；

　　e. 场址选择；

　　f. 技术方案、设备方案和工程方案；

　　g. 原材料、燃料供应；

　　h. 总图运输与公用辅助工程；

　　i. 节能措施；

　　j. 节水措施；

　　k. 环境影响评价；

　　l. 劳动安全卫生与消防；

m. 组织机构与人力资源配置；

n. 项目实施进度；

o. 投资估算；

p. 融资方案；

q. 财务评价；

r. 国民经济评价；

s. 社会评价；

t. 风险分析；

u. 研究结论与建议。

③ 对项目投资方案的审查。对项目投资方案的审查，主要是通过对拟建项目方案进行重新评价，看原可行性研究报告编制部门所确定的方案是否为最优方案。监理工程师对投资方案审查时，应做好如下工作。

a. 列出实现建设单位投资意图的各种可行方案，并尽可能做到不遗漏。如果遗漏的方案是最优方案，将会直接影响到可行性研究工作质量及投资效果。

b. 熟悉并了解建设项目方案评价的方法，包括项目财务评价、国民经济评价方法，以及评价内容、评价指标及其计算、评价准则等。要求监理工程师对拟建项目建设前期、建设时期、建成投产使用期全过程项目的费用支出和收益以及全部财务状况进行全面了解，弄清各个阶段项目财务现金流量，利用动态、静态方法计算出各种可行性方案的评价指标，并进行财务评价。

通过对方案的审查、比选、确定最优方案的过程，体现了实现建设项目方案技术与经济的统一，同时也做到了投资的合理确定和有效控制。

（2）建设项目的投资估算。

① 投资估算及其作用。投资估算是在对项目的建设规模、工艺技术、产品方案、设备方案、工程方案及项目实施进度等进行研究并基本确定的基础上，估算项目所需资金总额（包括建设投资和流动资金），并测算建设期分年资金使用计划。投资估算的作用如下。

a. 投资估算是项目主管部门审批项目建议书和可行性研究报告的依据之一，同时对制定项目规划、控制项目规模起参与作用。

b. 投资估算是项目筹资决策和投资决策的重要依据，在进行经济评价和进行方案选优等方面起着重要的作用。

c. 投资估算是编制初步设计概算的依据，还对初步设计的概算起着控制作用，是项目投资控制的目标之一。

② 投资估算的主要依据。

a. 主要工程项目、辅助工程项目及其他各单项工程的建设内容及工程量。

b. 专门机构发布的建设工程造价及费用构成、估算指标、计算方法，以及其他有关估算工程造价的文件。

c. 专门机构发布的工程建设其他费用计算办法和费用标准，以及政府部门发布的物价指数。

d. 已建同类工程项目的投资档案资料。

e. 影响建设工程投资的动态因素。

③ 对投资估算的审查。

a. 分析和审查投资估算编制依据的时效性、准确性。

b. 分析和审查选用的投资估算方法的科学性、适用性。

投资估算的方法有很多，有静态投资估算方法和动态投资估算方法，静态、动态投资估算又分别有很多方法，究竟选用何种方法，监理工程师应根据投资估算的精确度要求，以及拟建项目技术经济状况的已知情况来决定。

在项目建议书、初步可行性研究阶段，对投资估算精度允许偏差较大时，可用资金周转率法、单位生产能力估算法等。

在已知拟建项目生产规模，并有同类型项目建设经验数据时，可用生产规模指数估算法，但要注意生产规模指数的取值、调价系数等的差异。

当拟建项目生产工艺流程及其技术、设备组成比较明确时，可运用比例估算法。

c. 分析和审查投资估算的编制内容与拟建项目规划要求的一致性：审查投资估算包括的工程内容与规划要求是否一致；审查项目投资估算中生产装置的技术水平和自动化程度是否符合规划要求的先进程度。

d. 分析和审查投资估算的费用项目、费用数额的真实性：审查费用项目与规划要求、实际情况是否相符，有否重项，估算的费用项目是否符合国家规定，是否针对具体情况进行适当的增减；审查是否考虑了采用新技术、新材料，以及现行标准和规范比已运行项目的要求提高，所需增加的投资额，考虑的额度是否合适；审查是否考虑了物价上涨和汇率变动对投资额的影响，考虑的波动变化幅度是否合适；审查项目投资主体自有的稀缺资源是否考虑了机会成本，沉没成本是否剔除；审查对"三废"处理所需投资是否进行了估算，其估算数额是否符合实际。

2. 建设工程项目设计阶段投资控制的任务

在设计阶段，投资控制的主要任务是通过收集类似的建设工程投资数据和资料，协助业主制定建设工程投资目标规划；开展技术经济分析等活动，协调和配合设计单位力求使设计投资合理化；审核概（预）算，提出改进意见，优化设计，最终满足业主对建设工程投资的经济性要求。

设计阶段投资控制的主要工作包括：对建设工程总投资进行论证，确认其可行性；组织设计方案竞赛或设计招标，协助业主确定对投资控制有利的设计方案；伴随着设计各阶段的成果输出制定建设工程投资目标划分系统，为本阶段和后续阶段投资控制提供依据；编制本阶段资金使用计划，并进行付款控制；审查工程概算、预算，在保障建设工程具有安全可靠性、适用性基础上，概算不超过估算，预算不超过概算；进行设计挖潜，节约投资；在保障设计质量的前提下，协助设计单位开展限额设计工作；对设计进行技术经济分析、比较、论证，寻求一次性投资少而全寿命经济性好的设计方案等。

3. 建设工程项目投标阶段投资控制的任务

1）协助业主编制施工招标文件

施工招标文件是工程施工招标工作的纲领性文件，又是投标人编制投标书和评标的依据。监理工程师在编制施工招标文件时，应当为选择符合要求的施工单位打下基础；为合同价不超过计划投资、合同工期符合计划工期要求、施工质量满足设计要求打下基础；为施工阶段进行合同管理、信息管理打下基础。

2）协助业主编制标底

协助业主编制标底应该使标底控制在工程概算或预算以内，并用其控制合同价。

3）做好投标资格预审工作

做好投标资格预审工作应该将投标资格预审看作公开招标方式的第一轮竞争择优活动。要抓好这项工作，为选择符合目标控制要求的承包单位做好首轮择优工作。

4）组织开标、评标、定标工作

通过开标、评标、定标工作，特别是评标工作，协助业主选择出报价合理、技术水平高、社会信誉好、保证施工质量、保证施工工期、具有足够承包财务能力和较高施工项目管理水平的施工承包单位。

4. 建设工程项目施工阶段投资控制的任务

1）施工招投标阶段的投资控制

施工招投标阶段是优选施工承包单位的阶段，监理工程师协助建设单位做好招投标阶段的工作，选择能满足工程建设质量、投资、安全、工期目标的施工承包单位，使工程建设目标的实现从施工主体资格的控制上得到保证，而且也为在项目施工实施阶段投资的有效控制奠定了基础。

根据目前我国建设工程项目管理制度及委托监理项目的具体情况，在施工招投标阶段委托监理单位进行项目管理的监理工程师，可协助建设单位或者由建设单位委托的招标代理机构直接参与施工招投标阶段有关投资控制工作。

2）施工阶段的投资控制

建设项目的投资主要发生在施工阶段，而且受社会环境条件、自然条件等主、客观因素影响。如果在施工阶段监理工程师不严格进行投资控制工作，将会造成较大的投资损失，并会出现整个建设项目投资失控现象。

施工阶段投资控制就是实际建设投资不超过计划投资额，确保资金、资源得到合理使用，提高投资效益。施工阶段投资控制主要是通过控制工程计量与支付，进一步进行技术革新挖潜、预防和减少风险干扰、防止和减少索赔等来控制投资。

施工阶段投资控制的措施：在施工阶段，监理工程师应从组织、经济、技术、合同等多方面采取措施控制投资。

（1）组织措施。是指从投资控制的组织管理方面采取的措施，监理工程师应在项目监理组织机构中落实投资控制的人员、职能分工、任务分工、责任和权利；同时还应编制施工阶段投资控制工作计划和详细的工作流程图。

（2）技术措施。从投资控制的要求来看，技术措施并不都是因为发生了技术问题才进行的，也可能因为出现了较大的投资偏差而加以应用。监理工程师应对设计变更进行技术经济比较，严格控制设计变更，而且要不断寻找建设设计方案和挖掘节约投资的可能性。监理工程师还应审核施工承包单位编制的施工组织设计，并对主要施工方案进行技术经济分析比较。

（3）经济措施。监理工程师应在施工阶段投资控制中编制资金使用计划，确定和分解投资控制目标，并进行工程计量，复核工程付款账单，签发付款证书。对工程实施过程中的投资支出作出分析与预测，定期或不定期地向建设单位提交项目投资控制存在问题的报告。在工程实施过程中，进行投资跟踪控制，定期地进行投资实际值与计划值的比较，若发现偏差，分析产生偏差的原因，采取纠偏措施。

（4）合同措施。合同措施在投资控制工作中主要指索赔管理。在施工过程中，索赔事件的发生是不可避免的，监理工程师在发生索赔事件后，要认真审查有关索赔依据是否符合合同规定，索赔计算是否合理等。

监理工程师应做好建设项目实施阶段质量、进度等控制工作，掌握工程项目实施情况，为正确处理可能发生的索赔事件提供依据，并参与处理索赔事宜，参与合同管理工作，协助建设单位进行合同变更管理，并充分考虑合同变更对投资的影响。

4.2.3 影响建设工程项目投资控制的主要因素

1. 工程设计变更和现场签证

由于工程项目施工过程中发生情况的多样性和不确定性，几乎没有一个工程是不发生设计变更、现场签证的。因设计变更和现场签证而调整的工程费用占工程竣工结算的比例非常大，尤其在技改、技措工程中所占比例更大，是导致工程造价增加的主要因素。

设计变更是工程施工过程中保证设计和施工质量、完善工程设计，纠正设计错误以及满足现场条件变化而进行的设计修改工作。工程签证是指施工单位就施工图纸、设计变更所确定的工程内容以外，施工合同中未含有，而施工中又实际发生费用的施工内容所办理的签证，如由于施工条件的变化或无法遇见的情况所引起工程量的变化。

2. 施工合同文件

建筑工程施工合同是为完成工程项目，明确甲、乙双方权利和义务的协议，是工程建设质量、进度、投资三方面控制的主要依据。合同条款应严密、合法、明确、具体，避免歧义和含糊，同时应综合考虑项目管理过程中的各种风险，并尽可能制定出相应的风险控制方法并体现在具体合同条款中。只有完善、有效的合同才能预防纠纷的发生，有效地减少、避免施工索赔，减少工程费用的发生，才能保证合同的顺利履行。

3. 项目管理人员素质

建设工程投资管理是集技术、经济、管理于一体的综合性的工作，这就要求项目管理人员要掌握经济、法律、管理方面的知识，具有一定工程管理实践能力，具有良好的职业道德。只有保证了项目管理人员的工作质量才能有效控制工程造价、避免工作失误和弄虚作假现象的发生，提高投资效益。

4. 材料、设备

材料费在工程造价中占有很大的比重，是构成工程造价的主要因素，在工程造价的控制中材料价格的控制是非常重要的，选用材料是否经济合理，对降低造价起着十分关键的作用。

5. 施工方案的科学合理性

施工组织设计或施工方案的制定，是否结合工程实际情况，是否科学合理，直接影响工程质量、进度和投资。

4.2.4　施工阶段投资控制的工作内容

1. 确定投资控制目标，编制资金使用计划

施工阶段投资控制目标一般是以招投标阶段确定的合同价作为投资控制目标，监理工程师应对投资目标进行分析、论证，并进行投资目标分解，在此基础上依据项目实施进度，编制资金使用计划。做到控制目标明确，便于目标值与实际值的比较，使投资控制具体化、可实施。施工阶段投资资金使用计划的编制方法如下。

1）按项目结构划分编制资金使用计划

根据工程分解结构的原理，一个建设项目可以由若干单项工程组成，每个单项工程还可以由若干单位工程组成，而单位工程又能分解成若干个分部和分项工程。按照不同子项目的投资比例将投资总费用分摊到单项工程和单位工程中去，不仅包括建筑安装工程费用，而且包括设备购置费用和工程建设其他费用，这样就形成单项工程和单位工程资金使用计划。在施工阶段，要对各单位工程的建筑安装工程费用形成具有可操作性的分部、分项工程资金使用计划，并需做进一步的分解。

2）按时间进度分解的资金使用计划

工程项目的总投资是分阶段、分期支出的。资金使用是否合理与资金的使用时间安排有密切的关系。监理工程师有必要将总投资目标按使用计划时间（年、季、月、旬）进行分解，编制出工程项目年、季、月、旬资金使用计划，并报告建设单位，据此筹措资金、支付工程款，尽量减少资金占用与利息支付。

在按时间进度编制工程资金使用计划时，应先确定工程的时间进度计划，通常采用网络图或横道图，根据时间进度计划所确定的各子项目开始时间和结束时间，安排工程投资资金的支出，这也对时间进度计划有一定的约束作用。

在工程时间进度计划的基础上，已知各子项目的时间安排（开始时间和结束时间）和该子项目的资金量分布，即可绘制资金需要量曲线。

2. 审核施工组织设计

施工组织设计是指导施工阶段开展工作的技术经济文件，一般由施工承包单位依据投标文件编制。监理工程师对施工组织设计的审核，应审核其保证质量、工期、安全、投资的技术组织方案的合理性、科学性，一般从施工方案、进度计划、施工现场布置以及保证质量、安全、工期的措施是否合理、可行等内容进行。影响工程建设投资的因素有很多，如采取不同的施工方法，不同的施工技术、组织措施，选用不同的施工机械设备，不同的施工现场布置等。监理工程师对施工组织设计具体内容的审核从投资控制的角度讲，能否保证在招投标及签订合同阶段已经确定的投资额或合同价范围内完成工程项目建设，以此来审核施工承包单位采取的施工方案、编制的进度计划、设计的现场平面布置以及采取的保证质量、安全、工期的措施。

在施工阶段审核施工组织设计，还应注意施工承包单位开工前编制的施工组织设计内容应与招投标阶段技术标中承诺的内容一致，并注意与招投标中分部分项工程清单、措施项目清单、零星工作项目表中的单价形成是统一的。即采取何种施工方案，实际发生工程量大小，耗费人工、材料、机械的数量，发生费用多少与投标报价清单中是吻合的。为此，要达到通过审核施工组织设计预先控制资金使用的效果，审核施工组织设计时，应与

投标报价中的分部分项工程量清单综合单价分析表、措施项目费用分析表，以及实施工程承包单位的资金使用计划结合起来进行。

3. 审核已完工程实物量并计量

审核已完工程实物量是施工阶段监理工程师做好投资控制工作的一项最重要的工作。无论建设项目施工合同的签订是工程量清单还是施工图预算加签证，按照合同规定的实际发生的工程量进行工程价款结算，是大多数工程项目施工合同所要求的。因而监理工程师应根据施工设计图纸、工程量清单、技术规范、质量合格证书等认真做好工程计量工作，并据此审核施工承包单位提交的已完工程结算单，签发付款证书。

项目监理机构应按下列程序进行工程计量和工程款支付工作。

（1）施工承包单位统计经专业监理工程师质量验收合格的工程量，按施工合同的约定填报工程量清单和工程款支付申请表。

（2）专业监理工程师进行现场计量，按施工合同的约定审核工程量清单和工程款支付申请表，并报总监理工程师审定。

（3）总监理工程师签署工程款支付证书，并报建设单位。

（4）未经监理人员质量验收合格的工程量，或不符合规定的工程量，监理人员应拒绝计量，拒绝该部分的工程款支付申请。

4. 处理变更索赔事项

在施工阶段，不可避免地会发生工程量变更、施工条件变更、工程项目变更、进度计划变更等，也会出现索赔事项，直接影响到工程项目的投资。科学、合理地处理索赔事件，是施工阶段监理工程师的重要工作。总监理工程师应从项目投资、项目的功能要求、质量和工期等方面审查工程变更，并且在工程变更实施前与建设单位、施工承包单位协商确定工程变更的价款。专业监理工程师应及时收集、整理有关的施工和监理资料，为处理费用索赔提供证据。监理工程师应加强主动控制，保证投资支出的合理性，尽量减少索赔，及时、合理地处理索赔。

5. 比较实际投资与计划投资，及时进行纠偏

专业监理工程师应及时建立月完成工程量和工作量统计表，对实际完成量与计划完成量进行比较、分析，定期地将实际投资与计划投资做比较，发现投资偏差，计算投资偏差，分析投资偏差产生的原因，制定调整措施，并应在监理月报中向建设单位报告。

投资偏差是指投资计划值与实际值之间存在的差异，需要注意的是，与投资偏差密切相关的是进度偏差，在进行投资偏差分析的时候要同时考虑进度偏差。

6. 施工阶段投资控制要点

施工阶段的投资控制主要是以工程预算或工程承包合同价为控制目标。以合同价或工程预算总造价作为总的控制点，控制总造价中的人工费、材料费、机械费、其他直接费和间接费等费用占总造价的比例，再将整个项目以各专业和分项划分为多个子项。主要项目应制定阶段性投资控制目标，将各阶段有机地联系起来，共同组成项目投资的目标系统。也可将各分项的投资占总投资的百分比作为投资的控制点，定期不定期地进行投资分析和投资节超分析。

(1) 项目监理机构处理费用索赔的依据：①国家有关的法律、法规和工程项目所在地的地方法规；②国家、部门和地方有关的标准、规范及定额；③本工程的施工合同文件；④施工合同履行过程中与索赔事件有关的凭证。

(2) 项目监理机构处理费用索赔的程序：①施工承包单位在施工合同规定的期限内，向项目监理机构提交对建设单位的费用索赔意向通知书；②总监理工程师指定专业监理工程师收集与索赔有关的资料；③施工承包单位在承包合同规定的期限内，向项目监理机构提交对建设单位的费用索赔申请表；④总监理工程师初步审查费用索赔申请表，符合费用索赔条件(索赔事件造成了施工承包单位直接经济损失、索赔事件是由于非承包单位的责任发生的)时予以受理；⑤总监理工程师进行费用索赔审查，并在初步确定一个额度后，与承包单位和建设单位进行协商；⑥总监理工程师应在施工合同规定的期限内签署费用索赔审批表，或在施工合同规定的期限内发出要求施工承包单位提交有关索赔报告的进一步详细资料的通知，待收到施工单位提交的详细资料后，按第④、⑤、⑥款规定程序进行。

引起投资偏差的原因主要包括 4 个方面：①建设单位原因，包括投资规划不当、建设手续不齐备、组织不落实、未及时付款、协调不佳等；②设计原因，包括设计缺陷、设计标准变更、图纸提供不及时、结构变更等；③施工原因，包括施工组织设计不合理、质量事故、进度安排不当等；④客观原因，包括人工费涨价、材料费涨价、自然因素、社会原因、交通原因、法规变化、通货膨胀等。

4.2.5 竣工结算

竣工结算是承包商在所承包的工程全部完工并交付之后，向建设方最后一次办理结算工程价款的手续，也是监理方总监理工程师控制的最后环节。造价控制的成效最终将体现在对竣工结算价款上。

1. 竣工结算的程序

项目监理机构应按下列程序进行竣工结算：

(1) 承包商按施工合同规定填报竣工结算报表。

(2) 专业监理工程师审核承包商报送的竣工结算报表。

(3) 总监理工程师审定竣工结算报表，与建设方、承包商协商一致后，签发竣工结算文件和最终的工程款支付证书，并报建设方。

(4) 当总监理工程师无法就竣工结算的价款总额与建设方和承包商协商一致时，应按合同争议的规定进行处理。

2. 竣工结算的依据

竣工结算控制应以全面占有结算依据为前提。这些依据包括以下内容：

（1）工程竣工验收单报告。

（2）工程合同和有关规定。

（3）竣工图。

（4）经审批的施工图预算和补充修正预算。

（5）预算外费用现场签证。

（6）材料、设备和其他各项费用的调整依据。

（7）工程变更联系单和工程变更洽商单。

（8）有关定额、费用调整的补充规定。

（9）隐蔽工程检查验收记录。

（10）建设方、承包商合签的图纸会审记录。

3. 竣工结算审查内容

监理方对竣工结算的审核一般包括：政策性审核、合同性审核、结算书审核和扣减款项审核等方面。

1）政策性审核

其内容包括：工程项目及施工图预算是否在批准的工程计划和设计概算范围内；施工图预算外的费用是否符合国家规定；工程变更增减内容是否符合项目批准文件的规定等。

2）合同性审核

其内容包括：结算范围和内容是否符合合同的规定；工程变更的责任和费用承担的区分；取费标准是否符合合同规定等。

3）结算书审核

其内容包括：工程量审核、单价审核、直接费审核和间接费审核等。

（1）审核工程量。审核工程量必须先熟悉施工图纸、预算定额和工程量计算规则。监理公司对审核工程量人员的要求，应是详细按图计算全部分部分项工程量，列出计算公式，标出轴线号，必要时绘制计算简图；钢筋工程量要按施工图逐根计算。工程量计算要详细列清单，便于复核。

根据实践经验，只有监理工程师亲自详细计算出各分部分项的工程量，并与承包商提出的工程量逐项核对准确无误之后，才获得真正达到审核要求的工程量。工程量审核是否认真、准确，直接关系到工程投资。这项较烦琐、细致的工作应特别重视。

（2）审核单价。审核单价不但要审核工程名称、种类、规格、计量单位，与预算定额或单位估价表上所列的内容是否一致，而且要审核换算单价、补充单价和协商价。

① 审核换算单价。预算定额规定允许换算部分的分项工程单价，应根据预算定额的分部分项说明附注和有关规定进行换算；预算定额规定不允许换算部分的分项工程单价，则不得强调工程特殊或其他原因而任意加以换算，以保持定额的法令性和统一性。

② 审核补充单价。目前各省、市、自治区都有统一编制经过审批的地区单位估价表，它具有法令性的指标，就无须再进行审查。但对于某些采用新结构、新技术、新材料的工程，在定额中确实缺少这些项目，尚需编制补充单位估价时，就应进行审查。审查其分项项目和工程量是否属实，套用单价是否正确；审查其补充单价的工料分析是根据工程测算数据，还是估算数字确定的。

③ 审核协商价。当某些材料在单位估价表和地方信息价中找不到参考依据时，结算往往采用建设方和承包商商定的协商价。监理方对协商价的审核主要包括：是否符合国家的政策法规的规定；协商的手续是否齐全等。

（3）审核直接费。决定直接费用的主要因素是各分部分项工程量及其预算定额（或单位估价表）单价。因此，审核直接费也就是审核直接费部分的整个结算表，根据已经过审查的分项工程量和预算定额单价，审查单价套用是否准确，是否套错和应换算的单价是否已换算，以及换算是否正确等。审核时应注意：预算表上所列的各分项工程名称、内容、做法、规格及计量单位，与单位估价表中所规定的内容是否相符；在预算表中是否有错列已包括在定额内的项目，从而出现重复多算情况，或因漏列定额未包括的项目，而少算直接费的情况。

（4）审核间接费。依据工程项目的等级、投资性质和承包方式的不同，间接费的费率和计算方法会有所区别。因此，主要审核以下内容：各种费用的计算基础是否符合规定；各种费用的费率是否按地区的有关规定计算；计划利润是否按国家规定标准计取；各种间接费的采用是否正确合理；单项定额与综合定额有无重复计算情况等。

4）扣减款项审核

包括：工程预付款、工程进度款、建设方提供材料设备款、非建设方责任的工程变更费用、对承包商的索赔费用、目标实现保证金、违约金等。

 应用案例 4-2

【案例背景】

某建筑安装工程的价款结算按单价合同实行按月结算，其结算程序如下。

1. 预付备料款

根据工程承包合同条款规定，由发包单位在开工前拨给承包单位一定限额的预付备料款，构成该承包工程项目储备的主要材料、结构件所需的流动资金。

（1）预付备料款限额可按下式计算：

$$备料款限额 = \frac{全年施工产值 \times 主要材料比例}{年度施工日历天数} \times 材料储备天数$$

（2）备料款的扣回：从未施工工程尚需的主要材料及构件的价值相当于备料款额时起扣，从每次结算工程款中按材料比重扣抵工程价款，竣工前全部扣清。

备料款的起扣点可按下式计算：

$$T = P - \frac{M}{N}$$

式中：T——起扣点，即预付备料款开始扣回时的累计完成工作量金额；

　　　M——预付备料款限额；

　　　N——主要材料所占的比重；

　　　P——承包工程价款总额。

2. 中间结算

施工企业在旬末或月中向建设单位提出预支工程价款单，预支一旬或半月的工程款，月终再提出工程款结算和已完工程月报表，收取当月工程价款，并通过建设银行结算。

3. 竣工结算

施工企业在所承包的工程按照规定的内容全部完工、交工之后，向发包单位进行的最终工程款结算。

在工程承包合同约定的工程价格范围内的工程价款支付以及结算工程价款，未经监理机构签字确认，业主不支付工程价款。

【观察与思考】

(1) 某土建工程承包合同规定按单价合同结算，结算总额 $P = 1\,000$ 万元，主要材料所占比重 $N = 65\%$，工期为 1~4 个月，材料储备天数为 70 天，每月实际完成工作量及施工过程合同价款调整增加额见表 4-2。

表 4-2　承包商实际完成工作量表

项　　目	1月 完成工作量	2月 完成工作量	3月 完成工作量	4月 完成工作量	施工中合同价 款调整增加额
金额/万元	200	250	350	200	100

结算时不考虑扣留 5% 的工程尾款，施工中合同价款调整增加额到竣工时一次支付且不计利息。

求解：

① 预付备料款 M 为多少？

② 预付备料款起扣点 T 为多少？

③ 每月结算工程款是多少？

④ 竣工结算工程款是多少？

(2) 按分部分项工程进行按月结算工程价款有何优点？

【案例分析】

(1) ① 预付备料款 $M = 1\,000$ 万元 $\times \dfrac{70}{150} \times 65\% \approx 303$ 万元。

② 预留备料款起扣点 $T = P - M/N = (1\,000 - 303/0.65)$ 万元 ≈ 533 万元。

③ 1月应结算工程款为 200 万元。

2月应结算工程款为 250 万元，累计拨工程款 450 万元。

3月完成工作量 350 万元，可分解为 350 万元 $= [(533-450)+267]$ 万元

应结算工程款为 $[83+267\times(1-65\%)]$ 万元 $= (83+94)$ 万元 $= 177$ 万元

累计拨工程款 626 万元。

4月(竣工)应结算工程款为 $[200\times(1-65\%)]$ 万元 $= 70$ 万元

累计拨工程款 697 万元，加上预付款，共拨 1 000 万元。

④ 竣工结算工程款 = 各月拨款总额 + 施工中合同价款调整增加额

$$= (1\,000+100) 万元 = 1\,100 万元$$

(2) 按分部分项工程进行按月结算工程价款便于建设单位和建设银行根据工程进展情况控制拨款额度，也便于施工企业的施工消耗及时得到补偿并同时实现利润，且能按月考核工程成本的执行情况。

4.3　建设工程项目进度控制

4.3.1　建设工程进度控制的含义

1. 建设工程进度控制的目标

建设工程进度控制的目标可以表达为：通过有效的进度控制工作和具体的进度控制措施，在满足投资和质量要求的前提下，使工程实际工期不超过计划工期。但是，进度控制往往更强调对整个建设工程计划总工期的控制，因此上述"工程实际工期不超过计划工期"相应地就表达为"整个建设工程按计划的时间动用"，对于民用项目来说，就是"按计划时间交付使用"。

由于进度计划的特点，"实际工期不超过计划工期"的表现不能照搬投资控制目标中的表述。进度控制的目标能否实现，主要取决于处在关键线路上的工程内容能否按预定的时间完成。当然，同时要使在非关键线路上发生的工作延误不成为关键线路的情况。

在大型、复杂建设工程的实施过程中，总会发生不同程度的局部工期延误的情况。这些延误对进度目标的影响应当通过网络计划定量计算。局部工期延误的严重程度与其对进度目标的影响程度之间并无直接的联系，更不存在某种等值或等比例的关系，这是进度控制与投资控制的重要区别，也是在进度控制工作中要加以充分利用的特点。

2. 系统控制

进度控制的系统控制思想与投资控制基本相同，但其具体内容和表现有所不同。

在采取进度控制措施时，要尽可能采取对投资目标和质量目标产生有利影响的进度控制措施，例如优化的进度计划、完善的施工组织设计等。相对于投资控制和质量控制而言，进度控制措施可能对其他两个目标产生直接的有利作用，这一点显得尤为突出，应当予以足够的重视并加以充分利用，以提高目标控制的总体效果。

当然，采取进度控制措施也可能对投资目标和质量目标产生不利影响。一般来说，局部关键工作发生工期延误，但延误程度尚不严重时，通过调整进度计划来保证进度目标是比较容易做到的，例如可以采取加班加点的方式，或适当增加施工机械和人力的投入。这时就会对投资目标产生不利影响，而且由于夜间施工或施工速度过快，也可能对质量目标产生不利影响。因此，当采取进度控制措施时，不能仅仅保证进度目标的实现却不顾投资目标和质量目标，而应当综合考虑三大目标。根据工程进展的实际情况和要求，以及进度控制措施选择的可能性有以下三种处理方式。

（1）在保证进度目标的前提下，将对投资目标和质量目标的影响减少到最低程度。

（2）适当调整进度目标（延长计划总工期），不影响或基本不影响投资目标和质量目标。

（3）介于上述两者之间。

3. 全过程控制

关于进度控制的全过程控制，要注意以下三个方面的问题。

（1）在工程建设的早期就应当编制进度计划。因此，首先要澄清将进度计划狭隘地理解为施工进度计划的模糊认识；其次要纠正工程建设早期由于资料详细程度不够且可变因素很多，而无法编制进度计划的错误观念。

业主方整个建设工程的总进度计划包括的内容有很多，除了施工之外，还包括前期工作（如拆迁、征地、施工场地准备等）、勘察、设计、材料和设备采购等。由此可见，业主方的总进度计划对整个建设工程进度控制的作用是何等重要。工程建设早期所编制的业主方总进度计划，不可能也没有必要达到承包商施工进度计划的详细程度，但也应达到一定的深度和细度，而且应当掌握"远粗近细"的原则，即对于远期工作，如工程施工、设备采购等，在进度计划中显得比较粗略，可能只反映到分部工程，甚至只反映到单位工程或单项工程；而对于近期工作，如征地、拆迁、勘察设计等，在进度计划中就显得比较具体。而所谓"远"和"近"是相对概念，随着工程的进展，最初的远期工作就变成了近期工作，进度计划也应当相应地深化和细化。

在工程建设早期编制进度计划，是早期控制思想在进度控制中的反映。越早进行控制，进度控制的效果越好。

（2）在编制进度计划时要充分考虑各阶段工作之间的合理搭接。建设工程实施各阶段的工作是相对独立的，但不是截然分开的，在内容上有一定的联系，在时间上有一定的搭接。例如，拆迁工作和设计工作与征地搭接，设备采购和工程施工与设计搭接，装饰工程和安装工程施工与结构工程施工搭接，等等。搭接时间越长，建设工程的总工期就越短。但是，搭接时间与各阶段工作之间的逻辑关系有关，都有其合理的限度。因此，合理确定具体的搭接工作内容和搭接时间，也是进度计划优化的重要内容。

（3）抓好关键线路的进度控制。进度控制的重点对象是关键线路上的各项工作，包括关键线路变化后的各项关键工作，这样可以取得事半功倍的效果。由此也可看出工程建设早期编制进度计划的重要性。如果没有进度计划，就不知道哪些工作是关键工作，进度控制工作就没有重点、精力分散，甚至可能对关键工作控制不力，而对非关键工作却全力以赴，结果是事倍功半。当然，对于非关键线路的各项工作，要确保其不因延误后变为关键工作。

4. 全方位控制

对进度目标进行全方位控制要从以下几个方面考虑。

（1）对整个建设工程所有工程内容的进度都要进行控制，除了单项工程、单位工程之外，还包括区内道路、绿化、配套工程等的进度。这些工程内容都有相应的进度目标，应尽可能将它们的实际进度控制在进度目标之内。

（2）对整个建设工程所有工作内容都要进行控制。建设工程的各项工作，诸如征地、拆迁、勘察、设计、施工招标、材料和设备采购、施工、动用前准备等，都有进度控制的任务。这里要注意与全过程控制的有关内容相区别，在全过程控制的分析中，对这些工作内容侧重从各阶段工作关系和总进度计划编制的角度进行阐述；而在全方位控制的分析中，则是侧重从这些工作本身的进度控制进行阐述，可以说是同一问题的两个方面。实际的进度控制往往既表现为对工程内容进度的控制，又表现为对工作内容进度的控制。

（3）对影响进度的各种因素都要进行控制。建设工程的实际进度受到很多因素的影响，例如，施工机械数量不足或出现故障；建设资金缺乏，不能按时到位；材料和设备不能按时、按质、按量供应；技术人员和工人的素质和能力低下；施工现场组织管理混乱，多个承包商之间施工进度不够协调；出现异常的工程地质、水文、气候条件；还可能出现政治、社会等风险。要实现有效的进度控制，必须对上述影响进度的各种因素都进行控制，采取措施减少或避免这些因素对进度的影响。

（4）注意各方面工作进度对施工进度的影响。任何建设工程最终都是通过施工将其建造起来的，从这个意义上讲，施工进度作为一个整体，肯定是在总进度计划中的关键线路上，任何导致施工进度拖延的情况，都将导致总进度的拖延，而施工进度的拖延往往是其他方面工作进度的拖延引起的。因此，要考虑围绕施工进度的需要来安排其他方面的工作进度，例如，根据工程开工时间和进度要求安排动拆迁和设计进度计划，必要时可分阶段提供施工场地和施工图纸；根据结构工程和装饰工程施工进度的需要安排材料采购进度计划；根据安装工程进度的需要安排设备采购进度计划；等等。这样说，并不是否认其他工作进度计划的重要性，相反，这正说明全方位进度控制的重要性，说明业主方总进度计划的重要性。

5. 进度控制的特殊问题

组织协调与控制是密切相关的，都是为实现建设工程目标服务的。在建设工程三大目标控制中，组织协调对进度控制的作用最为突出且最为直接，有时甚至能取得常规控制措施难以达到的效果。因此，为了有效地进行进度控制，必须做好与有关单位的协调工作。

4.3.2　建设工程项目进度控制的目的、作用和任务

1. 建设工程项目进度控制的目的

建设工程项目管理有多种类型，代表不同方（业主方和项目参与各方）利益的项目管理都有进度控制的任务，但是其控制的目标和时间范畴是不相同的。

建设项目是在动态条件下实施的，进度控制也就必须是一个动态的管理过程，它是由下列环节组成的。

（1）进度目标的分析和论证是指论证进度目标是否合理，目标是否可能实现。如果经过科学的论证，目标不可能实现，则必须调整目标。

（2）在收集资料和调查研究的基础上编制进度计划。

（3）定期跟踪检查所编制的进度计划执行情况，若其执行有偏差，则采取纠偏措施，并根据需要调整进度计划。

如果只重视进度计划的编制，而不重视进度计划必要的调整，则进度无法得到控制。进度控制的过程是在确保进度目标的前提下，在项目进展的过程中不断调整进度计划的过程。

2. 建设工程项目进度控制的作用与任务

1）进度控制的作用

（1）有利于尽快发挥投资效益。进度控制的目的是确保建设工程项目"时间目标"的实现，在一定程度上提供了项目按预定时间交付使用的保证，同时对于尽快发挥投资效益起着重要作用。

（2）有利于保障良好的经济秩序。建设工程项目具有投资大、工期长、消耗多的特点，在工程建设中涉及国家的各个经济部门，而且会涉及整个国民经济的秩序。一旦有一

定比例的投资项目进度失控，危害的将不仅仅是工程建设项目的本身，而且会影响到国民经济正常健康的发展。

（3）有利于提高企业的经济效益。"时间就是金钱，效益就是生命"，在建筑市场引入竞争机制的条件下，已经被多数施工单位（承包商）所重视。对于施工单位来讲，严格按照合同工期进行施工，不仅体现了施工单位的竞争实力、科学组织生产和管理的能力，而且充分表现出施工单位生产运行具有良性的循环、信誉和自我价值。在工程建设的过程中，进度控制的过程也是企业降低成本、提高经济效益的过程。

2）进度控制的任务

工程建设项目的进度目标，实质上是监理工程师根据建设单位对工期和项目投产时间的要求，对工程建设项目的规模、工程量与工程复杂程度、资金到位计划和实现可能性、主要设备进场计划、国家颁布的《全国统一建筑安装工程工期定额》、工程地质、建设地区气候和水文等因素进行科学分析的基础上，求得本工程建设项目的最佳工期。

合同工期确定后，监理工程师进度控制的任务就是依据进度目标确定实施方案，在施工过程中进行控制和调整，以实现进度控制的目标。具体地讲，施工阶段进度控制的任务是进行进度规划、进度控制和进度协调。

（1）进度规划是指制订建设工程项目总进度计划。这是一项影响建设工程项目全局、十分重要而细致的工作，必须由经验丰富的监理工程师组织编制。进度规划的编制涉及建设工程投资、主要施工机械、设备材料供应、施工场地布置、劳动组合，各附属设施的施工、各施工安装单位的配合及建设项目投产的时间要求等。对这些综合因素要全面考虑、科学组织、合理安排、统筹兼顾。

（2）进度控制是指在工程建设项目实施中，对项目计划进度与实际进度的比较。如果发现实际进度与计划进度偏离，应当及时采取有效措施加以纠正。在进度控制过程中，监理工程师要把实际进度当作一件大事来抓，要有预见性和预防措施，预防将可能发生的进度偏离事件，事前做好周密的准备工作和制订完善的计划，切实做到严格执行进度计划，确保工程按期或提前完成。

（3）进度协调是指对整个建设项目中各安装和土建等施工单位、总包单位与分包单位之间，分包单位与分包单位之间的进度搭接，在时间、空间上进行协调。这些都是相互联系、相互制约的因素，对工程建设项目的实际进度都有直接影响，必须要协调好它们之间的关系。这些方面既是施工单位在进度控制中的任务，又是项目监理工程师的重要任务。

4.3.3　影响工程施工进度控制的主要因素

影响工程进度控制的因素有很多，如工程施工计划、材料供应、技术力量、资金流通、气候条件、地形地质、人员素质、管理水平、设备运转情况、特殊风险等。按照FIDIC管理模式分为承包人的原因、建设单位的原因、监理工程师的原因和其他特殊原因。

1. 承包人的原因

（1）承包人在合同规定的时间内，未能按时向监理工程师提交符合监理工程师要求的工程施工进度计划。

（2）工程施工过程中，由于各种原因使工程进度不符合工程施工进度计划时，承包人未按监理工程师的要求，在规定的时间内提交修订的工程施工进度计划，使后续工作无章可循。

（3）承包人由于技术力量、建筑材料和机械设备的变化，或对工程承包合同及施工工艺等不熟悉，造成承包人违约而引起的停工或施工缓慢，这也是影响工程施工进度的原因之一。

（4）承包人对工程质量不重视，质检系统不完善，致使工程出现质量事故，对工程施工进度造成严重影响。

2. 建设单位的原因

在工程施工过程中，建设单位未能按工程承包合同的规定履行义务，也将严重影响工程进度计划，甚至会造成承包人终止合同。其主要表现在以下方面。

（1）监理工程师同意承包人提交的工程施工进度计划，而建设单位未按施工进度计划随工程进展向承包人提供施工所需的现场和通道。这种情况不仅使工程的施工进度计划难以实现，而且会导致工程延期和索赔事件的发生。

（2）由于建设单位的原因，监理工程师未能在合理的时间内向承包人提供施工图纸和施工指令，给工程施工带来困难；或承包人已进入施工现场开始施工，由于设计发生变更，且变更设计图没有及时提交给承包人，从而严重影响工程施工进度。

（3）工程施工过程中，建设单位未能按合同规定期限支付承包人应得的款项，造成承包人无法正常施工或暂停施工，这也是影响工程施工进度的一个主要因素。

3. 监理工程师的原因

监理工程师的主要职责是对建设项目的投资、质量、进度目标进行有效的控制，对合同、信息进行科学管理。由于监理工程师业务素质不高，工作中出现失职、判断或指令错误，或未按程序办事等，这些也会严重影响工程施工进度。

4. 其他特殊原因

其他特殊原因即除承包人、建设单位和监理工程师原因以外的影响因素。

（1）未预见的额外或附加工程的工程量增加，必将延长施工期，影响原定的工程施工进度计划，如开挖基坑土石方量增加、土石的比例发生较大的变化、简单的结构形式改为复杂的结构形式等，都会影响工程施工的进度。

（2）在工程施工过程中，遇到如暴雨、台风、高温、严寒等异常恶劣的气候条件，必然影响工程进度计划的执行。

（3）有经验的承包人也无法预测和防范的任何不可抗力的作用，以及如地震、政变、战争、暴乱等特殊风险的出现。

4.3.4 建设工程施工阶段进度控制的主要工作

监理工程师对工程项目的施工进度控制从审核承包单位提交的施工计划到工程项目保修期满为止，其工作内容主要体现在以下几个方面。

1）编制或审核、实施与监督施工进度计划

① 编制施工阶段进度控制工作细则。施工阶段进度控制工作细则的主要内容有：施工阶段进度控制目标分解图及主要工作内容和深度；进度控制人员的责任分工和与进度控

制有关的各项工作时间安排及其工作流程；进度控制的手段和方法［包括实际数据的收集、进度检查周期、进度报告（表）格式、统计分析方法等］和具体措施（包括技术措施、组织措施、经济措施及合同措施等）；施工进度控制目标实现的风险分析和尚待解决的有关问题。

② 编制或审核施工进度计划。对于大型工程项目，由于单项工程数量较多、施工总工期较长，如果业主采取分期分批发包，没有一个负责全部工程的总承包单位时，监理工程师应负责编制施工总进度计划；或者当工程项目由若干个承包单位平均承包时，监理工程师也应编制施工总进度计划。施工总进度计划应确定分期分批的项目组成；各批工程项目的开工、竣工顺序和时间安排；全场性施工准备工作，特别是首批子项目进度安排与准备工作的内容等。

当工程项目有总承包单位时，监理工程师只需对总承包单位提交的工程总进度计划进行审核。而对于单位工程施工进度计划，监理工程师只负责审核而不管编制。

如果监理工程师在审核施工进度计划的过程中发现问题，应及时向承包单位提出书面修改意见，并协助承包单位修改，其中重大问题应及时向业主汇报。

尽管承包单位向监理工程师提交施工进度计划是为了听取建设性意见，但施工进度计划一经监理工程师确认，即应当视为合同文件的组成部分，也是处理承包单位提出的工程延期或费用索赔的一个重要依据。

③ 按年、季、月编制工程综合计划。在按计划期编制的进度计划中，监理工程师应重点解决各承包单位施工进度计划之间、施工进度计划与资源保障计划之间以及外部协作条件的延伸性计划之间的综合平衡与相互衔接问题。并根据上期计划的完成情况对本期计划做必要的调整，作为承包单位近期执行的指令性（实施性）计划。

④ 协助承包单位实施进度计划。监理工程师要随时了解施工进度计划执行过程中所存在的问题，并协助承包单位予以解决，特别是承包单位无力解决的外层关系的协调问题。

⑤ 监督施工计划的实施。监理工程师要及时检查承包单位报送的施工进度报表和分析资料，并进行必要的现场实地检查，核实所报送的已完成的项目时间及工程量，杜绝虚假现象。

在对工程实际进度资料进行整理的基础上，监理工程师应将其与计划进度相比较，以判定实际进度情况。如果存在偏差，监理工程师应进一步分析偏差对进度控制目标的影响程度及其产生原因，并研究对策、提出纠偏措施建议，必要时还应对后期工程进度计划做适当的调整。

2）下达工程开工令

在 FIDIC 合同条件下，监理工程师应根据承包单位和业主双方的工程开工准备情况，选择合适的时机发布工程开工令。因为从发布工程开工令之日算起，加上合同工期后即为工程竣工日期，所以工程开工令的发布要尽可能及时，否则就推迟了竣工时间，甚至可能引起承包单位的索赔。

为了检查双方的准备情况，在一般情况下应由监理工程师组织召开有业主和承包单位参加的第一次工地会议。业主应按照合同规定，做好征地拆迁工作，提供施工用地，同时还应当完成法律及财务方面的手续，以便能及时向承包单位支付工程预付款。承包单位应当将开工需要的现场工作及人力、材料、设备等准备好，同时还要按合同规定为监理工程师提供各种条件。

3）组织现场协调会

监理工程师应每周、每月定期组织召开不同层次的现场协调会议，来解决工程施工过程中的相互协调配合问题。

在平行和交叉施工单位多、工序交接频繁且工期紧迫的情况下，现场协调会甚至需要每日召开，通报和检查当天的工程进度，确定薄弱环节，部署当天的赶工任务，以便为次日正常施工创造条件。

对于某些突发变故或问题，监理工程师应发布紧急协调指令，督促有关单位采取应急措施维护工程施工的正常秩序。

4）签发工程进度款支付凭证

监理工程师应对承包单位申报的已完成分项工程量进行核实，在其质量通过检查验收后签发工程进度款支付凭证。

5）审批工程延期

① 工期延误。当出现工期延误时，监理工程师有权要求承包单位采取有效措施加快施工进度。如果实际进度没有明显改进，仍然落后于计划进度，而且将影响工程按期竣工时，监理工程师应要求承包单位修改进度计划，并提交监理工程师重新确认。

监理工程师对修改后的施工进度计划的确认，只是要求承包单位在合理的状态下施工。因此，监理工程师对进度计划的确认并不能解除承包单位应负的一切责任，而承包单位需要承担赶工的全部额外开支和工期延误的损失赔偿。

② 工程延期。由于承包单位以外的原因造成工期拖延，承包单位有权提出延长工期的申请。监理工程师应根据合同规定，审批工程延期时间，并纳入合同工期，作为合同工期的一部分。即新的合同工期应等于原定的合同工期加上监理工程师批准的工程延期时间。

◉ 特 别 提 示 ▊▊

监理工程师对于施工进度的拖延是否批准为工程延期，对承包单位和业主都是非常重要的。如果承包单位得到监理工程师批准的工程延期，不仅不赔偿由于工期延长而支付的误期损失费，而且还应由业主承担由于工期延长所增加的费用。因此，监理工程师应按照合同的有关规定，公正区分工期延误和工程延期，并合理地批准工程延期时间。

▊▊

6）向业主提供进度报告

监理工程师应随时整理进度材料，并做好工程记录，定期向业主提交工程进度报告情况。

7）督促承包单位整理技术资料

监理工程师要根据工程进度情况，督促承包单位及时整理有关技术资料。

8）审批竣工申请报告，协助组织竣工验收

当工程竣工后，监理工程师应对承包单位在自行预验基础上提交的初验申请报告进行审批，并组织业主和设计单位进行初验。在初验通过后填写初验报告及竣工验收申请书，协助业主组织工程项目的竣工验收和编写竣工验收报告书。

9）处理争议和索赔

在工程结算过程中，监理工程师要处理有关争议和索赔问题。

10）整理工程进度资料

在工程完工以后，监理工程师应将工程进度资料进行收集、归类、编目和建档，以便为今后类似工程项目的进度控制提供参考。

11）工程移交

监理工程师应督促承包单位办理工程移交手续，颁发工程移交证书。在工程移交后的保修期内，还要处理使用中（验收后出现）的质量缺陷或事故的原因等争议问题，并督促责任单位及时修理。工程项目进度控制的任务在保修期满且再无争议时结束。

应用案例 4－3

【案例背景】

某建设工程项目，合同工期 12 个月。承包人向监理机构呈交的施工进度计划如图 4.10 所示。

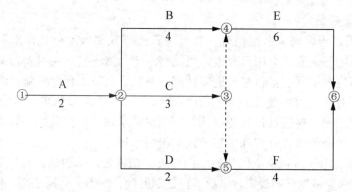

图 4.10　施工网络进度计划图（单位：月）

【问题】

（1）该施工进度计划的计算工期为多少个月？是否满足合同工期的要求？

（2）该施工进度计划中哪些工作应作为重点控制对象？为什么？

（3）施工过程中检查发现，工作 C 将拖后 1 个月完成，其他工作均按计划进行，工作 C 的拖后对工期有何影响？

【观察与思考】

（1）该进度计划的计算工期为 12 个月，满足合同工期要求。

（2）工作 A、B、E 应作为重点控制对象。因为它们均为关键工作。

（3）无影响。因工作 C 有总时差 1 个月，它拖后的时间没有超过其总时差。

4.4　建设工程项目质量控制

4.4.1　建设工程项目质量控制的含义

1. 建设工程质量控制的目标

建设工程质量控制的目标是指通过有效的质量控制工作和具体的质量控制措施，在满足投资和进度要求的前提下，实现工程预定的质量目标。

建设工程的质量首先必须符合国家现行的关于工程质量的法律、法规、技术标准和规范等的有关规定，尤其是强制性标准的规定。这实际上也就明确了对设计、施工质量的基本要求。从这个角度讲，同类建设工程的质量目标具有共性，不会因为其业主、建造地点以及其他建设条件的不同而有所不同。

建设工程的质量目标又是通过合同加以约定的，其范围更广、内容更具体。任何建设工程都有其特定的功能和使用价值。由于建设工程都是根据业主的要求而兴建的，不同的业主有不同的功能和使用价值要求，即使是同类建设工程，具体的要求也不同。因此，建设工程的功能与使用价值的质量目标是相对于业主的需求而言的，并无固定和统一的标准。从这个角度来讲，建设工程的质量目标都具有个性。

因此，建设工程质量控制的目标就要实现以上两方面的工程质量目标。由于工程共性质量目标一般都有严格、明确的规定，因而质量控制工作的对象和内容都比较明确，也可比较准确、客观地评价质量控制的效果。而工程个性质量目标具有一定的主观性，有时没有统一、明确的标准，因而质量控制工作的对象和内容较难把握，对质量控制效果的评价与评价方和标准密切相关。因此，在建设工程的质量控制工作中，要注意对工程个性质量目标的控制最好能预先明确控制效果定量评价的方法和标准。另外，对于合同约定的质量目标，必须要保证其不得低于国家强制性质量标准的要求。

2. 系统控制

建设工程质量控制的系统控制应从以下两方面考虑。

1）避免不断提高质量目标的倾向

建设工程的建设周期较长，随着技术、经济水平的发展，会不断出现新设备、新材料、新工艺等，在工程建设早期（如可行性研究阶段）所确定的质量目标，到设计阶段和施工阶段有时就显得相对滞后。不少业主往往要求相应地提高质量标准，这样就要增加投资，而且由于要修改设计、设备采购计划和重新制定材料，甚至将已经施工完毕的部分工程拆毁重建，也会影响进度目标的实现。因此，要避免这种倾向，首先，在工程建设早期确定质量目标时要有一定的前瞻性；其次，对质量目标要有一个理性的认识，不要盲目追求"最新""最好""最高"等目标；再次，要定量分析提高质量目标后对投资目标和进度目标的影响。在这一前提下，即使确实有必要适当提高质量标准，也要把对投资目标和进度目标的不利影响减少到最低程度。

2）确保基本质量目标的实现

建设工程的质量目标关系到生命安全、环境保护等社会问题，国家有相应的强制性标准。因此，不论发生什么情况以及在投资和进度方面要付出多大的代价，都必须保证建设工程安全可靠、质量合格的目标予以实现。当然，如果投资代价太大而无法承受，可以放弃不建。另外，建设工程都有预定的功能，如果没有特殊原因，也应该确保实现。严格地说，改变功能或删减功能后建成的建设工程与原定功能的建设工程是两个不同的工程，最好不要直接比较，有时也难以评价其目标控制的效果。还需要说明的是，有些建设工程质量标准的改变可能直接导致其功能的改变。例如，原定的一条一级公路，由于质量控制不力，只达到二级公路的标准，这就不仅是质量标准的降低，而且是本质功能的改变。这不仅将大大降低其通车能力，而且也将大大降低其社会效益。

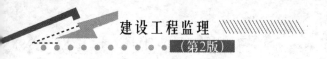

3. 全过程控制

建设工程总体质量目标的实现与工程质量的形成过程息息相关，因而必须对工程质量实行全过程控制。

建设工程的每个阶段都对工程质量的形成起着重要的作用，但各阶段关于质量问题的侧重点不同：在设计阶段，主要是解决"做什么"和"如何做"的问题，使建设工程总体质量目标具体化；在施工招标阶段，主要是解决"谁来做"的问题，使工程质量目标的实现落实到承包商；在施工阶段，通过施工组织设计等文件，进一步解决"如何做"的问题，通过具体的施工解决"做出来"的问题，使建设工程形成实体，将工程质量目标物化地体现出来；在竣工验收阶段，主要是解决工程的实际质量是否符合预定质量的问题；而在保修阶段，则主要是解决已发现的质量缺陷问题。因此，应当根据建设工程各阶段质量控制的特点和重点，确定各阶段质量控制的目标和任务，以便实现全过程质量控制。

在建设工程的各个阶段中，设计阶段和施工阶段的持续时间较长，这两个阶段工作的"过程性"也尤为突出。例如，设计工作分为方案设计、初步设计、技术设计、施工图设计，设计过程就表现为设计内容不断深化和细化的过程。如果等施工图设计完成后才进行审查，一旦发现问题，造成的后果就会很严重。因此，必须对设计质量进行全过程控制，也就是将对设计质量的控制落实到设计工作的过程中。像房屋建筑的施工阶段一般又分为基础工程、结构工程、安装工程和装饰工程等几个阶段，各阶段的工程内容和质量要求有明显区别，相应地对质量控制工作的具体要求也有所不同。因此，对施工质量也必须进行全过程控制，要把对施工质量的控制落实到施工各阶段的过程中。

还有，建设工程建成后，不可能像某些工业产品那样可以拆卸或解体来检查内在的质量，这说明建设工程竣工检验时难以发现工程内在的、隐蔽的质量缺陷，必须加强施工过程中的质量检验。而且在建设工程施工过程中，由于工序交接多、隐蔽工程多、中间产品多，若不及时检查，就可能将已经出现的质量问题而被下道工序所掩盖，将不合格产品误认为合格产品，从而留下质量隐患。这都说明了对建设工程质量进行全过程控制的必要性和重要性。

4. 全方位控制

对建设工程质量进行全方位控制应从以下几方面着手。

1）对建设工程所有工程内容的质量进行控制

建设工程是一个整体，其总体质量是各个组成部分质量的综合体现，也取决于具体工程内容的质量。如果某项工程内容的质量不合格，即使其余工程内容的质量都很好，也可能导致整个建设工程的质量不合格。因而，对建设工程质量的控制必须落实到其每一项工程内容，只有实现了各项工程内容的质量目标，才能保证实现整个建设工程的质量目标。

2）对建设工程质量目标的所有内容进行控制

建设工程的质量目标包括许多具体的内容，例如，从外在质量、工程实体质量、功能和使用价值质量等方面可分为美观性、安全性、适用性、可靠性、环境协调性、可维修性等目标，还可以分为更具体的目标。这些具体质量目标之间有时也存在对立统一的关系，在质量控制工作中要注意妥善处理。这些具体质量目标是否实现或实现的程度如何，又涉及评价方法和标准。此外，对功能和使用价值质量目标要予以足够的重视，因为该质量目标的确很重要，而且其控制对象和方法与对工程实体质量的控制不同。为此，要特别注意对设计质量的控制，要尽可能作多方案的比较。

3）对影响建设工程质量目标的所有因素进行控制

影响建设工程质量目标的因素很多，可以从不同的角度加以归纳和分类。例如，可以将这些影响因素分为人、机械、材料、方法和环境 5 个方面。质量控制的全方位控制，就是要对这 5 个方面的因素都进行控制。

5. 质量控制的特殊问题

质量控制还有两个特殊问题要加以说明。

1）对建设工程质量实行三重控制

由于建设工程质量的特殊性，需要对其从 3 个方面加以控制：

（1）政府对工程质量的监督，这是从社会公众角度进行的质量控制；

（2）实施者自身的质量控制，这是从产品生产者角度进行的质量控制；

（3）监理单位的质量控制，这是从业主角度或者说是从产品需求者角度进行的质量控制。对于建设工程质量，加强政府的质量监督和监理单位的质量控制是非常必要的，但绝不能因此而淡化或弱化实施者自身的质量控制。

2）工程质量事故处理

工程质量事故在建设工程实施过程中具有多发性的特点。诸如基础不均匀沉降、混凝土强度不足、建筑物倒塌、屋面渗漏，乃至一个建设工程整体报废等都有可能发生。如果说拖延的工期、超额的投资还可能在以后的实施过程中挽回的话，那么工程质量一旦不合格，就成了既定事实。不合格的工程，不会随着时间的推移而自然变成合格工程。因此，对于不合格工程必须及时返工或返修，达到合格后才能进入下一工序、交付使用。否则，拖延的时间越长，所造成的损失后果越严重。

● 特 别 提 示 ···

由于工程质量事故具有多发性的特点，因此，应当对工程质量事故予以高度重视，从设计、施工以及材料和设备供应等多方面入手，进行全过程、全方位的质量控制，特别要尽可能做到主动控制、事前控制。在实施建设监理的工程上，减少一般性工程质量事故，杜绝工程质量重大事故，应当说是最基本的要求。为此，不仅监理单位要加强对工程质量事故的预控和处理，而且要加强工程实施者自身的质量控制，把减少和杜绝工程质量事故的具体措施落实到工程实施过程之中，落实到每道工序之中。

4.4.2 建设工程质量控制的目的和任务

建设工程质量控制是指致力于满足建设工程质量要求，也就是为了保证建设工程质量满足工程合同、规范标准所采取的一系列措施、方法和手段。建设工程质量要求主要表现为工程合同、设计文件、技术规范、标准规定的质量标准。建设工程项目质量控制的目的是：为建设工程项目的用户提供高质量的建设工程和服务，令顾客满意，关键是建设工程项目的过程和产品的质量必须满足工程项目的目标。

1. 项目决策阶段质量控制的任务

（1）审核可行性研究报告是否符合国民经济发展的长远规划、国家经济建设的方针政策。

（2）审验可行性研究报告是否符合项目建议书或业主的要求。

（3）审核可行性研究报告是否具有可靠的经济、自然、社会环境等基础资料和数据。

（4）审核可行性研究报告是否符合相关的技术经济方面的规范、标准和定额等指标。

（5）审核可行性研究报告的内容、深度和计算反映指标是否达到标准要求。

2. 设计阶段质量控制的任务

（1）审查设计基础资料的正确性和完整性。

（2）审查设计方案的先进性和合理性，确定最佳设计方案。

（3）协助业主编制设计招标文件（或协助业主审核招标文件），组织设计方案竞赛。

（4）督促设计单位完善质量体系，建立内部专业交底及专业会签制度。

（5）进行设计质量跟踪检查，控制设计图纸的质量。

（6）组织施工图会审。

（7）评定、验收设计文件。

3. 施工阶段质量控制的任务

根据工程质量形成的时间阶段，施工阶段的质量控制又可分为质量的事前控制、事中控制和事后控制。其中工作的重点应是质量的事前控制。

（1）质量的事前控制任务。

① 确定质量标准，明确质量要求。

② 建立本项目的质量监理控制体系。

③ 审查施工单位资质。

④ 施工场地的质检验收，包括现场清理及现场定位轴线和标桩验收。

⑤ 检查工程使用的原材料、半成品的有关证明材料。

⑥ 督促承包商建立并完善质量保证体系。

⑦ 审查施工机械的有关证明材料。

⑧ 审查施工单位提交的施工组织设计或施工方案。

（2）质量的事中控制任务。

① 施工工艺过程质量控制，包括现场检查、测量、旁站、试验。

② 工序交接检查，坚持上道工序不经检查验收不准进行下道工序的原则，检验合格后签署认可才能进行下道工序。

③ 做好设计变更及技术核定的处理工作。

④ 隐蔽工程检查验收。

⑤ 工程质量事故处理：分析质量事故的原因、责任；审核、批准处理工程质量事故的技术措施或方案；检查处理措施的效果。

⑥ 行使质量监督权，下达停工指令。为了保证工程质量，出现下述情况之一者，监理工程师有权指令施工单位立即停工整改：擅自变更设计图纸的要求；未经检验即进行下一道工序作业者；擅自采用未经认可或批准的材料；擅自转包工程；擅自让未经批准的分包单位进场作业或在没有可靠的质保措施下贸然施工且工程质量已呈现下降趋势；工程质量下降经指出后，未采取有效改正措施，或采取了一定措施，而效果不好，继续作业者。

⑦ 进行质量技术鉴定。

⑧ 严格工程开工报告和复工报告审批制度。

⑨ 对工程进度款的支付签署质量认证意见。

⑩ 建立质量监理日志。

（3）质量的事后控制任务。①组织试车运转；②组织单位、单项工程竣工验收；③组织对工程项目进行质量评定；④审核竣工图及其他技术文件资料；⑤整理工程技术文件资料并编目建档。

（4）保修阶段质量控制的任务。①审核承包商的工程保修证书；②检查、鉴定工程质量和工程使用状况；③对工程出现的质量缺陷，确定责任者；④监理工程师督促承包商修复质量缺陷；⑤在保修期结束后，检查工程保修状况，移交保修资料。

4.4.3 影响建设工程质量控制的主要因素

施工阶段影响质量的五大因素（4M1E）是：人（Man）、材料（Material）、机械（Machine）、方法（Method）和环境（Environment）。监理工程师在工程质量控制时，必须对什么人、用什么材料、什么机械、采取什么方法、什么环境进行全面系统的控制。而对 4M1E 的控制必须在施工前得到有效控制，即事前控制。施工阶段的事前控制，是建立好质量保障体系的首要步骤，搞好这个环节，坚持预防为主、防患未然，把质量隐患消除于萌芽状态，保证项目质量符合决策阶段确定质量要求。

（1）人员素质是工程项目建设的实施者，工程实体质量形成是施工中各类组织者、指挥者、操作者和监理工程师共同努力下建立起来的，人的因素是 4M1E 的首要因素，它决定了其他几个因素，人的素质、管理水平、技术、操作水平高低将最终影响工程实体质量的好坏。因此，监理工程师在质量事前控制中对人的因素控制，必须对中标施工单位人的管理水平、技术、操作水平进行审查，对特殊作业人员的技术资质进行审查，防止无证上岗情况发生，做到对现场施工人员的素质心中有数，针对不同情况分别采取不同控制手段。

（2）工程材料是工程实体组成的基本单元，基本单元质量构成工程实体质量，每一单元材料的质量均应满足设计、规范的要求，工程实体质量就能够得到充分保证。因此，材料事前控制就十分重要，监理工程师应督促施工单位建立完善材料控制制度，建立监理项目机构材料监理控制细则。必须对材料质量标准、材料性能、材料适用范围有充分的了解，对进场原材料、成品、半成品供应商的营业执照、生产（经营）许可证等资质进行审查，必要时可到生产厂现场考察，对进场原材料、成品、半成品按有关规定检验和见证取样和送检或开箱检查，认真审查材料的合格证和试验报告是否符合规范、设计的要求，杜绝不合格材料在工程上使用。

（3）施工机械设备是工程建设必不可少的，机械设备的性能、数量对工程质量也将产生影响。如混凝土振动仪器好坏对混凝土质量有一定影响，钢筋加工设备、焊接设备将影响对钢筋的制作和钢筋接头质量。在实施事前控制时，监理工程师必须考虑施工现场条件、工程特点、结构形式、施工工艺和方法、机械设备性能、施工组织管理能力，使施工单位的机械设备能够合理装备、配套使用、有机联系，并处于完好的可用状态，使施工机械、设备的配置计划及使用能够满足工程质量及进度的要求。

（4）施工方法是在建设工程实体建设中所采用的施工手段和监理手段，它通过施工单位质量管理体系、施工组织设计、施工方案和监理单位的监理规划、监理细则来体现。

（5）环境的控制。环境是指施工现场的工程技术环境、工程管理环境、劳动环境等，其对工程项目质量影响因素较多，有时将对质量产生重大影响，且具有复杂多变的特点。如在混凝土施工过程中气候条件和地下水位的变化，又未预先准备预防措施，将影响混凝土工程的质量。

因此，监理工程师应根据工程特点和现场环境的具体情况，对影响工程质量的环境因素采取有效预防控制措施。环境因素控制与施工方案控制是紧密相关的。所以，施工单位针对不同的环境变化是否有相应预防措施，监理工程师在审查时要注意施工方案中是否考虑了环境对质量的影响。如在雨季混凝土施工时，混凝土浇筑时应密切注意天气变化，尽可能避免在大雨中施工；在阴天混凝土施工过程如突遇大雨，应立即采用事前准备好的措施，防止造成对工程质量的影响。

4.4.4 建设工程质量控制的主要工作

1. 施工准备的质量控制

1）施工承包单位资质的审核

（1）招投标阶段对承包单位资质的审查。

① 根据工程的类型、规模和特点确定参与投标企业的资质等级，并取得招投标管理部门的认可。

② 对符合参与招投承包企业的考核。

（2）对中标进场从事项目施工的承包企业质量管理体系的核查。

2）现场施工准备的质量控制

（1）工程定位及标高基准控制。

（2）施工平面布置的控制。

（3）材料构配件采购订货的控制。

（4）施工机械配置的控制。

（5）分包单位资格的审核确认。

① 分包单位提交分包单位资质报审表。

② 监理工程师审查总承包单位提交的分包单位资质报审表。

③ 对分包单位进行调查的目的是核实总承包单位申报的分包单位情况是否属实。

（6）设计交底与施工图纸的现场核对。

（7）监理组织内部的监控准备工作。

（8）严格把握好开工这一关。

2. 施工过程的质量控制

1）作业技术准备状态的控制

作业技术准备状态的控制应着重抓好以下几个环节的工作。

（1）质量控制点的设置。质量控制点是指为了保证作业过程质量而确定的重点控制对象、关键部位或薄弱环节。设置质量控制点是保证达到施工质量要求的必要前提，监理工程师在拟定质量控制工作计划时，应该详细考虑，并用制度来保证落实。对于质量控制点，一般要事先分析可能造成质量问题的原因，再针对原因制定相应的对策和措施进行预控。

选择质量控制点的一般原则：

① 施工过程中的关键环节、工序以及隐蔽工程。

② 质量不稳定的工序或施工中薄弱环节、部位或对象。

③ 对后续工程施工或后续工序质量或安全有重大影响的部位、工序或对象。

④ 采用新工艺、新材料、新技术的部位或环节。

⑤ 施工上无足够把握的、施工条件困难或技术难度大的工序或环节。

（2）作业技术交底的控制。关键部位由于施工复杂，技术难度大，分项工程施工前，承包单位的技术交底书（作业指导书）要报监理工程师。经监理工程师审查后，如技术交底书不能保证作业活动的质量要求，承包单位要进行修改补充。没有做好技术交底的工序或分项工程，不得进行正式实施。

（3）进场材料构配件的质量控制。

① 凡运到施工现场的原材料、构配件或半成品，进场前都应向项目监理机构提交工程材料/构配件/设备报审表，同时附有产品出厂合格证及技术说明书，由施工承包单位按规定要求进行检验的检验或试验报告，经监理工程师审查并确认其质量合格后，方准进场。

② 进口材料的检查、验收，应会同国家商检部门进行。

③ 材料构配件存放条件的控制。

④ 对于某些当地材料及现场配做的制品，一般要求承包单位事先进行试验，达到要求的标准方准施工。

（4）环境状态的控制。

① 现场自然环境条件的控制。

② 施工质量管理环境的控制。

③ 施工作业环境的控制。

（5）进场施工机械设备性能及工作状态的控制。

① 施工机械设备的进场检查。

② 机械设备工作状态的检查。

③ 大型临时设备的检查。

④ 特殊设备安全运行的审核。

（6）施工测量及计量器具性能、精度的控制。

① 工程作业开始前，承包单位应向项目监理机构报送工地试验室的资质证明文件，列出本试验室所开展的试验、检测项目、主要仪器设备；法定计量部门对计量器具的标定证明文件；试验检测人员的上岗资质证明；试验室的管理制度等。

② 监理工程师的实地检查。

2）作业技术活动运行过程的控制

工程施工质量是在施工过程中形成的，而不是最后检验出来的；施工过程是由一系列相互联系与制约的作业活动中构成的，因此，保证作业活动的效果与质量是施工过程质量控制的基础。

工程变更的要求可能来自建设单位、设计单位或施工承包单位。为确保工程质量，在不同的情况下，工程变更的实施，设计图纸的澄清、修改，都具有不同的工作程序。

（1）施工承包单位的要求及处理或在施工过程中承包单位提出的工程变更要求。

① 要求作某些技术修改。

② 要求作设计变更。

（2）设计单位提出变更的处理。

① 设计变更单位首先将"设计变更通知"及有关附件交送建设单位。

② 建设单位会同监理单位，施工承包单位对设计单位提交的"设计变更通知"进行研究，必要时设计单位尚需提供进一步的资料，以便对变更作出决定。

③ 总监理工程师签发工程变更单表。并将设计单位发出的"设计变更通知"作为该工程变更单表的附件，施工承包单位按新的变更图实施。

（3）建设单位（监理工程师）要求变更的处理。

① 建设单位（监理工程师）将变更的要求通知设计单位，如果在要求中包括有相应的方案或建议，则应一并报送设计单位，否则，变更要求由设计单位研究解决。在提供审查的变更要求中，应列出所有受该变更影响的图纸、文件清单。

② 设计单位对工程变更单表进行研究。如果在变更中附有建议或解决方案时，设计单位应对建议或解决方案的所有技术方面进行审查，并确定他们是否符合设计要求和实际情况，然后书面通知建设单位，说明设计单位对该解决方案的意见，并将与该修改变更有关的图纸、文件清单返回给建设单位，说明自己的意见。

③ 根据建设单位的授权，监理工程师研究设计单位所提交的建议设计变更方案和其对变更要求所附方案的意见，必要时同有关承包单位和设计单位一起进行研究，也可进一步提供资料，以便对变更作出决定。

④ 建设单位作出变更的决定后由总监理工程师签发工程变更单表，指示承包单位按变更的决定组织施工。

●特●别●提●示●

需注意的是在工程施工过程中，无论是建设单位或者施工单位及设计单位提出的工程变更和图纸修改，都应通过监理工程师审查并经有关方面研究，确认其必要性后，由总监理工程师发布变更指令才能生效予以实施。

3）作业技术活动结果的控制

作业技术活动结果检验程序与方法。

（1）检验程序。按一定的程序对作业活动结果进行检查，其根本目的是要体现作业者对作业活动结果负责，同时也是加强质量管理的需要。当作业活动结束后，应当先由施工单位按规定进行自检，自检合格后与下一工序的作业人员互检，如果满足要求则施工单位向监理单位提交"报验申请表"，监理工程师在收到通知后，应在合同规定的时间内及时对其质量进行检查，确定其质量合格后予以签认验收。

（2）质量检验的主要方法。对于现场所用的原材料、半成品、工序过程或工程产品质量等进行检验的方法，一般可分为3类，即目测法、检测工具量测法及试验法。

① 目测法。即凭借感官进行检查，也可以叫做观感检验。这类方法主要是根据质量要求，采用看、摸、敲、照等手法对检查对象进行检查。

② 量测法。就是利用量测工具或计量仪表，通过实际量测结果与规定的质量标准或规范的要求相对照，从而判断质量是否符合要求，量测的手法可归纳为：靠、量、吊、套。

③ 试验法。指通过进行现场试验或试验室试验等理化试验手段，取得数据，分析判断质量情况的方法。其主要包括：无损测试或检验、理化试验。

4）施工阶段质量控制手段

（1）审核技术文件、报告和报表。

（2）指令文件与一般管理文书。指令文件是监理工程师运用指令控制权的具体形式。指令文件是监理工程师对施工承包单位提出指示或命令的书面文件，属于强制性文件。一般管理文书，如监理工程师函、备忘录和劝阻等，不属于强制性文件，仅供承包人自主决策时参考。

（3）现场监督和考察。

（4）现场监督检查的方式主要有：旁站、巡视、平行检验等。

（5）规定质量监控工作程序：规定双方必须遵守的质量监控工作程序，按规定的程序进行工作。

（6）利用支付手段。

4.4.5 质量事故的分析与处理

1. 施工质量事故处理的分析依据

（1）质量事故的实况资料。包括质量事故发生的时间、地点；有关质量事故的观测记录、事故现场状态的照片或录像；质量事故发展变化的情况；质量事故状况的描述；事故调查组研究所获得的第一手资料。

（2）有关合同及合同文件。包括工程承包合同、设备与器材购销合同、设计委托合同、监理合同及分包合同等。

（3）有关的技术文件和档案。主要是有关的设计文件（如施工图纸和技术说明）、档案和资料（如施工方案、施工计划、施工日志、施工记录、有关建筑材料的质量证明资料、现场制备材料的质量证明资料、与施工有关的技术文件以及质量事故发生后对事故状况做的观测记录、试验记录或试验报告等）。

（4）相关的建设法规。主要包括《中华人民共和国建筑法》及与工程质量及质量事故处理有关的勘察、设计、施工、监理等单位资质管理方面的法规，从业者资质管理方面的法规，建筑施工方面的法规，建筑市场方面的法规，关于标准化管理方面的法规。

2. 施工质量事故的处理程序

施工质量事故处理的一般程序如下。

（1）事故调查。事故发生后，施工项目负责人应按规定的时间和程序，及时向企业报告事故的状况，积极对事故组织调查。事故调查应力求及时、客观、全面，以便为事故的分析与处理提供正确的依据。调查结果要整理撰写成事故调查报告，其主要内容包括：工程概况；事故情况；事故发生后所采取的临时防护措施；事故调查中的有关数据、资料；

事故原因分析与初步判断；事故处理的建议方案与措施；事故涉及人员与主要责任者的情况等。

（2）事故的原因分析。事故的原因分析要建立在事故情况调查的基础上，避免情况不明就主观分析推断事故的原因。特别是对涉及勘察、设计、施工、材质、使用管理等方面的质量事故，往往事故的原因错综复杂，因此必须对调查所得到的数据、资料进行仔细的分析，去伪存真，找出造成事故的主要原因。

（3）制定事故处理的方案。事故的处理要建立在原因分析的基础上，并广泛地听取专家及有关方面的意见，经科学论证，决定事故是否进行处理。在制定事故处理方案时，应做到安全可靠、技术可行、不留隐患、经济合理、具有可操作性、满足建筑功能和使用要求。

（4）事故处理。根据制定的质量事故处理的方案，对质量事故进行仔细的处理，处理的内容主要包括：事故的技术处理，解决施工质量不合格和缺陷问题；事故的责任处罚，根据事故的性质、损失大小、情节轻重对事故的责任单位和责任人作出相应的行政处分直至追究刑事责任。

（5）事故处理的鉴定验收。质量事故的处理是否达到预期的目的，是否依然存在隐患，应当通过检查鉴定和验收作出确认。事故处理的质量检查鉴定，应严格按施工验收规范和相关的质量标准的规定进行，必要时还应通过实际量测、试验和仪器检测等方法获取必要的数据，以便准确地对事故处理的结果作出鉴定。事故处理后，必须尽快提交完整的事故处理报告，其内容包括：事故调查的原始资料、测试的数据；事故原因分析、论证；事故处理的依据；事故处理的方案及技术措施；实施质量处理中有关的数据、记录、资料；检查验收记录；事故处理的结论等。

 应用案例 4—4

【案例背景】

某工业厂房工程由于混凝土浇筑量较大且混凝土运输难度较大，经有关部门批准，结构用混凝土采用现场搅拌。按照已审批的施工方案组织实施了地梁基础施工，基础施工分为两个施工区域。在第一区域施工过程中，材料已送检。为了赶在大雨到来（天气预报近日有大雨）之前完成第一区域基础的施工，施工单位负责人未经监理许可，在材料送检还没有得到检验结果时，擅自决定进行混凝土施工。待地梁混凝土浇筑完毕后，发现水泥实验报告中某些检验项目质量不合格。由此工期延误 16 天，经济损失达 20 000 元。

【观察与思考】

（1）施工单位未经监理工程师许可即进行混凝土浇筑施工，该做法是否正确？如果不正确，正确做法是什么？

（2）为了保证该工业厂房工程质量达到设计和规范要求，施工单位应该对进场原材料如何进行质量控制？

（3）试阐述材料质量控制的要点是什么？

（4）材料质量控制的主要内容有哪些？

（5）如何处理该质量不合格项？

【案例分析】

（1）施工单位未经监理工程师许可即进行地梁基础的混凝土浇筑的做法是完全错误的。正确的做法应该是：施工单位在水泥运进场之前，应向监理单位提交"工程材料报审表"，并附上该水泥的出厂合格证及相关的技术说明书，同时按规定将此批号的水泥检验报告亦附上，经监理工程师审查并确定其质量合格后，方可进入现场。

（2）材料质量控制的主要方法。

严格检查验收，建立管理台账，进行收、发、储、运等环节的技术管理；正确合理地使用，避免混料和将不合格的材料使用到工程上去，要使其形成闭环管理，具有可追溯性。

（3）进入现场材料控制要点。

① 掌握材料信息，优选供货厂家。建立长期的信誉好、质量稳定、服务周到的供货商。

② 合理组织材料供应，从经过专家评审通过的合格材料供应商中购货，按计划确保施工正常进行。

③ 科学合理进行材料的使用，减少材料的浪费和损失。

④ 要注重材料的使用认证及辨识，以防止错用或使用不合格的材料。

⑤ 加强材料的检查验收，严把材料入场的质量关。

⑥ 加强现场材料的使用管理。

（4）主要内容。

① 材料的质量标准；

② 材料的取样；

③ 材料的性能；

④ 试验方法；

⑤ 材料的使用范围和施工要求。

（5）应按以下方法处理质量不合格项。

① 如果是重要的检验项目不合格，会影响到工程的结构安全，则应推倒重来、拆除重做。即使经济上受到一些损失，但工程不会再出现问题。且这种对工程认真负责的态度也会得到业主的肯定，在质量问题上会更信任我们的施工方。

② 如果不是重要的检验项目质量不合格，且不会影响到工程的结构安全，可进行必要的工程修复达到合格，满足使用要求。

4.5 建设工程安全管理

4.5.1 施工安全管理概述

安全生产是指在社会生产活动中，通过人、机、物料、环境的和谐运作，使生产过程中潜在的各种事故风险和伤害因素始终处于有效控制状态，切实保护劳动者的生命安全和身体健康。

安全与生产的关系是辩证统一的关系，是一个整体。生产必须安全，安全促进生产，不能将二者对立起来。在施工过程中，必须尽一切可能为作业人员创造安全的生产环境和条件，积极消除生产中的不安全因素，防止伤亡事故的发生，使作业人员在安全的条件下进行生产；安全工作必须紧紧围绕生产活动进行，不仅要保障作业人员的生命安全，还要促进生产的发展。离开生产，安全工作就毫无实际意义。工程项目安全管理是指采取措施使项目在施工中没有危险，不出事故，不造成人身伤亡和财产损失。安全既包括人身安全，也包括财产安全。

安全生产管理是指针对人们生产过程的安全问题，运用有效的资源，发挥人们的智慧，通过人们的努力，进行有关决策、计划、组织和控制等活动，实现生产过程中人与机器设备、物料、环境的和谐，达到安全生产的目标。

安全生产管理的目标：减少和控制危害，减少和控制事故，尽量避免生产过程中由于事故所造成的人身伤害、财产损失、环境污染以及其他损失。

安全生产管理包括安全生产法制管理、行政管理、监督检查、工艺技术管理、设备设施管理、作业环境和条件管理等。

安全生产管理的基本对象：企业的员工，涉及企业中的所有人员、设备设施、物料、环境、财务、信息等各个方面。

施工安全管理体系是项目管理体系中的一个子系统，它是根据 PDCA 循环模式的运行方式，以逐步提高、持续改进的思想指导企业系统地实现安全管理的既定目标。因此，施工安全管理体系是一个动态的、自我调整和完善的管理系统。

1. 建立施工安全管理体系的重要性

（1）建立施工安全管理体系，能使劳动者获得安全与健康，是体现社会经济发展和社会公正、安全、文明的基本标志。

（2）通过建立施工安全管理体系，可以改善企业的安全生产规章制度不健全、管理方法不适当、安全生产状况不佳的现状。

（3）施工安全管理体系对企业环境的安全卫生状态规定了具体的要求和限定，从而使企业必须根据安全管理体系标准实施管理，才能促进工作环境达到安全卫生标准的要求。

（4）推行施工安全管理体系，是适应国内外市场经济一体化趋势的需要。

（5）实施施工安全管理体系，可以促使企业尽快改变安全卫生的落后状况，从根本上调整企业的安全卫生管理机制，改善劳动者的安全卫生条件，增强企业参与国内外市场的竞争能力。

2. 建立施工安全管理体系的原则

（1）贯彻"安全第一，预防为主"的方针，企业必须建立健全安全生产责任制和群防群治制度，确保工程施工劳动者的人身和财产安全。

（2）施工安全管理体系的建立，必须适用于工程施工全过程的安全管理和控制。

（3）施工安全管理体系文件的编制，必须符合《中华人民共和国建筑法》《中华人民共和国安全生产法》《建设工程安全生产管理条例》《职业安全卫生管理体系标准》和国际劳工组织(ILO)167 号公约等法律、行政法规及规程的要求。

（4）项目经理部应根据本企业的安全管理体系标准，结合各项目的实际加以充实，确保工程项目的施工安全。

（5）企业应加强对施工项目的安全管理，指导、帮助项目经理部建立和实施安全管理体系，如图 4.11 所示。

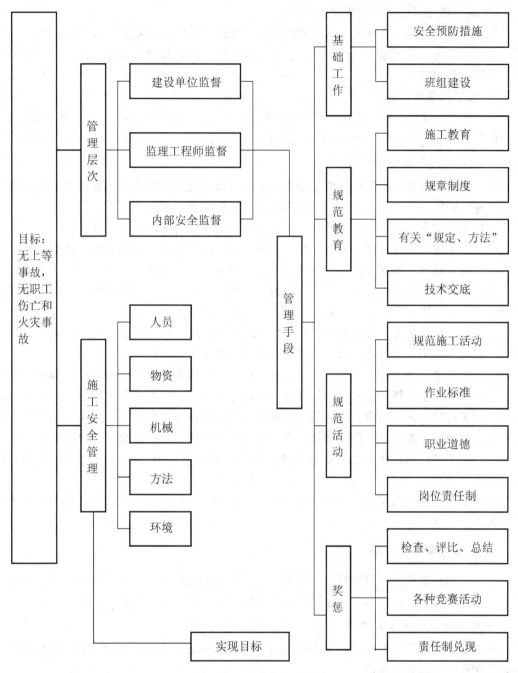

图 4.11　安全管理系统图

4.5.2　建设工程安全管理的任务

1. 设置施工安全管理机构

1）公司安全管理机构的设置

公司应设置以法定代表人为第一责任人的安全管理机构，根据企业的施工规模及职工人数设置专门的安全生产管理机构部门，并配备专职安全管理人员。

2）项目经理部安全管理机构的设置

项目经理部是施工现场第一线管理机构，应根据工程特点和规模，设置以项目经理为第一责任人的安全管理领导小组，其成员由项目经理、技术负责人、专职安全员、工长及各工种班组长组成。

3）施工班组安全管理

施工班组要设置不脱产的兼职安全员，协助班组长搞好班组的安全生产管理。班组要坚持班前班后岗位安全检查、安全值日和安全日活动制度，并要认真做好班组的安全记录。

2. 制订施工安全管理计划

（1）项目经理部应根据项目施工安全目标的要求配置必要的资源，保证安全目标的实现。专业性较强的施工项目，应编制专项安全施工组织设计或安全技术措施。

（2）施工安全管理计划应在项目开工前编制，经项目经理批准后实施。

（3）施工安全管理计划的内容包括：工程概况、控制程序、控制目标、组织结构、职责权限、规章制度、检查评价、资源配置、安全措施、奖惩制度。

（4）施工安全管理计划的制订，应根据工程特点、施工程序、施工方法、安全法规和标准的要求，采取可靠的技术措施，消除安全隐患，保证施工安全。

（5）对施工难度大、结构复杂、专业性强的项目，除制订项目总体安全技术保证计划外，还必须制定单位工程或分部、分项工程的安全施工措施。

（6）对高空作业、井下作业、水上和水下作业、爆破作业、深基础开挖、脚手架上作业、有毒有害作业、特种机械作业等专业性强的施工作业，以及从事电气、压力容器、起重机、金属焊接、井下瓦斯检验、机动车和船舶驾驶等特殊工种的作业，应制定单项安全技术方案措施，并对管理人员和操作人员的安全作业资格、身体状况进行合格审查。

（7）施工平面图设计是施工安全管理计划的主要内容，设计时应充分考虑安全、防火、防爆、防污染等因素，满足施工安全生产的要求。

（8）实行总分包的项目，分包项目安全计划应纳入总包项目安全计划，分包人应服从总承包人的管理。

4.5.3 施工安全管理控制

施工安全管理控制必须坚持"安全第一、预防为主"的方针，项目经理部应建立安全管理体系和安全生产责任制。安全员应持证上岗，保证项目安全目标的实现。

1. 施工安全管理控制对象

施工安全管理控制主要以施工中的人力、物力和环境为对象，建立一个安全的生产体系，确保施工活动的顺利进行。

2. 抓薄弱环节和关键部位，控制伤亡事故

在项目施工中，分包单位的安全管理是整个安全工作的薄弱环节，总包单位要建立健全分包单位的安全教育、安全检查、安全交底等制度。对分包单位的安全管理应层层负责，项目经理要负主要责任。

伤亡事故大多发生在高处坠落、物体打击、触电、坍塌、机械和起重伤害等方面，所以对脚手架、洞口、临边、起重设备、施工用电等关键部位发生的事故要认真地分析，找出发生事故的症结所在，然后采取措施加以防范，消灭和减少伤亡事故的发生。

3. 施工安全管理目标控制

施工安全管理目标是在施工过程中安全工作所要达到的预期效果。其目标由施工总承包单位根据本工程的具体情况，进行进一步展开、深入和具体化的修正，真正达到指导和控制安全施工的目的。

施工安全管理目标实施的主要内容如下。

（1）六杜绝。杜绝因公受伤、死亡事故；杜绝坍塌伤害事故；杜绝物体打击事故；杜绝高处坠落事故；杜绝机械伤害事故；杜绝触电事故。

（2）三消灭。消灭违章指挥；消灭违章作业；消灭"惯性事故"。

（3）二控制。控制年负伤率，负轻伤频率控制在 0.6% 以内；控制年安全事故率。

（4）一创建。创建安全文明示范工地。

 应用案例 4-5

【案例背景】

2010 年 11 月 15 日，上海市静安区某教师公寓大楼发生特别重大火灾事故（图 4.12），造成 58 人死亡，71 人受伤，直接经济损失 1.58 亿元。在胶州路 728 号公寓大楼节能综合改造项目施工过程中，施工人员违规在 10 层电梯前室北窗外进行电焊作业，电焊溅落的金属熔融物引燃下方 9 层位置脚手架防护平台上堆积的聚氨酯保温材料碎块、碎屑，引发火灾。

图 4.12　火灾事故现场照片

【观察与思考】

（1）什么是特种作业？建筑工程施工哪些人员为特种作业人员？

（2）什么是三级安全教育？简述三级安全教育的主要内容和课时要求。

（3）简述焊接作业的安全技术措施。

【案例分析】

（1）特种作业是指容易发生人员伤亡事故，对操作者本人、他人及周围设施的安全有重大危害的作业。建筑工程施工中电工、电焊工、气焊工、架子工、起重机司机、起重机械安装拆卸工、起重司索指挥工、施工电梯司机、龙门架及井架物料提升机操作工、场内机动车驾驶员等人员为特种作业人员。

（2）对新入场人员必须严格执行三级安全教育制度。三级安全教育是指公司、项目、班组3个级次的安全教育。

（3）高空焊接作业的安全技术措施如下。

① 佩戴头戴式电焊面罩，电焊面罩装配在安全帽上；使用全身式安全带，安全带具备阻燃性能，绳长不超过2m。安全带应挂在牢固的固定点上。正确穿戴工作服、绝缘鞋、防护手套、耳塞等，绝缘鞋应满足抗热、不易燃和防滑的要求。

② 高处焊接作业必须按规定办理高处作业许可证和动火作业许可证，确保各项安全防护措施到位后方可进行作业。

③ 对高处焊接作业应设专职安全人员进行现场监督防护，并不得私自离开动火现场。

④ 安装较重的杆部件或作业条件较差时，应避免单人操作。

⑤ 在规定的禁火区内，严禁进行焊接作业。若需要焊接时，应把工件拆除，移到指定的动火区内或在安全区内进行。

⑥ 高处焊接作业之前应首先清除作业点周围及下方地面火星飞落所及范围内可燃易爆物品。

⑦ 高处焊接作业应采取防火花飞溅措施，在焊接点下方放置接火盆或铺设防火毯，焊接点下方地面设置警戒区进行隔离。

⑧ 焊接作业现场应配备足够的灭火器，以备需要时可立即使用。

⑨ 高处焊接作业点下方应设置围栏或遮拦，不准人员通过，并悬挂警告标志。在高层上下层同时作业时，中间应搭设严密牢固的防护隔离设施，以防落物伤人。

⑩ 当有6级及6级以上大风和雾、雨、雪天气时，应停止脚手架搭设作业。

此次事故的间接原因：一是建设单位、投标企业、招标代理机构相互串通、虚假招标和转包、违法分包。二是工程项目施工组织管理混乱。三是设计企业、监理机构工作失职。四是市、区两级建设主管部门对工程项目监督管理缺失。五是静安区公安消防机构对工程项目监督检查不到位。六是静安区政府对工程项目组织实施工作领导不力。还暴露出5个方面的问题：电焊工无特种作业人员资格证，严重违反操作规程，引发大火后逃离现场；装修工程违法违规，层层多次分包，导致安全责任不落实；施工作业现场管理混乱，安全措施不落实，存在明显的抢工期、抢进度、突击施工的行为；事故现场违规使用大量尼龙网、聚氨酯泡沫等易燃材料，导致大火迅速蔓延；有关部门安全监管不力，致使多次分包、多家作业和无证电焊工上岗，对停产后复工的项目安全管理不到位。

 应用案例4-6

【案例背景】

某工程开工后，施工单位安全管理部门组织对施工作业人员进行了一次安全培训，并进行了考试，其中有一道考题是：写出"三宝四口"的具体含义。工人小王的答卷是：安全带、安全帽、防滑鞋，楼梯口、通风口、门窗洞口、预留洞口。结构施工进行到一半时，在二层楼面（3m标高）开始进行砌筑施工，一工人在无外脚手架防护的楼面边做墙拉筋植筋工作，安全带挂在了植好的钢筋上，由于不慎失足从平台坠落至±0.00标高楼板上，所佩带安全带结扣脱落，安全帽脱落甩出1m以外，造成头部轻伤。施工至二层时，项目安全部门对现场安全帽的使用情况做了检查。

【观察与思考】

（1）小王的答卷中哪几处不正确？请说明理由。

（2）导致高空坠落事故发生的直接原因是什么？本高处作业属哪级高处作业，它的界定条件是什么？

（3）如何正确使用安全帽？

【案例分析】

（1）"防滑鞋、通风口、门窗洞口" 3 处不正确，正确的答案应为 "安全网、通道口、电梯井口"。

（2）导致高空坠落事故发生的直接原因。

① 安全帽未系紧下颚带。

② 安全带佩带不正确，在系挂安全带时，不应将系绳打结使用，也不准将挂钩直接挂在不牢固物体上或安全绳上，应挂在连接环上使用。

③ 无外脚手架防护的楼面边未设置防护栏杆、挡脚板，并挂安全立网进行封闭。

本高处作业属一级高处作业，高处作业在 2～5m 时，为一级高处作业，坠落半径为 2m。

（3）安全帽的正确使用应包括以下几个方面：

① 一项符合国家标准的安全帽的重量不应超过 400g。

② 安全帽由帽壳、帽衬和下颚带 3 个部分组成。

③ 在领取安全帽时，要首先观察其外观，看是否完好，帽壳有无破损和裂纹。

④ 在戴安全帽之前，应调整好帽衬，帽衬与帽壳不能紧贴，帽衬顶部与帽壳的间隙应保持在 20～50mm 之间，四周应保持在 5～20mm 之间。

⑤ 戴安全帽时要戴正，同时系紧下颚带。

4.6　建设工程合同管理

4.6.1　合同的概念、分类、内容及作用

我国在建设领域推行项目法人负责制、招标投标制、工程监理制和合同管理制。在这些改革制度中，核心内容是合同管理制。同时，合同管理也是建设工程监理的主要工作之一，它贯穿于建设项目的全过程，直接关系到建设项目目标实现的成败。因此，在市场经济条件下，应当严格按照法律和合同进行工程建设项目的管理。

1. 合同的概念及分类

合同又称契约，是当事人双方设立、变更和终止民事权利和义务关系的协议。签订合同属于一种法律行为，依法签订的合同具有法律约束力。

从合同的广义角度考虑，建设工程合同属于承揽合同的一种，但是由于建设工程的特殊性，在经济活动、社会生活中的重要性，在国家管理以及合同标的等方面与一般的承揽合同的不同性等原因，长期以来我国一直将建设工程合同列为单独的一类重要合同。

在实际的工程经济活动中，合同的形式和类别是多种多样的，建设工程合同可以从不同的角度进行分类。

1）按合同签约的对象内容划分

（1）建设工程勘察、设计合同。是指业主（发包人）与勘察人、设计人为完成一定的勘察、设计任务，明确双方权利、义务的协议。

（2）建设工程施工合同。通常也称为建筑安装工程承包合同，是指建设单位（发包方）和施工单位（承包方）为了完成商定的或通过招标投标确定的建筑工程安装任务，明确相互权利、义务关系的书面协议。

（3）建设工程委托监理合同。简称监理合同，是指工程建设单位聘请监理单位代其对工程项目进行管理，明确双方权利、义务的协议。建设单位称委托人（甲方），监理单位称受委托人（乙方）。

（4）工程项目物资购销合同。由建设单位或承建单位根据工程建设的需要，分别与有关物资、供销单位，为执行建筑工程物资（包括设备、建材等）供应协作任务，明确双方权利和义务而签订的具有法律效力的书面协议。

（5）建设项目借款合同。由建设单位与中国人民建设银行或其他金融机构，根据国家批准的投资计划、信贷计划，为保证项目贷款资金供应和项目投产后，能及时收回贷款签订的明确双方权利、义务关系的书面协议。

除以上合同外，还有运输合同、劳务合同、供电合同等。

2）按合同签约各方的承包关系划分

（1）总包合同。建设单位（发包方）将工程项目建设全过程或其中某个阶段的全部工作发包给一个承包单位总包，发包方与总包方签订的合同称为总包合同。总包合同签订后，总承包单位可以将若干专业性工作交给不同的专业承包单位去完成，并统一协调和监督它们的工作。在一般情况下，建设单位仅与总承包单位发生法律关系，而不与各专业承包单位发生法律关系。

（2）分包合同。即总承包方与发包方签订了总包合同之后，总承包方将若干专业性工作分包给不同的专业承包单位去完成，并分别与几个分包方签订分包合同。对于大型工程项目，有时也可由发包方直接与每个承包方签订合同，而不采取总包形式。这时每个承包方都是处于同样地位，各自独立完成本单位所承包的任务，并直接向发包方负责。

3）按承包合同的不同计价方法划分

（1）固定总价合同。采用这类合同的工程，其总价以施工图纸和工程说明书为计算依据，在招标时将造价一次包死。在合同执行过程中，不能因为工程量、设备、材料价格、工资等变动而调整合同总价。但人力不可抗拒的各种自然灾害、国家统一调整价格、设计有重大修改等情况除外。

（2）计量合同。又称为单价合同，分为以下两种形式。

① 工程量清单合同。这种合同通常由建设单位委托设计、咨询单位计算出工程量清单，分别列出分部分项工程量。承包商在投标时填报单价，并计算出总造价。工程施工过程中，各分部分项的实际工程量应按实际完成量计算，并按投标时承包商所填报的单价计算实际工程总造价。这种合同的特点是在整个施工过程中单价不变，但工程承包金额随工程量发生变化。

② 单价一览表合同。这种合同包括一个单价一览表，发包单位只在表中列出各分部分项工程，但不列出工程量。承包单位投标时只填各分部分项工程的单价。工程施工过程中按实际完成的工程量和原填单价计价。

（3）成本加酬金合同。这类合同中的合同总价由两部分组成：一部分是工程直接成本，即工程施工过程中实际发生的直接成本实报实销；另一部分是事先商定好的支付给承包商的酬金。

● 特 别 提 示 ▒▒▒▒▒▒▒▒▒▒▒▒▒▒▒▒▒▒▒▒▒▒▒▒▒▒▒▒▒▒▒▒▒▒▒▒

若采用成本加酬金合同，建设单位难以对工程总价进行控制，同时施工单位也不注意降低施工成本。一般来说，此类合同多应用于需要立即开展的项目，如重大灾害过后救灾工作；新型的工程建设项目或工程内容或技术经济指标未确定的建设项目；风险极大的项目；等等。

▒▒

2. 合同的内容和作用

我国在《合同法》中对合同的内容，包括合同的署名、合同的标的、标的的数量和质量、合同价金或酬金、合同期限和履行的地点、违约责任以及解决争议的方法等若干内容均进行了明确的规定。

实践证明，加强合同管理对发展和完善建设市场，提高建设工程的产品质量和管理水平，避免和克服建设领域的经济违法、犯罪等现象，起到了积极的作用。

（1）发展和完善建设市场。作为社会主义市场经济的重要组成部分，建设市场需要不断发展和完善。市场经济与计划经济的最主要区别在于：市场经济主要是依靠合同来规范当事人的交易行为，而计划经济主要是依靠行政手段来规范财产流转关系，因此，发展和完善建设市场，必须有严格的建设工程合同管理制度。合同的内容将成为开展建设活动的主要依据。依法加强建设工程合同管理，可以保障建设市场的资金、材料、技术、信息、劳动力的管理，发展和完善建设市场。

（2）提高工程建设的管理水平。工程建设管理水平主要体现在工程质量、进度和投资的三大控制目标上，这三大控制目标的水平主要体现在合同中。在合同中规定三大控制目标后，要求合同当事人在工程管理中细化这些内容，在工程建设过程中严格执行这些规定。同时，如果能够严格按照合同的要求进行管理，工程的质量就能够有效地得到保障，进度和投资的控制目标也能够得以实现。因此，建设工程合同管理能够有效地提高工程建设的管理水平。

（3）避免和克服建设领域的经济违法和犯罪。建设领域是我国经济犯罪的高发领域。出现这样的情况主要是由于工程建设中的公开、公正、公平做得不够好。而加强建设工程合同管理能够有效地做到公开、公正、公平，特别是健全建设工程合同的订立方式——招标投标，能够将建设市场的交易行为置于公开的环境之中，约束权力滥用行为有效地避免和克服建设领域的受贿行贿行为。加强建设工程合同履行的管理也有助于政府行政管理部门对合同的监督，避免和克服建设领域的经济违法和犯罪。

4.6.2 委托监理合同的管理

1. 委托监理合同的概念和特征

建设工程委托监理合同简称监理合同，是指委托人与监理人就委托的工程项目管理内容签订的明确双方权利、义务的协议。

监理合同是委托合同的一种，除具有委托合同的共同特点外，还具有以下基本特征。

（1）监理合同的当事人双方应当是具有民事权力能力和民事行为能力、取得法人资格的企事业单位和其他社会组织，个人在法律允许的范围内也可以成为合同当事人。委托人必须是具有国家批准的建设项目、落实投资计划的企事业单位、其他社会组织及个人，作为受托人必须是依法成立的具有法人资格的监理企业，并且所承担的工程监理业务应与企业资质等级和业务范围相符合。

（2）监理合同委托的工作内容必须符合工程项目建设程序，遵守有关法律、行政法规。监理合同以对建设工程项目实施控制和管理为主要内容，因此必须符合建设工程项目的程序，符合国家和建设行政主管部门颁发的有关建设工程的法律、行政法规、部门规章和各种标准、规范要求。

（3）委托监理合同的标的是服务，建设工程实施阶段所签订的其他合同，如勘察设计合同、施工承包合同、物资采购合同、加工承揽合同的标的物是产生新的物质成果或信息成果，而监理合同的标的是服务，即监理工程师凭据自己的知识、经验、技能受业主委托为其所签订的其他合同的履行实施监督和管理。

2. 委托监理合同的主要内容

委托监理合同中明确了监理企业所承担的监理任务，以及合同双方的责任、权利和义务。具体内容包括以下几个方面：

（1）合同主体的确认；

（2）合同的一般性叙述；

（3）合同标的，包括监理工程师为建设单位提供的正常的、附加的监理工作以及额外的监理工作；

（4）建设单位的责任；

（5）建设单位的权利；

（6）建设单位的义务；

（7）监理企业的责任；

（8）监理企业的权利；

（9）监理企业的义务；

（10）监理酬金；

（11）违约责任；

（12）总括条款；

（13）签字。

实际工程中，签订的委托合同应以"建设工程委托监理合同"示范文本为依据，所签订的合同应符合内容完整、用词严谨、表达准确等基本要求，避免在合同履行过程中出现纠纷。委托监理合同包含3个部分：第一部分为协议书，第二部分是通用条件，第三部分为专用条件。示范文本如下。

第一部分 协议书

委托人（全称）： _____

监理人（全称）： _____

根据《中华人民共和国合同法》《中华人民共和国建筑法》及其他有关法律、法规，遵循平等、自愿、公平和诚信的原则，双方就下述工程委托监理与相关服务事项协商一致，订立本合同。

一、工程概况

1. 工程名称：_____；

2. 工程地点：_____；

3. 工程规模：_____；

4. 工程概算投资额或建筑安装工程费：_____。

二、词语限定

协议书中相关词语的含义与通用条件中的定义与解释相同。

三、组成本合同的文件

1. 协议书；

2. 中标通知书(适用于招标工程)或委托书(适用于非招标工程)；

3. 投标文件(适用于招标工程)或监理与相关服务建议书(适用于非招标工程)；

4. 专用条件；

5. 通用条件；

6. 附录，即

附录 A 相关服务的范围和内容

附录 B 委托人派遣的人员和提供的房屋、资料、设备

本合同签订后，双方依法签订的补充协议也是本合同文件的组成部分。

四、总监理工程师

总监理工程师姓名：_____，身份证号码：_____，注册号：_____。

五、签约酬金

签约酬金(大写)：_____(￥_____)。

包括：

1. 监理酬金：_____。

2. 相关服务酬金：_____。

其中：

(1) 勘察阶段服务酬金：_____。

(2) 设计阶段服务酬金：_____。

(3) 保修阶段服务酬金：_____。

(4) 其他相关服务酬金：_____。

六、期限

1. 监理期限：自____年____月____日始，至____年____月____日止。

2. 相关服务期限：

(1) 勘察阶段服务期限自____年____月____日始，至____年____月____日止。

(2) 设计阶段服务期限自____年____月____日始，至____年____月____日止。

(3) 保修阶段服务期限自____年____月____日始，至____年____月____日止。

(4) 其他相关服务期限自____年____月____日始，至____年____月____日止。

七、双方承诺

1. 监理人向委托人承诺，按照本合同约定提供监理与相关服务。

2. 委托人向监理人承诺，按照本合同约定派遣相应的人员，提供房屋、资料、设备，并按本合同约定支付酬金。

八、合同订立

1. 订立时间：＿＿＿年＿＿＿月＿＿＿日。

2. 订立地点：＿＿＿＿＿＿＿＿＿＿＿＿＿＿＿＿＿＿＿＿＿。

3. 本合同一式＿＿＿份，具有同等法律效力，双方各执＿＿＿份。

委托人：＿（盖章）＿　　　　　　　监理人：＿（盖章）＿

住所：＿＿＿＿＿＿＿　　　　　　　住所：＿＿＿＿＿＿＿

邮政编码：＿＿＿＿＿＿　　　　　　邮政编码：＿＿＿＿＿＿

法定代表人或其授权的代理人：　　　法定代表人或其授权的代理人：

　　　＿（签字）＿　　　　　　　　　　　＿（签字）＿

开户银行：＿＿＿＿＿＿　　　　　　开户银行：＿＿＿＿＿＿

账号：＿＿＿＿＿＿＿　　　　　　　账号：＿＿＿＿＿＿＿

电话：＿＿＿＿＿＿＿　　　　　　　电话：＿＿＿＿＿＿＿

传真：＿＿＿＿＿＿＿　　　　　　　传真：＿＿＿＿＿＿＿

电子邮箱：＿＿＿＿＿＿　　　　　　电子邮箱：＿＿＿＿＿＿

第二部分　通用条件

该部分主要明确：合同中词语的定义与解释；合同双方当事人的责任、权利和义务；合同生效、变更与终止；监理报酬；工程相关事宜以及争议的解决等内容。

第三部分　专用条件

该部分由合同双方经协商确定，包括法律依据、监理依据以及对标准条件的进一步解释，如监理报酬的计算方法，奖惩的具体措施等。

另外，如合同当事人双方认为在前面及部分中仍有未尽事宜，可在附加协议条款中予以协商确认，附加协议条款属于本合同。

3. 合同中名词的具体解释

为保障合同的顺利履行，一般来说，除合同中的上下文有专门规定外，还应对合同中涉及的名词和用语作出相应的解释，以避免误解甚至引起争议。而且如果合同中约定使用两种或两种以上文字时，汉语应作为解释和说明该合同的标准语言文字。

通常在委托合同的第二部分《通用条件》中有对各名词或用语的解释。

① 工程。是指按照本合同约定实施监理与相关服务的建设工程。

② 委托人。是指本合同中委托监理与相关服务的一方，及其合法的继承人或受让人。

③ 监理人。是指本合同中提供监理与相关服务的一方，及其合法的继承人。

④ 承包人。是指在工程范围内与委托人签订勘察、设计、施工等有关合同的当事人，及其合法的继承人。

⑤ 监理。是指监理人受委托人的委托，依照法律法规、工程建设标准、勘察设计文件及合同，在施工阶段对建设工程质量、进度、造价进行控制，对合同、信息进行管理，对工程建设相关方的关系进行协调，并履行建设工程安全生产管理法定职责的服务活动。

⑥ 相关服务。是指监理人受委托人的委托，按照本合同约定，在勘察、设计、保修等阶段提供的服务活动。

⑦ 正常工作。指本合同订立时通用条件和专用条件中约定的监理人的工作。

⑧ 附加工作。是指本合同约定的正常工作以外监理人的工作。

⑨ 项目监理机构。是指监理人派驻工程负责履行本合同的组织机构。

⑩ 总监理工程师。是指由监理人的法定代表人书面授权，全面负责履行本合同、主持项目监理机构工作的注册监理工程师。

⑪ 酬金。是指监理人履行本合同义务，委托人按照本合同约定给付监理人的金额。

⑫ 正常工作酬金。是指监理人完成正常工作，委托人应给付监理人并在协议书中载明的签约酬金额。

⑬ 附加工作酬金。是指监理人完成附加工作，委托人应给付监理人的金额。

⑭ "一方"是指委托人或监理人；"双方"是指委托人和监理人；"第三方"是指除委托人和监理人以外的有关方。

⑮ 书面形式。是指合同书、信件和数据电文（包括电报、电传、传真、电子数据交换和电子邮件）等可以有形地表现所载内容的形式。

⑯ 天。是指第一天零时至第二天零时的时间。

⑰ 月。是指按公历从一个月中任何一天开始的一个公历月时间。

⑱ 不可抗力。是指委托人和监理人在订立本合同时不可预见，在工程施工过程中不可避免发生并不能克服的自然灾害和社会性突发事件，如地震、海啸、瘟疫、水灾、骚乱、暴动、战争和专用条件约定的其他情形

4.6.3　工程勘察设计合同的管理

建设工程勘察合同是指根据建设工程的要求，查明、分析、评价建设场地的地质地处环境特征和岩土工程条件，编制建设工程勘察文件的协议。建设工程设计合同是指根据建设工程的要求，对建设工程所需的技术、经济、资源、环境等条件进行综合分析、论证，编制建设工程设计文件的协议。在这两类合同中，发包方为建设单位或其他有关单位，承包方为持有勘察设计证书的勘察设计单位。

发包人通过招标方式与选择的中标人就委托的勘察、设计任务签订合同。订立合同委托勘察、设计任务是发包人和承包人的自主市场行为，但必须遵守《中华人民共和国合同法》《中华人民共和国建筑法》《建设工程勘察设计管理条例》《建设工程勘察设计市场管理规定》等法律、法规和规章的要求。在《建设工程勘察设计合同示范文本》中将勘察、设计合同中具有共性的内容抽象出来编写成固定条款，但对于一些在具体勘察设计任务中需当事人双方协商明确的内容则留下空白，由合同当事人在订立时填写。建设工程勘察、设计合同的主要内容如下。

（1）综述。此部分主要说明合同双方当事人、建设工程的基本概况以及合同订立的依据。

（2）提交有关基础资料和文件（包括概预算）的期限。这是对勘察人、设计人提交勘察、设计成果时间上的要求。当事人之间应当根据勘察、设计的内容和工作难度确定合理的提交工作成果的期限。勘察人、设计人必须在此期限内完成并向发包人提交工作成果。超过这一期限的，应当承担违约责任。

（3）勘察或者设计的质量要求。这是此类合同中最为重要的合同条款，也是勘察人或者设计人所应承担的最重要的义务。勘察人或者设计人应当对没有达到合同约定质量的勘察或者设计方案承担违约责任。

（4）勘察或者设计费用。这是勘察或者设计合同中的发包人所应承担的最重要的义务。勘察工作的收费标准是按照勘察的内容来决定的，其具体标准和计算办法需按《工程勘察收费标准》中的规定执行。设计工程的收费标准，一般应根据不同行业、不同建设规模和工程内容繁简程度制定不同的收费定额，再根据这些定额收取费用。

（5）双方相互协作条款。双方相互协作条款一般包括双方当事人在施工前的准备工作，施工人及时向发包人提出开工通知书、施工进度报告书以及对发包人的监督检查提供必要的协助等。双方当事人的协作是施工过程的重要组成部分，是工程顺利施工的重要保证。

当然，勘察设计合同不只是包括这些条款，如勘察、设计工作的范围与进度、违约责任、解决争议的方法等条款，也是勘察设计合同所应当具备的条款。此外，根据合同的性质和具体情况，当事人还可以协商确定其他必要的条款。

4.6.4　建设工程施工合同的管理

1. 建设工程施工合同的概念及特点

建设施工合同是发包人与承包人就完成具体工程项目的建筑施工而确定双方权利和义务的协议。作为建设工程合同的一种，它与其他合同一样，在订立时应遵守自愿、公平等原则，其标的是将设计图纸变为满足功能、质量、进度、投资等发包人投资预期目的的建筑产品。建设工程施工合同除具有一般合同的特点外，还具有以下特点。

1）合同的标的特殊性

施工合同的标的是各类建筑产品，建筑产品是不动产，在建造过程中往往受到自然条件、地质水文条件、社会条件、人为条件等因素的影响。这就决定了每个施工合同的标的物不同于工厂批量生产的产品，具有单件性的特点。"单件性"是指不同地点建造的相同类型和级别的建筑，施工过程中所遇到的情况不尽相同，在甲工程施工中遇到的困难在乙工程施工中不一定发生，而在乙工程施工中可能出现甲工程施工中没有发生过的问题，相互间具有不可替代性。

2）合同履行期限的长期性

现代的建筑工程项目由于结构复杂、体积大、建筑材料类型多、工作量大，工期较长（与一般工业产品的生产相比），在较长的合同期内，双方履行义务往往会受到不可抗力、履行过程中法律法规政策的变化、市场价格的浮动等因素的影响，必然导致合同的内容约定、履行管理的复杂化。

3）合同内容的复杂性

在实际工程中，虽然施工合同的当事人只有两方，但履行过程中涉及的主体却有许多种，内容的约定还需与其他相关合同相协调，如设计合同、供贷合同、本工程的其他施工合同等。

2. 建设工程施工合同管理的内容

监理工程师在施工合同的管理中的工作主要表现在以下几个方面。

1）合同责任的监管

监理工程师对施工合同管理的依据是业主与承包商签订的合同。施工合同的主要条款包括了双方的责任界限和合同在实施阶段的管理程序。

监理工程师在执行监理工作中，如果发现施工合同的各文件之间出现矛盾，应按照国家建设监理的有关规定，从合同书、中标通知书、投标书、专用条件、通用条件、技术规范、图纸、工程量清单和其他文件中，对业主和承包商的权利与义务进行合理的解释，并做好双方的协调工作，发挥监理的指导作用。

在施工合同的监管过程中，对产生的矛盾与容易误解的歧义，应根据以下原则进行解释：一是监理工程师对文件之间的歧义的解释，不能随意修改文件中原定的双方应承担的责任和义务；二是监理工程师在执行解释时，要按照合同文件的先后排列顺序有序安排，防止忙中出错。

2）工程进度的合理控制

监理工程师在施工合同的管理过程中，要严格按照签订的合同审批承包商编制的施工计划，同时，严格按计划进行监理。但是，对于承包商提出的组织施工方案，如无不合理情况，作为监理工程师一般不应过多干涉。特别是由于业主的某种需要，要求承包商提前竣工的，监理工程师应协助业主与承包商签订协议。对于承包商未能按期完工的，要按 FIDIC 的条款区别对待，如由于发包人不能按专用条款的约定提供开工条件的；发包人不能按约定日期支付工程预付款、进度款的；设计变更和工程量增加的；不可抗力原因造成的；非承包人原因造成含水、停电、停工的，要认真分析，做到公正、公平、合理解决。

3）工程价款支付的监管

监理工程师在监理项目时，要按施工合同的有关规定协助业主按期审批工程款，在保证承包人得到合理的款项后，保证工程正常施工。对于业主提留的保留金和保留金的返还以及由于物价上涨、意外事件等，应根据具体情况具体处理，防止造成甲乙双方的经济损失。

4）工程的变更管理

监理工程师要加强对工程的变更管理。对于由于增加或减少合同中的工作量，改变使用功能、质量要求标准和产品类型、任何部分施工顺序等原因造成工程变更的，监理工程师要根据工程变更令，从提高工程效率出发，避免造成管理混乱。

5）工程分包的监理

根据施工合同东西的通用条件规定，对于未经业主同意的分包项目，承包商不得将承包工程的任何部分分包；对于业主同意分包的项目，监理工程师要按标准审核分包商的资质，对不符合标准的一律不得批准，特别是当承包商与业主对分包商的选用发生矛盾时，要做好协调工作，保证工程按期、按质、按量完成。对未经监理批准的分包商，有权力拒绝分包商进入现场施工。

6）合同争议与索赔管理

业主与承包商在工程建设中发生合同争议时，作为建设的监理，应按以下程序解决：一是监理工程师主动协调解决，达不成一致时请第三方调解解决；二是对调解不成的，则需通过仲裁或诉讼最终解决。因此，监理工程师在专用条款中应与双方明确约定共同接受的调解人，以及最终解决合同应采取的方式，根据索赔的依据，严格按照施工合同的约定，公正地判明责任方。

1）施工合同索赔的成立条件

（1）与施工合同对照，已造成承包商超出施工成本的额外支出，或由于业主的原因造成的工期延误。

（2）不属于承包商应承担的责任。

（3）承包商按施工合同规定的程序，提交了索赔意向的通知和索赔报告。

2）监理工程师在审核索赔条款时，应认真审核的项目

（1）对某一事件的影响可能涉及承包商成本的增加是否合理。

（2）承包商的取费标准是否正确、合理。

（3）分清总价合同与单价合同之间是否有出入，防止出现经济黑洞。

总之，监理工程师应在施工合同的管理中将三控、三管、一协调的工作贯穿始终，通过对施工合同的管理，实现合同责任的判定、工程进度的控制、工程价款的支付管理、工程变更管理，以及解决合同争议与索赔管理等工作。

 综合应用案例

【案例背景】

某宾馆大堂改造工程，业主与承包方签订了工程施工合同。施工合同规定：石材及主要设备由业主供应，其他建筑材料由承包方采购，施工过程中，订购了一批钢材（H型钢），钢材运抵施工现场后，经检验发现承包方未能提交该批材料的产品合格证、质量保证书和材质化验单。且这批材料外观质量不合格。

业主与设计单位商定，对主要装饰石材指定了材质、颜色和样品，冰箱承包商推荐厂家，设计单位向施工单位进行设计交底和图纸会审后，承包商与生产厂家签订了石材供货合同。厂家将石材按合同采购量送达现场，进场时经检查该批材料颜色有部分不符合要求，监理工程师通知承包商该材料不得使用。承包商要求供货厂家将不符合要求的石材退换，厂家要求承包商支付退货运费，承包商不同意支付，厂家要求业主在应付承包商工程款中扣除上述费用。

【观察与思考】

（1）对上述钢材质量问题应如何处理？为什么？

（2）业主指定石材材质、颜色和样品是否合理？

（3）承包商要求退换不符合要求的石料是否合理？为什么？

（4）厂家要求承包商支付退货运费，业主代扣运费款是否合理？为什么？

（5）石料退货的经济损失应由谁负担？为什么？

【案例分析】

（1）该批钢材不得用于工程中。

因钢材无"三证"，即合格证（厂家出具的检验证明）、钢材力学复试报告、销售单位备案

证及技术说明书，承包商应提交合法的钢材质量证明文件，若不能提交，进场钢材应退场；若能提交合法的钢材质量证明文件，并经检验合格，方可用于工程，若检验不合格，该材料不得使用。

（2）业主指定石材材质、颜色和样品是合理的。

（3）要求厂家退货是合理的，因厂家供货产品不符合购货合同质量标准要求。

（4）厂家要求承包方支付退货运费不合理，退货时因厂家违约造成的，故厂家应承担该责任。业主代扣退货运费做法不合理。因购货合同系承包方与生产厂家签订，业主非法律关系的主体，且运费非承包方承担。

（5）石材退货的经济损失由供货厂家违约造成的，故责任在供货厂家。

 ## 综合应用案例

【案例背景】

某建设单位（业主）A将某拟建工程项目X的实施阶段监理工作委托监理公司B进行监理；设计工作由C设计院承担；施工任务通过施工招标，选定D建筑工程公司承包。监理合同签订后，总监理工程师组织有关的监理人员分阶段先后编制了设计、施工招标及施工等不同阶段的监理规划，在各阶段的监理规划中分别对相应阶段的工程项目、监理工作范围和任务以及目标控制的内容和措施等作出了规定，它们的部分内容要点分别叙述如下。

1. 设计阶段的监理工作范围和任务

（1）审查可行性研究报告。

（2）投资控制方面。

① 收集设计所需技术经济资料数据，协助业主制定投资目标规划。

② 配合设计单位开展技术经济分析、优化设计，促进设计投资合理化。

③ 审核工程概算。

（3）进度控制方面。

① 与外部协调，保证设计顺利进行。

② 制订建设工程总进度计划，力求按计划要求进行设计，检查与控制设计进度。

（4）质量控制方面。

① 协助业主制定工程质量目标和水平，提出"设计要求"文件。

② 配合设计单位优化设计，在保障设计质量的前提下，协助设计单位开展限额设计。

③ 审查阶段性设计成果。

④ 进行设计跟踪，及时发现设计质量问题并协调解决。

⑤ 组织及参加设计交底及图纸会审。

⑥ 进行工程变更审查，严格控制设计变更。

2. 施工招标阶段的监理工作范围及任务

（1）协助业主编制招标文件。

（2）协助业主编制标底。

3. 施工阶段的监理工作范围与任务

（1）质量控制方面。

① 审核承包单位的资质及其质量保证体系。

② 审查承包单位提交的施工组织设计或施工方案。

③ 对进场的建筑材料、设备进行检查与确认。

④ 对施工人员、施工机械设备及施工环境质量进行全面控制。

⑤ 协助业主做好合同中约定的现场准备工作。

⑥ 监督检查工程质量，严格工序交接检查制度，隐蔽工程检查。

⑦ 做好中间质量验收工作及质量签证。

⑧ 审查设计的施工图纸质量，提出修改意见。

（2）进度控制方面。

① 审查施工单位提交的施工进度计划，确认其可行性。

② 及时协调有关各方的关系。

③ 预防和处理工期延长索赔。

④ 做好进度检查与控制工作，保证实际进度与计划进度要求相符。

（3）投资控制方面。

① 做好施工过程中的工程计量及支付工程款的确认与签证工作。

② 协助业主按合同要求做好业主应对承包方提供的施工条件。

③ 预防和处理好承包商的费用索赔。

④ 严格控制合同价格的调整。

⑤ 审核施工单位提交的工程结算书。

⑥ 保证实际发生的费用不超过计划投资。

4. 工程目标控制的措施

为了取得目标控制的理想成果，可以采取以下措施。

（1）组织措施。指落实目标控制的组织机构、人员、任务、分工、权力、责任，改善工作流程。

（2）技术措施。指多方案比较与选择，对方案进行技术经济分析，优选方案。

（3）经济措施。指工程量及费用审核，偏差分析与投资预测，预防措施、经济激励与惩罚的运用。

（4）政治措施。指政治动员，政治组织层层保证，宣传鼓动，政治思想工作保证，争比先进。

（5）合同措施。指拟定合理、完善的合同条款，处理合同执行中的问题，确定有利的管理模式和合同结构。

（6）法律措施。指通过法律手段，如仲裁、诉讼等。

【观察与思考】

对以上各款，你认为哪些条款有不妥之处？

【案例分析】

（1）1的（1）条不妥，因为审查可行性研究报告的工作应是前期决策立项阶段中的工作，不是设计阶段的监理工作。

（2）在1的（3）条①款中，将"保证设计顺利进行"改为"保障设计顺利进行"较妥，"保证"的提法难以完全实现。

（3）在1的（4）条⑤款和⑥款中，设计交底及图纸会审以及对工程变更的审查与控制应当是施工阶段的工作，而不是设计阶段的工作。

（4）在3的（1）条①款中，审核承包单位资质主要应当在施工招标阶段进行，而不应在施工阶段进行，如承包合同中未明确分包单位，对分包商资质审查可在施工阶段进行。

（5）在3的（1）条⑧款中审查设计施工图纸质量应当是设计阶段监理工作之一。

（6）在3的（2）条④款中，"保证实际进度与计划进度要求相符"也不妥，将"保证"改为"保障"较妥，或用更切合实际之词。

（7）在3的（3）条⑥款中，"保证"也改为"保障"或"努力促使"等较妥。

（8）在4中不应包括第（4）条政治措施和第（6）条法律措施。

本章小结

本章主要介绍了建设工程监理目标、建设工程项目目标之间的关系、目标控制的基本原理、目标控制的类型和控制措施等目标控制内容。从建设工程投资控制的角度，介绍了建设工程投资构成、建设工程项目投资控制的概念、监理工程师在投资控制中的作用、建设工程项目投资决策阶段的投资控制、建设工程项目设计阶段投资控制、建设工程项目投标阶段投资控制、建设工程项目施工阶段投资控制、竣工结算、施工阶段投资控制的要点。在进度控制方面，介绍了建设工程进度控制的含义、建设工程项目进度控制的目的和任务、影响工程施工进度控制的主要因素、建设工程施工阶段的进度控制的主要工作。在质量控制方面，介绍了建设工程项目质量控制的含义、质量控制的任务、影响建设工程质量控制的主要因素、质量控制的主要工作、质量事故的分析与处理等内容。同时还讲解了施工安全管理体系的概述、建设工程安全管理的任务、施工安全管理控制，合同的概念、分类、内容及作用，委托监理合同的管理，工程勘察设计合同的管理等内容。

习 题

一、单选题

1. 目标控制有主动控制和被动控制之分。下列主动控制的表述中，正确的是（   ）。

A. 仅仅采取主动控制是不现实的　　　　B. 被动控制比主动控制的效果好

C. 主动控制是不经济的　　　　　　　　D. 以主动控制为主，被动控制为辅

2. 建设工程实施过程中进行严格的质量控制，不仅可减少实施过程中的返工费用，而且可减少投入使用后的维修费用。这体现了建设工程质量目标和投资目标之间的（   ）关系。

A. 对立　　　　　　　B. 统一　　　　　　　C. 对立统一　　　　　D. 既不对立也不统一

3. 下列属于建设工程目标控制经济措施的是（   ）。

A. 明确目标控制人员的任务和职能分工

B. 提出不同的技术方案

C. 分析不同合同之间的相互联系

D. 投资偏差分析

4. 目标控制的效果直接取决于（　　　　）。

A. 目标控制效果的评价是否科学　　　　B. 目标控制措施是否得力

C. 目标规划的质量　　　　　　　　　　D. 目标计划的质量

5. 在建设工程数据库中，应当按（　　　）对建设工程进行分类，这样较为直观，也易为人接受和记忆。

A. 投资额大小　　　B. 投资来源　　　C. 使用功能　　　D. 设计标准

6. 工程项目建成后，不可能像某些工业产品那样可以拆卸或解体来检查内在的质量，所以工程质量应重视（　　　）的控制。

A. 施工前期　　　　　　　　　　　　B. 施工工艺和施工方法

C. 施工准备和施工过程　　　　　　　D. 投入品质量

7. 可以使项目的建设充分反映业主的意愿，并与地区环境相适应，做到投资、质量、进度三者协调统一的是工程建设的（　　　）阶段。

A. 可行性研究　　　B. 竣工验收　　　C. 施工　　　　D. 项目决策

8. 工程项目质量控制就是为了确保（　　　）的质量标准，所采取的一系列监控措施、手段和方法。

A. 监理工程师规定　　　　　　　　　B. 合同规定

C. 政府规定　　　　　　　　　　　　D. 业主规定

9. 施工图审核是指（　　　）对施工图的审核。

A. 设计技术负责人　　　　　　　　　B. 监理工程师

C. 项目技术负责人　　　　　　　　　D. 项目经理

10.（　　　）在签发工程暂停令时，应根据停工原因的影响范围和影响程度，确定工程项目停工范围。

A. 项目法人　　　B. 项目经理　　　C. 监理工程师　　　D. 总监理工程师

11. 施工质量验收层次的划分中，按主要工种、材料、施工工艺、设备类别等进行划分的是（　　　）。

A. 单位工程　　　B. 分部工程　　　C. 子分部工程　　　D. 分项工程

二、多选题

1. 建设工程除具有一般产品的质量特性外，还具有其特殊的质量特性，具体表现在（　　　）方面。

A. 适用性　　　　　　　　　　　　　B. 安全性

C. 可靠性　　　　　　　　　　　　　D. 复杂性

E. 环境的协调性

2. 近年来，我国建设行政主管部门颁发了多项建设工程质量管理制度，其主要有（　　　）。

A. 工程质量监督制度　　　　　　　　B. 工程质量保修制度

C. 工程质量检测制度　　　　　　　　D. 施工图设计文件审查制度

E. 工程质量设计制度

3. 下列建设单位对工程要求变更时的处理，正确的是（　　　）。

A. 建设单位将变更的要求通知设计单位

B. 设计单位对《工程变更单》进行研究

C. 设计单位负责人签发《工程变更单》，指示承包单位按变更的决定组织施工

D. 要采取大胆的态度去变更

E. 建设单位如有相应的方案和建议一并报送设计单位

4. 检验批在验收前，施工单位应先填好"检验批验收记录"，并由（　　）分别在检验批质量检验记录中相关栏目中签字后，由监理工程师组织验收。

A. 监理员　　　　　　　　　　　　　B. 项目专业质量检验员

C. 项目专业安全检验员　　　　　　　D. 项目专业技术负责人

E. 具体施工人员

5. 建设工程的静态投资部分包括（　　）。

A. 基本预备费　　　　　　　　　　　B. 涨价预备费

C. 建筑安装工程费　　　　　　　　　D. 铺底流动资金

E. 工程建设其他费

三、简答题

1. 建设工程项目投资的概念是什么？

2. 影响工程进度控制的主要因素是什么？

3. 工程项目进度控制的主要工作是什么？

4. 建设工程项目质量控制的含义是什么？

5. 施工阶段投资控制的工作内容是什么？

6. 什么是施工安全管理体系？

四、案例题

【案例背景】

某施工项目分为 3 个相对独立的标段，业主组织了招标并分别和 3 家施工单位签订了施工承包合同。承包合同价分别为 3 652 万元、3 225 万元和 2 733 万元。合同工期分别为30 个月、20 个月和 24 个月。总监理工程师根据本项目合同结构的特点，组建了监理组织机构，编制了监理规划。监理规划的内容中提出了监理控制措施，要求监理工程师应将主动控制和被动控制紧密结合，按以下控制流程进行控制，如图 4.13 所示。

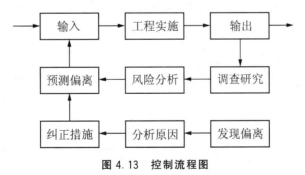

图 4.13　控制流程图

【问题】

（1）控制流程中的内容有哪些不妥之处？为什么？如何改正？

（2）绘制目标控制（被动）流程框图。

综合实训

【实训项目背景】

国家体育馆——鸟巢工程具有结构造型复杂、科技含量高、管理跨度大、使用要求高、投资大、资源消耗量大等特点，此工程在政府和社会各界的大力支持下，取得了建筑史上多项罕见的科技成果和一系列令人瞩目的创新成就。任何工程都回避不了工期，工期管理是与质量、费用管理并列的三大管理目标之一。但工期拖延却成为目前工程建设中的普遍现象，尤其像鸟巢这样的奥运工程项目由于其建设周期长、建造难度大、各种不确定风险多等，使得在建设过程中工期一直处于滞后状态。

【实训内容及要求】

以建设工程监理目标控制模块教学和考核为主，分析鸟巢工程工期滞后的原因和如何在质量控制上应对鸟巢项目管理跨度大的特点。

【具体要求】

做好监理项目目标控制工作，详细说明该项工作要点以及各目标之间的关系，以书面报告的形式提交。

第5章

建设工程风险管理

⊗ 学习目标

　　了解建设工程风险管理的概念；熟悉风险的类别、风险的管理内容、风险识别的过程；掌握风险的评价方法和采用相应对策；了解风险概率的衡量、风险损失的衡量、风险量函数、风险衡量，熟悉建筑工程风险评价方法；熟悉风险回避、风险损失控制，熟悉风险自留、风险转移。

⊗ 学习要求

能力目标	知识要点	权重
了解风险管理的定义及相关概念，熟悉风险的类别、建筑工程风险与风险管理内容、风险识别的过程	风险管理	25%
了解风险识别原则和特点，熟悉风险识别的过程，建设工程风险分解，掌握风险识别的方法	建筑工程风险识别	25%
了解风险概率的衡量，风险损失的衡量，风险量函数，风险衡量；熟悉建筑工程风险评价方法	风险评价	25%
熟悉风险回避，风险损失控制；熟悉风险自留，风险转移	建筑工程风险对策	25%

导 入 案 例

【案例背景】

成都非遗公园——建完炸毁的土地秘密

成都非遗公园投资数亿、占了6 500亩耕地，但只办了两届非遗节，就遭废弃。其中的仿欧式小镇建筑被炸毁，土地被政府出让给开发商，变成了养老度假村项目。通过这个建了再拆的过程，耕地被成功变成房产开发用地，而最初参与投资的民间资本则损失惨重。

据《成都日报》当时的报道，非遗公园共分三期打造，总投资据称达20亿元，首期占地面积即达1 400亩，相当于两个天安门广场，包括11万平方米的中国古建筑群、6.8万平方米的欧洲风情小镇、一个能容纳500人的剧场、一个5 000平方米的文化广场和一个4 000平方米的艺术馆。

2006年10月，欧陆风情小镇启动建设。欧洲风情小镇是民间资本——四川冠鹰园艺有限公司一手建造的，占地265亩。留给四川冠鹰园艺有限公司的时间只有7个月，他们要在2007年5月成都非遗节前将非遗公园交付给政府。因为这是成都市为非遗节做的重点项目，为了赶在非遗节前交付使用，手续不全政府也让动工了。然而伴随着非遗节的闭幕，四川冠鹰园艺有限公司开始品尝到现实的苦涩。由于离市区偏远交通不便，商业定位亦存在偏差，非遗节间人头攒动的景象荡然无存，入驻非遗公园展馆的商户们开始发现入不敷出了。很快，一个月内，所有展馆都撤馆了，非遗公园顿时成了一座空城。

土地违规的苦果开始由四川冠鹰园艺有限公司品尝——他们投资建设欧陆风情小镇后，无法收回成本。房子建好了，租不出去，想卖政府不让卖，必须等办好土地证了再卖。

欧洲风情小镇建成后几乎空置了四年。这是2011年大年初七寒冷的清晨，这个耗资超过1.5亿元、专为"中国成都国际非物质文化遗产节"而建的项目，在这一天变成了废墟。50亩的人工湖，沿湖而建的一公里长的欧洲商业街、环形文化广场、音乐喷泉、欧洲教堂和歌剧院，几千株银杏、榕树、桂花、睡莲等草木都消失了，就连那块在国家文化部及四川省主要官员的见证下揭幕、号称要永久竖立的《非物质文化遗产节成都宣言》（简称《成都宣言》）石碑也被铲平了。

从始至终，这就是一个当地政府打造的土地违规项目。事实证明，无论是规划定位还是土地征用手续，都没做好准备，最终这两个因素让投资巨大的非遗公园变成一块鸡肋。

伴随着成都城市化的进程，原属于远郊的非遗公园土地在过去五六年间升值巨大，非遗公园一期一千多亩的土地目前市价至少能值五六十亿，这样即使算上前期的拆迁成本和投资损失，还有巨大的土地出让收益。也就是说，在非遗项目上，政府并没有赔钱，损失惨重的只是民间资本。

【观察与思考】

对于这样风险超过投资单位承受能力的大型项目，在项目决策中就应该提高警惕，投资单位应该对其做充分的风险预测，例如土地违规、手续不全都是潜在风险。而对于某些风险超过投资单位承受能力，并且成功把握不大的项目也应该尽量回避，这是相对保守的风险对策。

5.1　风险管理概述

5.1.1　风险的定义及相关概念

要进行风险管理，就要首先了解风险的含义，并且要弄清楚风险与其他相关概念之间的联系和区别。

1. 风险的定义

风险的概念可以从经济学、保险学、风险管理等不同的角度给出不同的定义，至今尚无统一的定义。其中较为普遍接受的定义表述：一种是在特定情况和特定时间内，可能发生的结果之间的差异(或实际结果与预期结果之间的差异)。差异越大则风险越大，强调的是结果的差异。另一种表述：风险就是与出现损失有关的不确定性。它强调不利事件发生的不确定性。

由上述定义的表述可知，所谓风险要具备两方面的条件：一是不确定性，二是产生损失后果，否则就不能称为风险。因此，肯定发生损失后果的事件则不是风险，而没有损失后果的不确定性事件也不是风险。

●知●识●拓●展

风险的由来

"风险"一词的由来，最为普遍的一种说法是，在远古时期，以打鱼捕捞为生的渔民们，每次出海前都要祈祷，祈求神灵保佑自己能够平安归来，其中主要的祈祷内容就是让神灵保佑自己在出海时能够风平浪静、满载而归。在长期的捕捞实践中，他们深深地体会到"风"给他们带来的无法预测、无法确定的危险。他们认识到，在出海捕捞打鱼的生活中，"风"即意味着"险"，因此有了"风险"一词的由来。

而另一种据说经过多位学者论证的"风险"一词的"源出说"称，风险(RISK)一词是舶来品，有人认为来自阿拉伯语，有人认为来源于西班牙语或拉丁语，但比较权威的说法是来源于意大利语的"RISQUE"一词。在早期的运用中，也是被理解为客观的危险，体现为自然现象或者航海遇到礁石、风暴等事件。大约到了19世纪，在英文的使用中，风险一词常常用法文拼写，主要是用于与保险有关的事情上。

现代意义上的风险一词，已经大大超越了"遇到危险"的狭义含义，而是"遇到破坏或损失的机会或危险。"可以说，经过两百多年的演义，风险一词越来越被概念化，并随着人类活动的复杂性和深刻性而逐步深化，并被赋予了从哲学、经济学、社会学、统计学甚至文化艺术领域的更广泛更深层次的含义，且与人类的决策和行为后果联系越来越紧密。风险一词也成为人们生活中出现频率很高的词汇。

2. 风险的相关概念

与风险相关的概念有：风险因素、风险事件、损失和损失机会。

（1）风险因素（Hazard）。风险因素是指能产生或增加损失概率和损失程度的条件或因素，它是风险事件发生的潜在原因，是造成损失的内在或间接原因。通常风险因素可分为以下三种：

① 自然风险因素。自然风险因素是指有形的、并能直接导致某种风险的事物。如雨、冰雪路面、汽车发动机性能不良或制动系统故障等，均可能引发车祸而导致人员伤亡。

② 道德风险因素。道德风险因素是无形因素，是指与人的品德修养有关的，能导致某种风险的因素。如人的品质缺陷或欺诈行为等。

③ 心理风险因素也是无形因素，是指与人的心理状态有关的，能导致某种风险的因素。如投保后疏于对损失的防范，自以为身强力壮而不注意健康等。

（2）风险事件（Peril）。风险事件是指造成损失的偶发事件，是造成损失的外在原因或直接原因。如失火、雷电、地震、抢劫等事件。但注意要把风险事件与风险因素区分开来，例如，汽车的制动系统失灵导致车祸使人员伤亡，在这里制动系统失灵是风险因素，而车祸是风险事件。

（3）损失。损失是指非故意的、非计划的和非预期的经济价值的减少，通常以货币单位来衡量。可分为直接损失和间接损失两种。

（4）损失机会。损失机会是指损失出现的概率。概率可分为客观概率和主观概率两种。客观概率是指某事件在长时期内发生的频率；主观概率是指个人对某事件发生可能性的估计。

风险因素、风险事件、损失与风险四者之间的关系如图 5.1 所示。

图 5.1 风险因素、风险事件、损失与风险四者之间的关系

5.1.2 风险的分类

风险可以从不同的角度进行分类，常见的风险分类方式有以下三种。

1. 按风险的后果分类

按照风险所造成的不同后果可以将风险分为两种：纯风险和投机风险。

（1）纯风险是指只会造成损失而不会带来收益的风险。如自然灾害，一旦发生，将会导致重大损失，甚至人员伤亡；如果不发生，则不会造成损失，但也不会带来额外的收益。此外，对于政治、社会方面的风险一般也都表现为纯风险。

（2）投机风险是指既可能造成损失也可能创造额外收益的风险。如一项投资决策活动可能带来巨大的投资收益，也可能由于决策错误或因遇到不测事件而造成损失。投机风险对于人们来说具有极大的诱惑力。

纯风险和投机风险两者往往是同时存在的。

2. 按风险产生的原因分类

按照风险产生的不同原因，可将风险分为政治风险、经济风险、自然风险、技术风险、商务风险、信用风险和其他风险。

(1) 政治风险是指工程项目所在地的政治背景及其变化有可能带来的风险。如不稳定的政治环境可能会给市场主体带来风险。

(2) 经济风险是指国家或社会一些大的经济因素的变化带来的风险。如通货膨胀导致的材料价格上涨、汇率变化等带来的损失等。

(3) 自然风险是指自然因素带来的风险。如在工程实施过程中遇到地震、洪水等自然灾害而造成的损失。

(4) 技术风险是指一些技术的不确定性可能带来的风险。如设计文件的失误、采用新技术的失误等造成的损失。

(5) 商务风险是指合同条款中有关经济方面的条款和规定可能带来的风险。如风险分配、支付等方面的条款明示或隐含的风险等。

(6) 信用风险是指合同一方的业务能力、管理能力、财务能力等有缺陷或者没有圆满履行合同而给合同另一方带来的风险。

(7) 其他风险是指上述 6 项中未包括的，但建筑工程有可能面临的风险。如因当地的民俗可能带来的风险等。

3. 按风险的影响范围分类

按照风险的影响范围大小，可以将风险分为基本风险和特殊风险。

(1) 基本风险是指作用于整个经济或大多数人群的风险。这种风险具有普遍性，影响范围大，如战争、自然灾害、通货膨胀带来的风险。

(2) 特殊风险是指仅作用于某个特定单体(如个人、企业)的风险。这种风险不具有普遍性，影响范围小，如失火、银行遭抢、车被盗等。

5.1.3 建设工程风险与风险管理

1. 建设工程风险管理的概念

所谓风险管理，就是人们对潜在的意外损失进行辨识与评估，并根据具体情况采取相应措施进行处理的过程，从而在主观上尽可能做到有备无患，或在客观上无法避免时，能寻求切实可行的补救措施，减少或避免意外损失的发生。

 应用案例 5-1

【案例背景】

在成都非遗公园案例中，中国小镇规模比欧洲风情小镇规模还要大，然而建好后投资商看到拿不到产权证，很快就把房子一栋栋以抵工程款的形式抵给建筑商，随后建筑商又卖给了一些小业主，一份买卖合同显示，买到房的小业主只有房屋 40 年的使用权。

【案例分析】

中国小镇的投资商对此风险的控制显然要比欧洲风情小镇的投资商做得好。工程项目风险产生是具有随机性的，若不加以控制，风险的影响将会扩大，甚至引起整个工程的中断或报废。所以我们要进行建筑工程风险管理，避免风险的发生或减少和避免风险造成意外损失的发生。在这里还要提起注意的是，建筑商和小业主们在投资置业时也要注意风险管理。

建设工程风险管理是指参与工程项目建设的各方，如承包方和勘察、设计、监理企业等在工程项目的筹划、勘察设计、工程施工各阶段采取的辨识、评估、处理工程项目风险的管理过程。

建设工程风险大，建设工程建设周期持续时间长，所涉及的风险因素多。对建设工程的风险因素，最常用的是按风险产生的原因进行分类，即将建设工程的风险因素分为政治、社会、经济、自然、技术等因素。这些风险因素都会不同程度的作用于建设工程，产生错综复杂的影响。同时，每一种风险因素又都会产生许多不同的风险事件。这些风险事件虽然不会都发生，但总会有风险事件发生的。

对于参与工程建设的各方均有风险，但各方的风险不尽相同。因此，在对建设工程风险进行具体分析时，必须首先明确从哪一方面进行分析。由于监理企业是受业主委托，代表业主的利益来进行项目管理，因此，在这里主要考虑业主在建设工程实施阶段的风险及其相应的风险管理问题。同时，由于特定的工程项目风险，各方预防和处理的难易程度不同，通过平衡、分配，由最合适的当事人进行风险管理，可大大降低发生风险的可能性和风险带来的损失。由于业主在工程建设的过程中处于主导地位，因此，业主可以通过合理选择承发包模式、合同类型和合同条款，进行风险的合理分配。

2. 建设工程风险管理的过程

风险管理就是一个识别、确定和度量风险，并制定、选择和实施风险处理方案的过程。通常风险管理过程包括风险识别、风险评价、风险对策决策、实施决策、检查五个环节性内容。

（1）风险识别。风险识别是风险管理的第一步，也是风险管理的基础。只有在正确识别出自身所面临的风险的基础上，才能够主动选择适当有效的方法进行的处理。风险识别是指通过一定的方式，系统而全面地识别出影响建设工程目标实现的风险事件，并加以适当归类的过程，必要时，还需要对风险事件的后果作出定性的估计。

（2）风险评价。风险评价是将建设工程风险事件的发生可能性和损失后果进行量化的过程。这个过程在系统地识别建设工程风险与合理地作出风险对策决策之间起着重要的桥梁作用。风险评价的结果主要在于确定各种风险事件发生的概率及其对建筑工程目标影响的严重程度，如投资增加的数额、工期延误的天数等。

（3）风险对策决策。风险对策决策是确定建设工程风险事件最佳对策组合的过程。一般来说，风险管理中所运用的对策有以下四种：风险回避、损失控制、风险自留和风险转移。这些风险对策的适用对象都各不相同，需要根据风险评价的结果，对不同的风险事件选择最适宜的风险对策，从而形成最佳的风险对策组合。

（4）实施决策。对风险对策作出的决策还需要进一步落实到具体的计划和措施，例如，制订预防计划、灾难计划、应急计划等；又如，在决定购买工程保险时，要选择保险公司，确定恰当的保险范围、免赔额、保险费等。

（5）检查。在建设工程实施过程中，要对各项风险对策的执行情况进行不断的检查，并评价各项风险对策的执行效果；在工程实施条件发生变化时，要确定是否需要提出不同的风险处理方案。此外，还需要检查是否有被遗漏的工程风险或者发现新的工程风险，就是又进入新一轮的风险识别，开始新一轮的风险管理过程。

3. 建设工程风险管理的目标

风险管理是一项有目的的管理活动，只有目标明确，才能进行评价与考核，从而起到有效的作用。否则，风险管理就会流于形式，没有实际意义，也无法评价其效果。在确定风险管理的目标时，通常要考虑到以下几个基本要求：风险管理目标与风险管理主体的总体目标的一致性；目标的实现性，要使目标具有实现的客观可能性；目标的明确性，以便于正确选择和实施各种方案，并对其实施效果进行客观的评价；目标的层次性，以利于区分目标的主次，提高风险管理的综合效果。

从风险管理目标与风险管理主体的总目标相一致的角度出发，建设工程风险管理的目标可具体的表述为以下几点。

（1）实际投资不超过计划投资。

（2）实际工期不超过计划工期。

（3）实际质量满足预期的质量要求。

（4）建设过程安全。

因此，从风险管理目标的角度分析，建设工程风险可分为投资风险、进度风险、质量风险和安全风险。建设过程项目管理的目标与风险管理的目标是相一致的，风险管理是为目标控制服务的。

5.2　建设工程风险识别

工程项目风险识别是风险管理的第一步，也是十分重要的第一步。风险识别具有个别性、主观性、复杂性和不确定性的特点，所以风险识别本身也是风险。大部分情况下风险并不显而易见，或是隐藏在工程项目实施的各个环节，或是被种种假象所掩盖。因此识别风险要讲究方法，特别要根据工程项目风险的特点，采用具有针对性的识别方法和手段来识别风险。

5.2.1　风险识别的原则和特点

1. 风险识别过程中应遵循的原则

（1）由粗及细，由细及粗。由粗及细是指对风险因素进行全面分析，并通过多种途径对工程风险进行分解，逐渐细化，以获得对工程风险的广泛认识，从而得到工程初始风险清单。而由细及粗是指从工程初始风险清单的众多风险中，根据同类建设工程的经验以及对拟建建设工程具体情况的分析和风险调查，确定那些对建设工程目标实现有较大影响的工程风险，作为主要风险，即作为风险评价以及风险对策决策的主要对象。

（2）严格界定风险内涵并考虑风险因素之间的相关性。对各种风险的内涵要严格加以界定，不要出现重复和交叉现象。另外，还要尽可能考虑各种风险因素之间的相关性，如主次关系、因果关系、互斥关系、正相关关系、负相关关系等。应当说，在风险识别阶段考虑风险因素之间的相关性有一定的难度，但至少要做到严格界定风险内涵。

（3）先怀疑，后排除。对于所遇到的问题都要考虑其是否存在不确定性，不要轻易否定或排除某些风险，要通过认真的分析进行确认和排除。

（4）排除与确认并重。对于肯定可以排除和肯定可以确认的风险应尽早予以排除和确认。对于一时既不能排除又不能确认的风险再作进一步的分析，予以排除或确认。最后，对于肯定不能排除的但又不能肯定予以确认的风险按确认考虑。

（5）必要时，可作实验论证。对于某些按常规方式难以判定其是否存在，也难以确定其对建设工程目标影响程度的风险，尤其是技术方面的风险，必要时可作实验论证，如抗震实验、风洞实验等。这样做的结论可靠，但要以付出费用为代价。

2. 风险识别存在的几个特点

（1）个别性。任何风险都有与其他风险不同之处，没有两个风险是完全一致的。不同类型的建设工程的风险不同，而同一建设工程如果建造地点不同，则其风险也不同；即使是建造地点确定的建设工程，如果由不同的承包商承建，其风险也会不同。因此，虽然不同建设工程风险有不少共同之处，但一定存在不同之处，在风险识别时尤其要注意这些不同之处，突出风险识别的个别性。

（2）主观性。风险识别都是由人来完成的，由于个人的专业知识水平（包括风险管理方面的知识）、实践经验等方面的差异，同一风险由不同的人识别的结果也会有较大的差异。风险本身是客观存在的，但对于风险识别来说是主观行为。所以在风险识别时，要尽可能减少主观性对风险识别结果的影响。要做到这一点，关键在于提高风险识别的水平。

（3）复杂性。建设工程所涉及的风险因素和风险事件均很多，而且关系复杂、相互影响，这给风险识别带来很强的复杂性。因此，建设工程风险识别对风险管理人员要求很高，并且需要准确、详细的依据，尤其是定量的资料和数据。

（4）不确定性。此特点可以说是主观性和复杂性的结果造成的。在实践中，可能因为风险识别的结果与实际不符而造成损失，这往往是由于风险识别结论错误导致风险对策决策错误而造成的。由风险的定义可知，风险识别本身也是风险。因而避免和减少风险识别的风险也是风险管理的内容。

5.2.2 风险识别的过程

建设工程自身及其外部环境的复杂性，给人们全面、系统地识别工程风险带来了许多具体的困难，同时也要求明确建设工程风险识别的过程。由于建设工程风险识别的方法与风险管理理论中提出的一般的风险识别方法有所不同，因而其风险识别的过程也有所不同。建设工程的风险识别往往是通过对经验数据的分析、风险调查、专家咨询以及实验论证等方式，在对建设工程风险进行多维分解的过程中，认识工程风险，建立工程风险清单。

风险识别是风险管理的第一步，从风险初始清单入手，通过风险分解，不断找出新的风险，最终形成建设工程风险清单，作为风险识别过程的结束。

建设工程风险识别过程如图 5.2 所示。其核心工作是建设工程风险分解和识别建设工程风险因素、风险事件及后果。

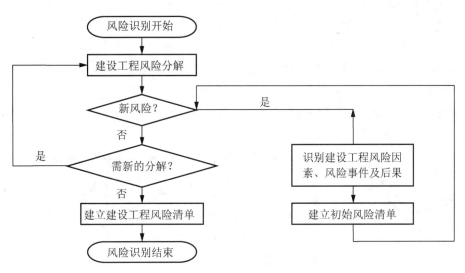

图 5.2　建设工程风险识别过程

知　识　拓　展

我们通常将风险辨识过程分为 6 个步骤：

(1) 确认不确定性的客观存在；

(2) 建立初步清单；

(3) 确立各种风险事件并推测其结果；

(4) 制定风险预测图；

(5) 进行风险分类；

(6) 建立风险目录摘要。

5.2.3　建设工程风险分解

建设工程风险分解是根据工程风险的相互关系将其分解成若干个子系统。分解的程度要足以使人们较容易地识别出建设工程的风险，使风险识别具有较好的准确性、完整性和系统性。

根据建设工程的特点，建设工程风险的分解可以按以下途径进行。

(1) 目标维。它是指按照所确定的建设工程目标进行分解，即考虑影响建设工程投资、进度、质量和安全目标实现的各种风险。

(2) 时间维。它是指按照基本建设程序的各个阶段进行分解，也就是分别考虑决策阶段、设计阶段、招标阶段、施工阶段、竣工验收阶段等各个阶段的风险。

(3) 结构维。它是指按建设工程组成内容进行分解，如按照不同的单项工程、单位工程分别进行风险识别。

(4) 因素维。它是指按照建设工程风险因素的分类进行分解，如政治、社会、经济、自然、技术和信用等方面的风险。

在风险分析过程中，有时并不仅仅是采用一种方法就能达到目的的，往往需要将几种分解方式组合起来使用，才能达到目的。常用的一种组合方式是由时间维、目标维、因素维三方面从总体上进行建设工程风险的分解，如图 5.3 所示。

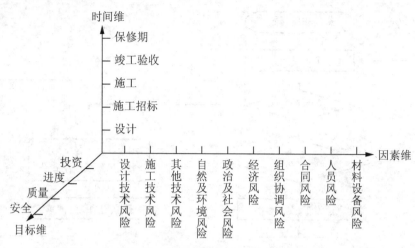

图 5.3　建设工程风险三维分解图

5.2.4　风险识别的方法

建设工程风险识别的方法主要有专家调查法、财务报表法、流程图法、初始风险清单法、经验数据法和风险调查法。可以根据自身的特点采用相应方法。

1. 专家调查法

专家调查法是指向有关专家提出问题，了解相关风险因素，并获得各种信息。调查的方式通常有两种：一种是召集有关专家开会，让专家充分发表意见，起到集思广益的作用；另一种方法是采用问卷调查，各专家根据自己的看法单独填写问卷。在采用专家调查法时，应注意所提出的问题应当具有指导性和代表性，并具有一定的深度，还要尽量具体一些。同时，还应注意专家所涉及的面应尽可能广泛些，有一定代表性。最后，对专家发表的意见要由风险管理人员归纳、整理并分析专家意见。

2. 财务报表法

财务报表法是指通过分析财务报表来识别风险的方法。财务报表法有助于确定一个特定企业或特定的建设工程可能遭受哪些损失以及在何种情况下遭受这些损失，因此通过分析资产负债表、现金流量表、营业报表及有关补充资料，可以识别企业当前的所有资产、责任及人身损失风险。将这些报表与财务预测、预算结合起来，可以发现企业或建设工程未来的风险。

采用财务报表法进行风险识别时，要对财务报表中所列的各项会计科目作深入的分析研究，并提出分析研究报告，以确定可能产生的损失。此外，还应通过一些实地调查以及其他信息资料来补充财务记录。

3. 流程图法

流程图法是将一项特定的生产或经营活动按步骤或阶段顺序以若干个模块形式组成一个流程图系列，在每个模块中都标出各种潜在的风险因素或风险事件，从而给决策者一个清晰的总体印象。对于建设工程，可以按时间维划分各个阶段，再按照因素维识别各阶段的风险因素或风险事件。这样会给决策者一个清晰的总体印象。

4. 初始风险清单法

由于建设工程面临的风险有些是共同的，因此，对于每一个建设工程风险的识别不必要均从头做起。只需要采取适当的风险分解方式，就可以找出建设工程中常发生的典型的风险因素和相应的风险事件,从而形成初始风险清单。在风险识别时就可以从初始风险清单入手,这样做既可以提高风险识别的效率,又可以降低风险识别的主观性。

初始风险清单的建立途径有两种:常规途径是采用保险公司或风险管理学会(协会)公布的潜在损失一览表,即任何企业或工程都可能发生的所有损失一览表,以此作为基础,风险管理人员再结合本企业所面临的潜在损失予以具体化,从而建立特定企业的风险一览表。但是,目前在发达国家潜在损失一览表也都是对企业风险进行公布的,还没有针对建设工程风险的一览表,因此,这种方法对建设工程风险的识别作用不大。另一种方法是通过适当的风险分解方式来识别风险,是建立建设工程初始风险清单的有效途径。对于大型、复杂的建设工程,首先将其按单项工程、单位工程分解,再将其按照时间维、目标维和因素维进行分解,从而形成建设工程初始风险清单。可以较容易地识别出建设工程主要的、常见的风险。

在使用初始风险清单法时必须明确一点,是初始风险清单并不是风险识别的最终结论,它必须结合特定建设工程的具体情况进一步识别风险,修正初始风险清单。因此,这种方法必须与其他方法结合起来使用。

 应用案例 5-2

【案例背景】

汉阳市金鹰大厦工程,地下室为车库,1～5层为商铺,6～17层为写字楼,顶层为电梯机房、楼梯间。基底面积:1 766.8m²,建筑面积:9 861.96m²,建筑高度为55.9m。建筑抗震设防烈度为8度,耐火等级为一级。地下车库耐火等级一级,防火分类Ⅱ类,主体结构为全现浇钢筋混凝土框剪结构,基础为钢筋混凝土筏板基础,地基为CFG桩复合地基。工期为2年。对汉阳市金鹰大厦工程的风险进行分析和评价。为汉阳市金鹰大厦工程列出初始风险清单。

【案例分析】

初始风险清单如表5-1所示。

表5-1 建设工程初始风险清单

风险因素		典型风险事件
技术风险	设计	设计内容不全、设计缺陷、错误和遗漏,应用规范不恰当,地质条件考虑不周,未考虑施工可能性等
	施工	施工工艺落后,施工技术和方案不合理,施工安全措施不当,应用新技术失败,未考虑场地情况,技术措施不合理
	其他	工艺设计未达到先进性指标,工艺流程不合理,未考虑操作安全性
非技术风险	自然与环境	洪水、地震等自然灾害,不明的水文地质条件,复杂的地质条件。恶劣气候
	政治法律	法律及规章的变化,战争和骚乱、罢工、经济制裁或禁运等
	经济	通货膨胀或紧缩,汇率变动,市场动荡,社会各种摊派和征费的变化,资金不到位,资金短缺等
	合同	合同条款表述错误,合同类型选择不当,合同纠纷处理不当
	人员	工人、业主、设计人员、技术员、管理人员素质(能力、效率、责任心、品德)差
	材料设备	材料和设备供货不及时,质量差,设备不配套,安装失误,选型不当等
	组织协调	业主与设计方的协调不充分,业主方与政府相关管理部门未协调好,监理单位与施工单位未协调好等

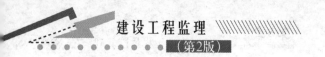

5. 经验数据法

经验数据法是根据已建各类建设工程与风险有关的统计资料来识别拟建工程的风险，又称为统计资料法。

统计资料的来源主要是参与项目建设的各方主体，不同的风险管理主体都应有自己关于建设工程风险的经验数据或统计资料。如房地产开发商、施工单位、设计单位、监理企业，以及从事建设工程咨询的咨询单位等。虽然不同的风险管理主体从各自的角度保存着相应的数据资料，其各自的初始风险清单一般多少有些差异，但是，当统计资料足够多时，这种差异性就会大大减小，借此建立的初始风险清单基本可以满足对建设工程风险识别的需要，因此这种方法一般与初始风险清单法相结合使用。

6. 风险调查法

风险调查法就是从分析具体建设工程的特点入手，一是对通过其他方法已经识别出的风险进行鉴别和确认；二是通过风险调查，有可能发现此前尚未识别出的重要的工程风险。

风险调查可以从组织、技术、自然及环境、经济、合同等方面分析拟建建设工程的特点以及相应的潜在风险，也可采用现场直接考察结合向有关行业或专家咨询等形式进行风险调查，如工程投标报价前施工单位进行现场勘察，可以取得现场及周围环境的第一手资料。

应当注意，风险调查不是一次性的行为，而应当在建设工程实施全过程中不断地进行，这样才能随时了解不断变化的条件对工程风险状态的影响。当然，随着工程的进展，风险调查的内容和重点会有所不同。

 知 识 拓 展

风险识别方法的应用

对于建设工程的风险识别来说，仅仅采用一种风险识别方法是远远不够的，一般都应综合采用两种或多种风险识别方法，才能取得较为满意的结果。而且，不论采用何种风险识别方法组合，都必须包含风险调查法。从某种意义上讲，前五种风险识别方法的主要作用在于建立初始风险清单，而风险调查法的作用则在于建立最终的风险清单。

5.3 建筑工程风险评价

风险评价是对项目风险进行综合分析，并依据风险对项目目标的影响程度进行项目风险分级、排序的过程。风险评价是在项目风险规划、识别和估计的基础上，通过建立项目风险的系统评价模型，对项目风险因素影响进行综合分析，并估算出各风险发生的概率及其可能导致的损失大小，从而找到该项目的关键风险，确定项目的整体风险水平，为如何处置这些风险提供科学依据，以保障项目的顺利进行。风险评价可以采用定性和定量两种方法来进行。

5.3.1　风险衡量

识别工程项目所面临的各种风险以后，就应当分别对各种风险进行衡量，从而进行比较，以确定各种风险的相对重要性。根据风险的基本概念可知，损失发生的概率和这些损失的严重性是影响风险大小的两个基本因素。因此，在定量评价建设工程风险时，首要工作是将各种风险的发生概率及其潜在损失定量化，这一工作就称为风险衡量。

5.3.2　风险量函数

在风险量函数中，风险量是指各种风险的量化结果，其数值大小取决于各种风险的发生概率及其潜在损失。以 R 代表风险量，以 p 表示风险的发生概率，以 q 表示潜在损失，则 R 可以表示为 p 和 q 的函数，即

$$R = f(p, q) \tag{5-1}$$

式(5-1)反映了风险量的基本原理，具有一定的通用性，其应用前提是通过适当的方式建立关于 p 和 q 的连续性函数。但是，这一点很难做到。在大多数情况下，以离散形式来定量表示风险的发生概率和潜在损失，此时，风险量函数可用式(5-2)表示为

$$R = \sum p_i q_i \tag{5-2}$$

式中 i——风险事件的数量，$i=1, 2, \cdots, n$。

如果用横坐标表示潜在损失 q，用纵坐标表示风险发生的概率 p，就可以根据风险量函数在坐标上标出各种风险事件的风险量的点，将风险量相同的点连接而成的曲线，称为等风险量曲线，如图5.4所示。在图5.4中 R_1、R_2、R_3 为三条不同的等风险曲线。不同的等风险量曲线所表示的风险量大小与风险坐标原点的距离成正比，即离原点越近，风险量曲线上的风险越小；反之越大。由此就可以将各种风险根据风险量排出大小顺序，$R_1 < R_2 < R_3$ 作为风险决策的依据。

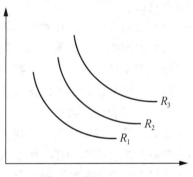

图5.4　等风险量曲线

5.3.3　风险损失的衡量

风险损失的衡量就是定量确定风险损失值的大小。建设工程风险损失包括投资风险损失、进度风险损失、质量风险损失和安全风险损失。

1. 投资风险损失

投资风险导致的损失可以直接用货币形式来表现，即法规、价格、汇率和利率变化或资金使用安排不当等风险事件所引起的实际投资超出计划投资的数额。

2. 进度风险损失

进度的拖延则属于时间范畴，同时也会导致经济损失。进度风险损失由以下几个部分内容组成。

(1) 货币的时间价值。进度风险的发生可能会对现金流动造成影响，在利率作用下，

引起经济损失。

（2）为赶上计划进度所需的额外费用。包括加班的人工费、机械使用费、管理费、夜间施工照明费等一切因赶进度所发生的非计划费用。

（3）延期投入使用的收入损失。这种损失不仅仅是延期期间的收入损失，还可能由于产品投入市场过迟而失去商机，从而大大降低市场份额的损失，因而这方面的损失有时是相当大的。

3. 质量风险损失

质量风险导致的损失包括事故引起的直接经济损失、修复和补救等措施发生的费用以及第三者责任损失等，可分为以下几个方面。

（1）建筑物、构筑物或其他结构倒塌所造成的直接经济损失。

（2）复位纠偏、加固补强等补救措施和返工的费用。

（3）造成的工期延误的损失。

（4）永久性缺陷对于建设工程使用造成的损失。

（5）第三者责任的损失。

4. 安全风险损失

安全风险是由于安全事故所造成的人身财产损失、工程停工等遭受的损失，还可能包括法律责任。安全风险损失包括以下几个方面。

（1）受伤人员的医疗费用和补偿费用。

（2）财产损失，包括材料、设备等财产的损毁或被盗损失。

（3）因工期延误而带来的损失。

（4）为恢复建设工程的正常实施所发生的费用。

（5）第三者责任损失。

在此，第三者责任损失是建设工程在实施期间，因意外事故可能导致的第三者的人身伤亡和财产损失所作的经济赔偿及必须承担的法律责任。

由以上四个方面风险损失可知，投资增加或减少可以用货币来衡量；进度快慢属于时间范畴，同时也会导致经济损失；而质量和安全事故既会产生经济影响，又可能导致工期延长和第三者责任，使风险更加复杂。因此，不论是投资风险损失，还是进度风险损失、质量风险损失，或者是安全风险损失，除了第三者要负法律责任外，最终都可以归结为经济损失。

明白了建设工程风险损失包括的内容，我们在工程中发生风险损失大部分都可以归结为经济损失。

5.3.4 风险概率的衡量

衡量建设工程风险概率通常有两种方法：相对比较法和概率分布法。相对比较法是主要依据主观概率；概率分布法是接近于客观概率。

1. 相对比较法

相对比较法是由美国的风险专家 Richard Prouty 提出的方法。这种方法是估计各种风险事件发生的概率，分为下面四种情况。

(1)"几乎为 0"。这种风险事件可认为不会发生。

(2)"很小的"。这种风险事件虽然有可能发生，但现在没有发生，并且将来发生的可能性也不大。

(3)"中等的"。这种风险事件偶尔会发生，并且能预期将来有时会发生。

(4)"一定的"。这种风险事件一直有规律地发生，并且能够预期未来也是有规律地发生。因此，认为在这种情况下风险事件发生的概率较大。

在采用相对比较法时，工程建设风险导致的损失也将相应划分成重大损失、中等损失和轻度损失。

2. 概率分布法

概率分布法可以较为全面地衡量建设工程风险。因为通过潜在损失的概率分布，有助于确定在一定情况下采用哪种风险对策或采用哪种风险对策组合最佳。

概率分布法常见的形式是建立概率分布表。为此，需参考外界资料和本企业相关的历史资料，依据理论上的概率分布，并借鉴其他的经验对自己的判断进行调整和补充。历史资料可以是外界资料，也可以是本企业历史资料。外界资料主要是保险公司、行业协会、统计部门等的资料。利用这些资料时应注意一点，那就是这些资料通常反映的是平均数字，且综合了众多企业或众多建设工程的损失经历，因而在许多方面不一定与本企业或本建设工程的情况相吻合，使用时必须作客观分析。本企业的历史资料比较有针对性，但应注意资料的数量可能偏少，甚至缺乏连续性，不能满足概率分析的需要。另外，即使本企业历史资料的数量、连续性均满足要求，其反映的也只是本企业的平均水平，在运用时还应当充分考虑资料的背景和拟建建设工程的特点。由此可见，概率分布表中的数字是因工程而异的。

5.3.5 风险评价

在风险衡量过程中，建设工程风险被量化为关于风险发生概率和损失严重性的函数，但在选择对策之前，还需要对建设工程风险量作出相对比较，以确定建设工程风险的相对严重性。

风险评价是指运用各种风险分析技术，用定量、定性或两者相结合的方式处理不确定的过程，其目的是评价风险的可能影响。

1. 风险分析与评价的主要内容

一般对风险应从以下几个方面进行分析。

(1) 风险存在和发生的时间分析。主要是分析各种风险可能在建设工程的哪个阶段发生，具体在哪个环节发生。

(2) 风险的影响和损失分析。主要是分析风险的影响面和造成的损失大小。如通货膨胀引起物价上涨，就不仅会影响后期采购的材料、设备费支出，可能还会影响工人的工资，最终影响整个工程费用。

（3）风险发生的可能性分析。也就是分析各种风险发生的概率情况。

（4）风险级别分析。建设工程有许多风险，风险管理者不可能对所有风险采取同样的重视程度进行风险控制。这样做既不经济，也不可能办到。因此，在实际中必须对各种风险进行严重性排队，只对其中比较严重的风险实施控制。

（5）风险起因和可控性分析。风险的起因是为预测、对策和责任分析服务的。而可控性分析主要是对风险影响进行控制的可能性和控制成本的分析。如果是人力无法控制的风险，或控制成本十分巨大的风险是不能采用控制的手段进行风险管理的。

2. 风险分析与评价的主要方法

风险分析与评价的方法有很多，在这里只对其中几种作简单介绍。

1）专家打分法

专家打分法是向专家发放风险调查表，由专家根据经验对风险因素的重要性进行评价，并对每个风险因素的等级值进行打分，最终确定风险因素总分的方法。步骤如下：

① 识别出某一特定建设工程项目可能会遇到的所有风险，列出风险调查表。

② 选择专家，利用专家经验，对可能的风险因素的重要性进行评价，确定每个风险因素的权重 W，以表征其对项目风险的影响程度。

③ 确定每个风险因素发生可能性 C 的等级值，即可能性很大、比较大、中等、不大、较小五个等级对应的分数为 1.0、0.8、0.6、0.4、0.2。由专家给出各个风险因素的分值。

④ 将每项风险因素的权重与等级值相乘，求出该项风险因素的得分，即风险度 $W \cdot C$。再求出此工程项目风险因素的总分 $\sum W \cdot C$。总分越高，则风险越大。表 5-2 是一个的简单示例。

利用这种方法可以对建设工程所面临的风险按照总分从大到小进行排队，从而找出风险管理的重点。这种方法适用于决策前期，因为决策前期往往缺乏建设工程的一些具体的数据资料，借助于专家的经验以得出一个大致的判断。

应用案例 5-3

【案例背景】

汉阳市金鹰大厦工程，地下室为车库，1～5层为商铺，6～17层为写字楼，顶层为电梯机房、楼梯间。基底面积：1 766.8m²，建筑面积：9 861.96m²，建筑高度为 55.9m。建筑抗震设防烈度为 8 度，耐火等级为一级。地下车库耐火等级一级，防火分类Ⅱ类，主体结构为全现浇钢筋混凝土框剪结构，基础为钢筋混凝土筏板基础，地基为 CFG 桩复合地基。工期为 2 年。对汉阳市金鹰大厦工程的风险进行分析和评价。

【案例分析】

此建筑工程风险调查如表 5-2。

表 5-2 风险调查

可能发生的风险因素	权重/W	风险因素发生可能性/C					W·C
		很大 1.0	比较大 0.8	中等 0.6	不大 0.4	较小 0.2	
物价上涨	0.25	√					0.25
融资困难	0.10		√				0.08
新技术不成熟	0.15			√			0.09
工期紧迫	0.20		√				0.16
汇率浮动	0.30				√		0.12
总分 $\sum W·C$							0.7

2）蒙特卡罗模拟技术

蒙特卡罗模拟技术又称为随机抽样技术或统计试验方法。应用蒙特卡罗模拟技术可以直接处理每一个风险因素的不确定性，并把这种不确定性在成本方面的影响以概率分布的形式表示出来。蒙特卡罗模拟技术的分析步骤如下。

① 通过结构优化方式把已识别出来的影响建设工程项目目标的重要风险因素构成一份标准化的风险清单。此清单应能充分反映出风险分类的结构和层次性。

② 采用专家调查法确定风险的影响程序和发生概率，编制出风险评价表。

③ 采用模拟技术，确定风险组合，即对上一步专家的评价结果加以定量化。

④ 通过模拟技术得到项目总风险的概率分布曲线。从曲线上可看出项目总风险的变化规律，据此可确定应急费用的大小。

3）风险量函数

根据风险量函数，可以在坐标上画出许多等风险量曲线，如图 5.4 所示离坐标原点位置越近，则风险量越小。据此，将风险发生概率（p）和潜在损失（q）分别分为 L（小）、M（中）、H（大）三个区间，从而将等风险量图分为 LL、ML、HL、MM、HM、LH、MH、HH、LM 九个区域。在这九个区域中，有些区域的风险量是大致相等的，例如：如图 5.5 所示，可以将风险量的大小分为五个等级。

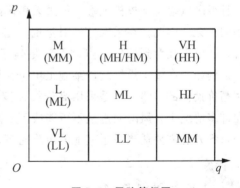

图 5.5 风险等级图

① VL（很小）——发生概率和潜在损失均为小（LL）。

② L（小）——发生概率为中，但潜在损失为小（ML）；或发生概率为小，但潜在损失为中（LM）。

③ M（中等）——发生概率和潜在损失为中（MM）；或发生概率为大，但潜在损失为小（HL）；或发生概率为小，但潜在损失为大（LH）。

④ H（大）——发生概率为中，但潜在损失为大（MH）；或发生概率为大，但潜在损失为中（HM）。

⑤ VH（很大）——发生概率和潜在损失均为大（HH）。

特别提示 ....

风险分析与评价方法的风险量函数可以在坐标上画出许多等风险量曲线，离坐标原点位置越近，则风险量越小。

....

5.4 建筑工程风险对策

建筑工程风险管理需要依赖于强有力的风险对策，需要通过一定的风险防范手段或风险管理技术。建设工程风险管理、风险处理的对策可以划分为两大类，一类是风险控制的对策，一类是风险的财务对策。通常情况下采取的措施有风险回避、风险损失控制、风险自留和风险转移四种。

5.4.1 风险回避

风险回避是指以一定的方式中断风险源，使其不发生或不再发展，从而避免可能产生的潜在损失。它是属于风险控制对策的一种。回避风险的途径有两种：一种是拒绝承担风险。如了解到某种新设备性能不够稳定，则决定不购置此种设备；二是放弃以前所承担的风险，如发现因市场环境的变化，使得正在建设的某个项目建成后将面临没有市场前景的风险，则决定中止项目以避免后续的风险。

采用回避风险这一对策时，有时需要做出一些牺牲。回避风险虽然是一种风险防范措施，但它是一种消极的防范手段。因为风险是广泛存在的，要想完全回避也是不可能的。而且很多风险属于投机风险，如果采用风险回避的对策，在避免损失的同时，也失去了获利的机会。因此，在采取这种对策时，必须对这种对策的消极性有一个清醒的认识。同时，还应当注意到这样一点，那就是当回避一种风险的同时，可能会产生另一种新的风险。例如，在施工投标时，某施工单位害怕价报低了会亏损，于是决定回避这种风险，采用高价投标的策略。但是采用高价投标策略的同时，它又会面临中不了标的风险。此外，在许多情况下，风险回避是不可能或不实际的。因为，工程建设过程中会除了回避风险之外，各方需要适当运用其他的风险对策。

 应用案例 5-4

【案例背景】

某公司投标，但开标后发现自己的报价存在严重的误算和漏算，因而拒绝与业主签订施工合同，那么这家公司采取的是哪种风险对策？

【案例分析】

这家公司采取的对策是风险回避。风险回避就是以一定的方式中断风险源，使其不发生或不再发展，从而避免可能产生的潜在损失。这样做将被业主没收投标保证金，但比承包后严重亏损的损失要小得多。

5.4.2　风险损失控制

1. 风险损失控制的概念

风险损失控制是指在风险损失不可避免的要发生的情况下，通过各种措施以遏制损失继续扩大或限制扩展的范围。损失控制是一种主动、积极的风险对策。风险损失控制可分为预防损失和减少损失两方面工作。预防损失措施的主要作用是降低或消除损失发生的概率，而减少损失措施的作用在于降低损失的严重性或遏制损失进一步发展，使损失最小化。一般来说，损失控制方案都应当是预防损失措施和减少损失措施的有机结合。

2. 制定损失控制措施的依据和代价

制定损失控制措施必须以定量风险评价的结果为依据，才能确保损失控制措施具有针对性，取得预期的控制效果。

在制定损失控制措施还必须考虑其付出的代价，包括费用和时间两方面的代价，而时间方面的代价往往还会引起费用方面的代价。损失控制措施的最终确定，需要综合考虑损失控制措施的效果及其相应的代价。因此，在选择控制措施时应当进行多方案的技术经济分析和比较，尽可能选择代价小且效果好的损失控制措施。

3. 损失控制计划系统

在采用损失控制的这一风险对策时，所制订的措施应当形成一个周密的、完整的损失控制计划系统。在施工阶段，该系统应当由预防计划、灾难计划和应急计划三部分组成。

1）预防计划

预防计划是指为预防风险损失的发生而有针对性的制订的各种措施。它的目的在于有针对性地预防损失的发生，其主要作用是降低损失发生的概率，也能在一定程度上降低损失的严重性。预防计划包括以下几方面的措施。

（1）组织措施是指建立损失控制的责任制度，明确各部门和人员在损失控制方面的职责分工和协调方式，以使各方人员都能为实施预防计划而认真工作和有效配合。同时建立相应的工作制度和会议制度，含包括必要的人员培训等。

（2）技术措施是指在建设工程施工过程中常用的预防措施，如在深基础施工时作好切实的深基础支护措施。技术措施通常都要花费时间和成本方面的代价，必须慎重比较后作出选择。

（3）合同措施包括选择合适的合同结构，严密制定每一合同条款，且作出特定风险的相应规定，如要求承包商提供履约担保等。

（4）管理措施包括风险分离和风险分散。所谓风险分离是指将各种风险单位间隔开，以避免发生连锁反应或相互牵连。这种处理方式可以将风险局限在一定范围内，从而达到减少损失的目的。例如，在进行设备采购时，为尽量减少因汇率波动而导致的汇率风险，在若干个不同的国家采购设备，就属于风险分离的措施。所谓风险分散是指通过增加风险单位以减轻总体风险压力，达到共同分摊集体风险的目的。如施工承包时，对于规模大、施工复杂的项目采取联合承包的方式就是一种分散承包风险的方式。

2）灾难计划

灾难计划是一组事先编制好的、目的明确的工作程序和具体措施，为现场人员提供明确的行动指南，使其在紧急事件发生后，就有了明确的行动指南，从而不至于惊慌失措，也不需要临时讨论研究应对措施，也就可以及时、妥善的进行事故处理，减少人员伤亡以及财产损失。

灾难计划是针对严重风险事件制订的，其内容主要有以下几点。

（1）安全撤离现场人员方案。

（2）援救和处理伤亡人员。

（3）控制事故的进一步发展，最大限度地减少资产和环境损害。

（4）保证受影响区域的安全，尽快恢复正常。

灾难计划通常是在严重风险事件发生时或即将发生时进行实施的。

3）应急计划

应急计划是在风险损失基本确定后的处理计划。其宗旨是要使因严重风险事件而中断的工程实施过程尽快全面恢复，并减少进一步的损失，使其影响程度减至最小。应急计划中不仅要制定所要采取的措施，而且还要规定不同工作部门的工作职责。所以内容一般应包括。

（1）调整整个建设工程的进度计划，并要求各承包商相应调整各自的进度计划。

（2）调整材料、设备的采购计划，并及时与供应商联系，必要时签订补充协议。

（3）准备保险索赔依据，确定保险索赔额，起草保险索赔报告。

（4）全面审查可使用资金的情况，必要时需调整筹资计划等。

三种损失控制计划之间的关系如图5.6所示。

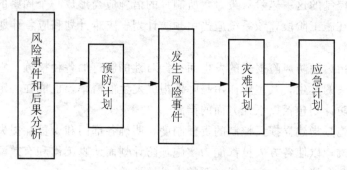

图5.6　损失控制计划之间的关系

5.4.3　风险自留

1．风险自留的概念

工程项目风险自留（risk retention）是指将风险留给自己承担，即由项目主体自行承担风险后果的一种风险应对策略，是从企业内部财务的角度应对风险。这种策略意味着工程项目主体不改变项目计划去应对某一风险。或项目主体不能找到其他适当的风险应对策略，而采取的一种应对风险的方式。它是整个建设工程风险对策计划的一个组成部分。这种情况下，风险承担人必须作好处理风险的准备。

2．风险自留的种类

1）非计划性风险自留

由于风险管理人员没有意识到建设工程某些风险的存在，或者不曾有意识的采取有效措施，以致风险发生后只好自己承担。这样的风险自留是非计划性和被动的。导致非计划性风险自留的主要原因如下。

（1）缺乏风险意识。

（2）风险识别失误。

（3）风险评价失误。

（4）风险决策实施延误。

非计划性风险自留有时是一种适用的风险处理策略。但是，风险管理人员应当尽量减少风险识别和风险评价的失误，要及时作出风险对策决策。并及时实施决策，从而避免被迫承担重大和较大的工程风险。总之，虽然非计划性风险自留不可能不用，但尽量少用。

2）计划性风险自留

计划性风险自留是主动的、有意识的、有计划的选择，是风险管理人员在经过正确的风险识别和风险评价后作出的风险对策，是整个建设工程风险对策计划的一个组成部分。也就是说，风险自留绝不可单独运用，而应与其他风险对策结合使用。计划性的风险自留至少应当符合以下条件之一才予以考虑。

（1）别无选择。

（2）期望损失不严重。

（3）损失可准确预测。

（4）企业有短期内承受最大潜在或期望损失的经济能力。

（5）投资机会很好。

（6）内部服务或非保险人服务优良。

风险自留的计划性主要体现在风险自留水平和损失支付两方面。所谓风险自留水平是指选择哪些风险事件作为风险自留的对象。可以从风险量大小的角度进行考虑，选择风险量比较小的风险事件作为自留的对象，而且还应当从费用、期望损失、机会成本、服务质量和税收等方面与工程相比较后再作出决定。所谓损失支付方式，就是指在风险事件发生后，对所造成的损失通过什么方式或渠道来支付。有计划的风险自留通常应预先制订损失支付计划。

3. 损失支付方式

计划性风险自留应预先制订损失支付计划，常见的损失支付方式有以下几种。

（1）从现金净收入中支出。采用这种方式时，在财务上并不对自留风险作特别的安排。在损失发生后从现金净收入中支出，或将损失费用记入当期成本。

（2）建立非基金储备。这种方式是指设立一定数量的备用金，但其用途不是专门用于支付风险自留损失的，而是将其他原因引起的额外费用也包括在内的备用金。

（3）自我保险。这种方式是设立一项专项基金，专门用于自留风险所造成的损失。该基金的设立不是一次性的，而是每期支出，相当于定期支付保险费，因而称为风险准备金是从财务角度为风险做准备，在计划保险合同中另外增加一笔费用，专门用于自留风险的损失支付自我保险。

（4）母公司保险。这种方式只适用于存在总公司与子公司关系的集团公司，往往是在难以投保或自保较为有利的情况下运用。

5.4.4　风险转移

风险转移是建设工程风险管理中非常重要的并得到广泛应用的一项对策，分为保险转移和非保险转移两种形式。根据风险管理的基本理论，建设工程风险应当由各有关方分担，而风险分担的原则就是：任何一种风险都应由最适宜承担该风险或最有能力进行损失控制的一方承担。

1. 保险转移

保险转移通常直接称为保险，指工程建设业主、承包商或监理企业通过购买保险，将本应由自己承担的工程风险，包括第三方责任，转移给保险公司，从而使自己免受风险损失。保险这种风险转移方式之所以得到越来越广泛的运用，原因在于保险人较投保人更适宜承担有关的风险。对于投保人来说，某些风险的不确定性很大，风险也很大；但对于保险人来说，风险的发生则趋近于客观概率，不确定性大大降低，因此，风险降低。

保险转移这种方式是受到保险险种限制的。如果保险公司没有此类保险业务，则无法采用保险转移的方式。在工程建设方面，目前我国已实行人身保险中的意外伤害保险、财产保险中的建筑工程一切险和安装工程一切险。此外，职业责任保险对于监理工程师自身风险管理来说，也是非常重要的。

保险转移这种方式虽然有很多优点，但也存在如下缺点：

（1）机会成本的增加。

（2）保险谈判常耗费较多的时间和精力。

（3）工程投保以后，投保人可能麻痹大意而疏于损失控制计划。

2. 非保险转移

非保险转移又称为合同转移。这种风险转移一般是通过签订合同的方式将工程风险转移给非保险人的对方当事人。建设工程风险常见的非保险转移有以下三种情况。

1）业主将合同责任和风险转移给对方当事人

这种情况下，一般是业主将风险转移给承包商。如签订固定总价合同，将涨价风险转移给承包商。不过，这种转移方式业主应当慎重对待，业主不想承担任何风险的结果将会造成合同价格的增高或工程不能按期完成，从而给业主带来更大的风险。由于业主在选择合同形式和合同条件时占有绝对的主导地位，更应当全面考虑风险的合理分配，绝不能够滥用此种非保险转移的方式。

2）承包商进行合同转让或工程分包

合同转让或工程分包是承包商转移风险的重要方式。但采用此方式时，承包商应当考虑将工程中专业技术要求高而自己缺乏相应技术的工程内容分包给专业分包商，从而以更低的成本、更好的质量完成工程，此时，分包商的选择成为一个至关重要的工作。

3）第三方担保

第三方担保是指合同当事人的一方要求另一方为其履约行为提供第三方担保。担保方所承担的风险仅限于合同责任，即由于委托方不履行或不适当履行合同以及违约所产生的责任。目前，工程担保主要有投标保证担保、履约担保和预付款担保三种。

① 投标保证担保也称投标保证金，它是指投标人向招标人出具的，以一定金额表示的投标责任担保。常见的形式有银行保函和投标保证书两种。

② 履约担保是指招标人在招标文件中规定的要求中标人提交的保证履行合同义务的担保。常见的形式有银行保函、履约保证书和保留金三种。

③ 预付款担保是指在合同签订以后，业主给承包人一定比例的预付款，但需要由承包商的开户银行向业主出具的预付款担保。其目的是保证承包商能按合同规定施工，偿还业主已支付的全部预付款。

非保险转移的优点主要体现在可以转移某些不可保险的潜在损失，如物价上涨的风险，其次体现在被转移者往往能更好地进行损失控制，如承包商能较业主更好地把握施工技术风险。

银 行 保 函

银行保函是由银行开立的承担付款责任的一种担保凭证，银行根据保函的规定承担绝对付款责任。银行保函大多属于"见索即付"（无条件保函），是不可撤销的文件。银行保函的当事人有委托人（要求银行开立保证书的一方）、受益人（收到保证书并凭以向银行索偿的一方）、担保人（保函的开立人）。

其主要内容根据国际商会第 458 号出版物《国际商会见索即付保函统一规则》（UGD458）规定：①有关当事人（名称与地址）；②开立保函的依据；③担保金额和金额递减条款；④要求付款的条件。

银行保函按用途可分为以下三类。

（1）投标保证书。指银行、保险公司或其他保证人向招标人承诺，当申请人（投标人）不履行其投标所产生的义务时，保证人应在规定的金额限度内向受益人付款。

（2）履约保证书。保证人承诺，如果担保申请人（承包人）不履行他与受益人（业主）之间订立的合同时，应由保证人在约定的金额限度内向受益人付款。此保证书除应用于国际工程承包业务外，同样适用于货物的进出口交易。

（3）还款保证书。指银行、保险公司或其他保证人承诺：如申请人不履行他与受益人订立的合同的义务，不将受益人预付、支付的款项退还或还款给受益人，银行则向受益人退还或支付款项。还款保证书除在工程承包项目中使用外，也适用于货物进出口、劳务合作和技术贸易等业务。

对于建设工程的风险识别来说，仅仅采用一种风险识别方法是远远不够的，一般都应综合采用两种或多种风险识别方法，才能取得较为满意的结果。而且，不论采用何种风险识别方法组合，都必须包含风险调查法。

3. 风险对策决策过程

风险对策决策过程如图 5.7 所示。

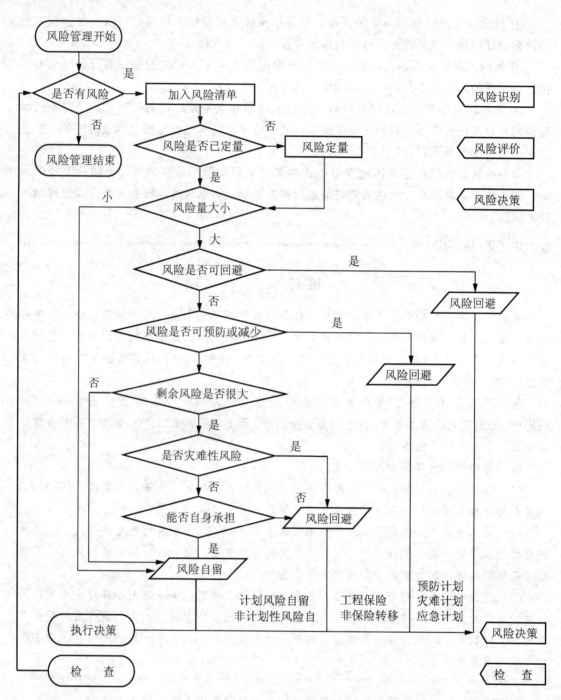

图 5.7　风险对策决策过程

（特）（别）（提）示 ···

　　建设工程风险处理的对策采取的风险回避、风险损失控制、风险自留和风险转移四种
措施各自的特点和适用情况都是各不相同的。

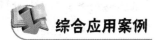

综合应用案例

【案例背景】

南水北调工程——中国水利建设史上的"特例"

南水北调工程这一水利"巨无霸"最早设想源于1952年。毛泽东视察黄河时说道："南方水多，北方水少，如有可能，借点水也是可以的。"26年后，南水北调工程写入了政府工作报告。50年后，国务院审议通过《南水北调工程总体规划》，2002年12月27日，时任总理朱镕基在人民大会堂宣布工程开工。

这是一项历时六十余年的国家工程，跨越大半个中国国土，一期投入近3 000亿元，已远超三峡工程。这是迄今为止，世界上调水距离最长的水利工程。全部完成后，规划年调水量为448亿立方米，几乎可以淹没整个北京近3m。

在工程开工的六年后，2008年10月21日，国务院第32次常委会议才审议批准了《南水北调东、中线一期工程可行性研究总报告》。类似这种先建后批的"特例"在大型水利工程中比较罕见。通常来说，只有完成项目建议书、可行性研究、初步设计、技术实施设计等规定动作，工程方可开工，比如三峡工程、小浪底工程等。

国务院南水北调工程建设委员会办公室（以下简称"国务院调水办"）原主任张基尧说："整个南水北调工程就像一串链珠，由一连串的子项目单项工程串联起来。其中一些符合规定的单项工程在可研总报告获批前就开工了，这是允许的。"丹江口水库大坝加高工程，就是在2005年9月26日动工的。

东线一期工程全长1 467公里，经泵站逐级提水，通过京杭运河输水并利用沿线南四湖等湖泊调蓄。沿线河流、湖泊污染已成调水之忧。

在中线，北京段输水干渠除团城湖明渠外均为封闭式，水质污染风险主要来自京外输水明渠及水源水库。如果遭遇突发性水污染事件，处理将很棘手。北京市南水北调调水运行管理中心工作人员靖立玲于2011年公开撰文称："受污染的水一旦进入输水管道，清除难度很大，还会造成大量的水体浪费；一旦进入自来水厂甚至会引发大面积停水的危险。"

有水利专家担忧：丹江口水库库区内，汉江目前的在建项目和规划项目基本上都是全流域无节制地梯级开发，是超负荷开发。如此多的水库大量蓄水将引发汉江两岸的山体滑坡，同时，层层拦蓄上游来水，进入丹江口水库的水量就会锐减。

水电开发是一种低风险、诱人的投资，然而，有谁又能为子孙后代着想呢？电站建起来了，发电的目标实现了，河流的防洪、灌溉，老百姓的人畜饮水等却被摞在一边。原有生态环境被破坏，河床干涸，河道坍塌，甚至引发泥石流和滑坡等地质灾害。

陕西省本身也是缺水大省。在南水北调中线工程推进的同时，陕西省也在力推引汉（江）济渭（河）工程。工程总调水规模15亿立方米。计划在2015年，即南水北调中线工程调水的次年正式调水。我们不可想象，在汉江的源头建水库拦截水后，丹江口水库还能蓄多少水？

到2009年，库区移民工程终于启动，然而启动起来就是催工期。国家规定四年完成移民任务，河南省提出移民工作"四年任务，两年完成"，湖北提出"四年任务，两年完成，三年彻底扫尾。"

有些库区乡镇负责人说，三峡移民用了17年时间，黄河小浪底移民用了13年时间，而南水北调中线工程30多万移民要在两年完成！任务如泰山压顶，从2005年到2008年整整4年时间，国家为什么不启动库区移民搬迁？为什么不把工作做细致些，周密些？

移民房屋短时间内要建好，建好后立刻搬迁。反映房屋质量成了移民上访的最大问题。建房是要讲科学，不是靠喊政治口号就可以完成，地基挖了得沉降多长时间才能下基础，圈梁打好后需要多长时间才能盖第二层，这都必须讲科学的。选点、建房、搬迁、分地，一切都是在规定的时间内完成。

库区的经济发展是水质保护的重要前提，不解决好库区人民的生存发展问题，水质保护将难以持久。

2013年8月7日，历时近十个月，丹江口坝区170m蓄水线位以下的清库工作已通过国家验收。南水北调中线工程即将迎来等待和翘盼了半个多世纪的重要时刻——2014年10月，一泓清水北送京津冀。

然而，这口南水北调中线的"大水缸"水体总氮超标，紧挨水库的十堰市城区污水管网尚有千余公里缺口，五条直接入库河流水质仍是劣五类。

回溯十年工程的关键点，归于一点，一泓清水即将北送，真正的通畅，仍需时间来颁发"合格证"。

【观察与思考】

试分析以上案例中都存在哪些风险，你在对风险的控制方面是怎样想的？

【案例分析】

筚路蓝缕，一路向北。十年间，浮于台前的是工程，中国从没有哪项工程跨越如此多的省份，投入如此大的巨资，对国土生态体系影响如此之巨，求解如此深重的生存危机。隐于幕后的则是利益，地域间的博弈，部门间的协调，项目里的是非，并不比三峡工程少，也必将继续随行。此案例中几乎包含了所有的风险因素：决策、水质、工程、移民、程序等等，也没有固定不变的求解模式。希望读者认真思考，不求完善，只求独立思考。

本 章 小 结

建设工程风险是人们在建设活动中可能会遇到的意外损失。根据风险所造成的后果不同，风险分为纯风险和投机风险两种。风险管理者要具有识别不同类别风险的能力；识别的方法主要有专家调查法、财务报表法、流程图法、初始风险清单法、经验数据法和风险调查法等。对识别后的风险进行定性、定量地分析；评价风险可能造成的后果和影响；再根据风险的类别不同，采取风险回避、损失控制、风险自留或风险转移等对策，从而避免许多不必要的损失，降低成本，增加企业利润。

习 题

一、单选题

1. 下面属于风险因素的是（　　）。

A. 风险事件　　　　B. 损失　　　　　C. 自然风险因素　　　D. 损失机会

2. 风险识别过程中应遵循的原则有(　　)。

A. 先怀疑，后排除 B. 不确定性　　　C. 复杂性　　　　　D. 个别性

3. 下面不是风险识别方法的是(　　)。

A. 专家调查法　　　B. 流程图法　　　C. 经验数据法　　　D. 相对比较法

4. 建筑工程风险评价所包含的内容有(　　)。

A. 风险概率的衡量 B. 风险识别　　　C. 风险回避　　　　D. 风险分解

5. 下列不是建筑工程风险对策的内容的是(　　)。

A. 风险回避　　　　B. 风险转移　　　C. 风险分解　　　　D. 风险自留

二、多选题

1. 建筑工程风险管理的过程内容包括(　　)。

A. 风险识别　　　　　　　　　　　B. 风险评价

C. 实施决策　　　　　　　　　　　D. 检查

E. 损失机会

2. 下面属于风险识别方法的是(　　)。

A. 专家调查法　　　　　　　　　　B. 流程图法

C. 经验数据法　　　　　　　　　　D. 相对比较法

E. 风险调查法

3. 风险分析与评价的主要方法有(　　)。

A. 专家调查法　　　　　　　　　　B. 专家打分法

C. 风险量函数　　　　　　　　　　D. 相对比较法

E. 蒙特卡罗模拟技术

4. 建筑工程风险进行分解的途径有(　　)。

A. 目标维　　　　　　　　　　　　B. 因素维

C. 损失维　　　　　　　　　　　　D. 清单

E. 结构维

5. 下列内容属于风险的非保险转移的是(　　)。

A. 风险自留　　　　　　　　　　　B. 保险

C. 工程分包　　　　　　　　　　　D. 工程担保

E. 风险回避

三、简答题

1. 简述风险、风险因素、风险事件、损失、损失机会的概念。

2. 风险的最基本特征是什么?

3. 风险的种类有哪些?

4. 简述风险管理的基本过程。

5. 风险识别有哪些特点? 识别的方法有哪些?

6. 简述各种风险识别方法的要点。

7. 风险评价的主要作用是什么?

8. 如何衡量风险的大小?

9. 风险对策有哪几种？简述各种风险对策的要点。

10. 损失控制的途径有哪些？试举例说明。

11. 为什么要有计划地风险自留？

12. 举例说明何时宜采用风险回避对策。

13. 保险转移有何优点？监理企业是否可以采用此对策转移风险？

四、案例题

【案例背景】

举世瞩目的青藏铁路建设项目进展迅速。目前青藏线上已经投入使用的现代化机械设备近6 000台套。青藏铁路在施工设计上体现了尊重科学、以人为本的理念，尽量减少高原施工人员的劳动强度。

为实现国家对青藏铁路建设"高起点、高质量、高标准""建设世界一流高原铁路"的要求，开工前建设单位制定了全线创优规划。原铁道部成立了青藏铁路工程质量监督站。施工单位内部层层签订质量责任书，不断改进和完善质量管理体系。在施工图设计过程中，铁一院引入了专家咨询，施工现场推广了施工图现场优化。在施工阶段，坚持了"样板引路、试验先行"，保证了工程质量的可靠性。监理单位对关键工序和重要部位实行旁站监理。青藏铁路的工程质量普遍达到了较高水平。

另外，中国的铁路建设者们在高原冻土隧道设计和施工中，采用了防水、保温等新技术和新工艺，研制应用了低温早强耐久性混凝土，攻克了浅埋冻土隧道进洞、冰岩光爆等技术难关，初步掌握了高原冻土路基和隧道施工的有效办法，达到了国内外冻土隧道施工的领先水平。

【问题】

试分析该项目在风险控制上应该注重哪方面的风险控制？

综合实训

【实训项目背景】

爆破工程是一种有风险的项目。爆破工程项目可能有的风险包括：由于技术或客观的因素，爆破效果没有达到预计的目标。例如，爆破开挖工程欠爆或超爆，大块率过高，岩石级配不符合要求；抛掷爆破、定向爆破的抛掷百分数未达到设计要求；隧道开挖中炮眼利用率低；建筑物拆除爆破中出现爆而不倒等。由于管理、技术或不可预见的原因，引起爆破安全事故或其他次生灾害，造成经济和其他损失。例如，发生早爆或拒爆事故；由于个别飞散物、爆破空气冲击波、爆破地震动、爆破堆坍物等爆破效应失控对周围建筑物、设备造成损害，乃至造成人员伤亡；爆破施工中发生不安全事故等。由于管理、技术或第三者责任的原因，造成延误工期，变更施工方案，增加工作量或成本支出等。

【实训内容及要求】

应用本章所学知识分析，对于爆破工程的风险采取怎样的风险处理对策？

第6章

建设工程监理规划

学习目标

掌握建设工程监理规划的作用，监理大纲、监理规划与监理实施细则的联系和区别；熟悉监理规划的主要内容、编写依据及要求。

学习要求

能力目标	知识要点	权重
掌握建设工程监理文件的组成	建设工程监理文件构成	30%
掌握监理规划的内容和作用	监理规划的组成内容和作用	30%
熟悉监理大纲的编写内容及要求	监理大纲的组成内容和作用	20%
掌握监理大纲、监理规划和监理实施细则之间的区别和联系	三者之间的区别和联系	20%

导 入 案 例

【案例背景】

某商业大厦建设项目，建设单位委托某监理公司负责该工程施工阶段的监理工作，该监理公司的副总经理出任该建设项目的总监理工程师。项目总监理工程师责成该公司的技术负责人组织技术部门人员编制该项目施工阶段的监理规划。参加编写监理规划的人员根据本公司已有的监理规划标准范本，将投标时的监理大纲作适当改动后编制成该工程的项目监理规划。该工程项目监理规划经监理公司总经理审核签字后报送建设单位。

该工程项目监理规划内容包括：①工程概况；②监理工作依据；③监理工作内容；④项目监理机构的组织形式；⑤项目监理机构人员配备计划；⑥监理工作方法及措施；⑦项目监理机构人员职责；⑧监理设施。

在第一次工地会议上，建设单位根据监理中标通知书及监理公司报送的项目监理规划，宣布了项目总监理工程师的任命及授权范围。项目总监理工程师根据监理规划介绍了监理工作内容、项目监理机构的人员岗位职责和监理设施的内容。

【观察与思考】

(1) 指出该监理公司编制的监理规划的做法不妥之处，并指出正确的做法。

(2) 该项目监理规划内容完全吗？

(3) 指出第一次工地会议上建设单位不正确的做法。

6.1 建 设 工 程 监 理 规 划 概 述

6.1.1 建设工程监理工作文件的构成

建设工程监理工作文件是指监理单位投标时编制的监理大纲、监理合同签订以后编制的监理规划和专业监理工程师编制的监理实施细则。

1. 监理大纲

监理大纲又称监理方案，它是监理单位在业主开始委托监理的过程中，特别是在业主进行监理招标过程中，为承揽到监理业务而编写的监理方案性文件。

监理单位编制监理大纲有两个作用：一是使业主认可监理大纲中的监理方案，从而承揽到监理业务；二是为项目监理机构今后开展监理工作制定基本的方案。为使监理大纲的内容和监理实施过程紧密结合，监理大纲的编制人员应当是监理单位经营部门或技术管理部门人员，也应包括拟定的总监理工程师。监理大纲的内容应当根据业主所发布的监理招标文件的要求而制定，一般来说，应包括如下主要内容。

(1) 拟派往项目监理机构的监理人员情况介绍。在监理大纲中，监理单位需要介绍拟派往所承揽或投标工程的项目监理机构的主要监理人员，并对他们的资格情况进行说明。其中，应该重点介绍拟派往投标工程的项目总监理工程师的情况，这往往决定承揽监理业务的成败。

(2) 拟采用的监理方案。监理单位应当根据业主所提供的工程信息，并结合自己为投标所初步掌握的工程资料，制定出拟采用的监理方案。监理方案的具体内容包括：项目监理机构的方案、建设工程三大目标的具体控制方案、工程建设各种合同的管理方案、项目监理机构在监理过程中进行组织协调的方案等。

（3）将提供给业主的阶段性监理文件。在监理大纲中，监理单位还应该明确未来工程监理工作中向业主提供的阶段性的监理文件，这将有助于满足业主掌握工程建设过程的需要，有利于监理单位顺利承揽该建设工程项目的监理业务。

2. 监理规划

监理规划是监理单位接受业主委托并签订委托监理合同之后，在项目总监理工程师的主持下，根据委托监理合同，在监理大纲的基础上，结合工程的具体情况，广泛收集工程信息和资料的情况下制定，经监理单位技术负责人批准，用来指导项目监理机构全面开展监理工作的指导性文件。

从内容范围上讲，监理大纲与监理规划都是围绕着整个项目监理机构所开展的监理工作来编写的，但监理规划的内容要比监理大纲更详实、更全面。

● 特 别 提 示

通过监理工作文件编制的时间段的差异可以判断出监理大纲是监理企业为承揽监理业务而编制的方案性文件，而监理规划是在明确监理委托关系以及确定项目总监理工程师以后，在更详细掌握有关资料的基础上编制的，所以其包括的内容与深度比工程建设监理大纲更为详细和具体。

3. 监理实施细则

监理实施细则又简称监理细则，其与监理规划的关系可以比作施工图设计与初步设计的关系。也就是说，监理实施细则是在监理规划的基础上，由项目监理机构的专业监理工程师针对建设工程中某一专业或某一方面的监理工作编写，并经总监理工程师批准实施的操作性文件。

监理实施细则的作用是指导本专业或本子项目具体监理业务的开展。

● 知 识 拓 展

对于中型工程项目开展监理工作之前，项目监理机构应分专业编制监理工作实施细则，以达到规范监理工作行为的目的。对于项目规模较小、技术不复杂且管理有成熟经验和措施，并且监理规划可以起到监理实施规划的作用时监理实施细则可不必编写。

4. 三者之间的联系和区别

监理大纲（亦称监理方案）、监理规划和监理实施细则都是社会监理单位分别在投标阶段和实施监理的准备阶段编制的监理文件。监理大纲、监理规划和监理实施细则三者之间的区别和联系如下：

1）区别

（1）三者的意义和性质不同。

监理大纲：监理大纲是社会监理单位为了获得监理任务在投标阶段编制的项目监理方

案性文件，也称监理方案。

监理规划：监理规划是在监理委托合同签订后，在项目总监理工程师主持下，按合同要求，结合具体情况制定的指导监理工作开展的纲领性文件。

监理实施细则：监理实施细则是在监理规划指导下，项目监理组织的专业监理的责任落实后，由专业监理工程师针对项目具体情况制定的具有实施性和可操作性的业务文件。

（2）编制的对象不同。

监理大纲、监理规划：以项目整体监理为对象。

监理实施细则：以某项专业具体监理工作为对象。

（3）编制阶段不同。

监理大纲：在监理招标阶段编制。

监理规划：在监理委托合同签订后编制。

监理实施细则：在监理规划编制后编制。

（4）目的和作用不同。

监理大纲：使业主信服采用本监理单位制定的监理大纲，能够实现业主的投资目标和建设意图，从而在竞争中获得监理任务。其作用是为社会监理单位经营目标服务的。

监理规划：为了指导监理工作顺利开展，指导项目监理班子内部自身业务工作。

监理实施细则：为了使各项监理工作能够具体实施，指导监理实务作业。

2）联系

项目监理大纲、监理规划、监理实施细则又是相互关联的，都是构成项目监理规划系列文件的组成部分。它们之间存在着明显的依据性关系：在编写项目监理规划时，一定要严格根据监理大纲的有关内容来编写；而在制定项目监理细则时，一定要在监理规划的指导下进行。

6.1.2 建设工程监理规划的作用

1. 指导项目监理机构全面开展监理工作

监理规划的基本作用就是指导项目监理机构全面开展监理工作。具体解决应当做哪些工作，由谁来做这些工作，在什么时候和什么地点做这些工作，如何做好这些工作等问题。

因此，监理规划需要对项目监理机构开展的各项的监理工作做出全面、系统的组织和安排。它包括确定监理工作目标，制定监理工作程序，确定目标控制、合同管理、信息管理、组织协调等各项措施和确定各项工作的方法和手段。

2. 监理规划是建设工程监理主管机构对监理单位监督管理的依据

政府建设监理主管机构对建设工程监理单位要实施监督、管理和指导，对其人员素质、专业配套和建设工程监理业绩要进行核查和考评以确认其资质等级，以使我国整个建设工程监理行业能够达到应有的水平。要做到这一点，除了进行一般性的资质管理工作之外，更为重要的是通过监理单位的实际监理工作来认定它的水平。而监理单位的实际水平可从监理规划和它的实施中充分地表现出来。监理规划是政府建设监理主管机构监督、管理和指导监理单位开展监理活动的重要依据。

3. 监理规划是业主确认监理单位是否全面、认真履行合同的主要依据

监理单位如何履行监理合同，如何落实业主委托监理单位所承担的各项监理服务工作，作为监理的委托方，业主不但需要而且应当了解和确认监理单位的工作。同时，业主有权监督监理单位全面、认真执行监理合同。而监理规划正是业主了解和确认这些问题的最好资料，也是业主确认监理单位是否履行监理合同的主要说明性文件。监理规划应当能够全面而详细地为业主监督监理合同的履行提供依据。

实际上，监理规划的前期文件，即监理大纲，是监理规划的框架性文件。而且，经由谈判确定的监理大纲应当纳入监理合同的附件之中，成为监理合同文件的组成部分。

4. 监理规划是监理单位内部考核的依据和重要的存档资料

从监理单位内部管理制度化、规范化、科学化的要求出发，需要对各项目监理机构（包括总监理工程师和专业监理工程师）的工作进行考核，其主要依据就是经过内部主管负责人审批的监理规划。通过考核，可以对有关监理人员的监理水平和能力做出客观、正确的评价，从而有利于今后在其他工程上更加合理地安排监理人员，提高监理工作效率。

从建设工程监理控制的过程可知，监理规划的内容必然随着工程的进展而逐步调整、补充和完善。它在一定程度上真实地反映了一个建设工程监理工作的全貌，是最好的监理工作过程记录。因此，它是每一家工程监理单位的重要存档资料。

 应用案例6-1

【案例背景】

汉阳市金鹰商业大厦建设工程项目，发包方将工程项目实施阶段的监理任务委托给众合监理公司。监理合同签订以后，总监理工程师组织监理人员对制定监理规划进行了讨论，讨论会议上有人对监理规划的作用与编制原则提出了以下看法：

（1）监理规划是指导项目监理机构全面开展监理工作的文件。

（2）监理规划的作用是指导施工阶段的监理工作。

（3）监理规划的编制应符合监理合同、项目特征及业主的要求。

（4）监理规划应一气呵成。

【观察与思考】

监理单位讨论中提出监理规划的作用、编制原则，你认为哪些说法不妥？

【案例分析】

（1）监理规划的作用和编制原则中第2条说法不恰当。因为背景材料中提出的条件是业主委托监理单位进行实施阶段的监理，而实施阶段并不是仅有施工阶段，所以这种说法是不妥当的。

（2）第3条的说法不完全。监理规划的编制不但应符合监理合同、项目特征和业主的要求，还要符合建设工程法律、法规及政府批准的建设工程文件等要求。

（3）第4条的说法不妥，因为在项目建设中，往往工期较长，所以在设计阶段不可能将各阶段的监理规划一气呵成，应分阶段编写。

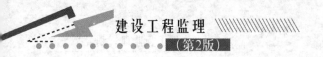
6.2　建设工程监理规划的编写

● 特别提示 ●

　　监理规划是在项目总监理工程师和项目监理机构充分分析和研究建设工程的目标、技术、管理、环境以及参与工程建设各方等方面的情况后制定的。监理规划中应当有明确具体的、符合该工程要求的工作内容，工作方法，监理措施，工作程序和工作制度，并具有可操作性。

6.2.1　建设工程监理规划编写的依据

　　1. 工程建设方面的法律、法规及工程建设标准

　　（1）国家颁布的有关工程建设的法律、法规。这是工程建设相关法律、法规的最高层次。在任何地区或任何部门进行工程建设，都必须遵守国家颁布的工程建设方面的法律、法规。

　　（2）工程所在地或所属部门颁布的工程建设相关的法规、规定和政策。一项建设工程必然是在某一地区实施的，也必然是归属于某一部门的，这就要求工程建设必须遵守建设工程所在地颁布的工程建设相关的法规、规定和政策，同时也必须遵守工程所属部门颁布的工程建设相关规定和政策。

　　（3）工程建设的各种标准、规范。工程建设的各种标准、规范也具有法律地位，也必须遵守和执行。

　　2. 建设工程勘察设计文件

　　（略）。

　　3. 建设工程监理合同及其他合同文件

　　（1）在编写监理规划时，必须依据建设工程监理合同以下内容：监理单位和监理工程师的权利和义务，监理工作范围和内容，有关建设工程监理规划方面的要求。

　　（2）在编写监理规划时，也要考虑其他建设工程合同关于业主和承建单位权利和义务的内容。

　　4. 监理大纲

　　监理大纲中的监理组织计划，拟投入的主要监理人员，投资、进度、质量控制方案，合同管理方案，信息管理方案，定期提交给业主的监理工作阶段性成果等内容都是监理规划编写依据。

　　5. 业主的正当要求

　　根据监理企业应竭诚为客户服务的宗旨，在不超出合同职责范围的前提下，监理企业应最大限度地满足业主的正当要求。

● 知识拓展 ●

　　在监理工作实施过程中，工程项目的实施可能会发生较大的变化，如设计方案重大修

改、承包方式发生变化、工期和质量要求发生重大变化，或者当原监理规划所确定的方法、措施、程序和制度不能有效地发挥控制作用时，总监理工程师应及时召集专业监理工程师根据上述实施过程中输出的信息进行修订。

6.2.2　建设工程监理规划编写的要求

1. 基本构成内容应当力求统一

监理规划在总体内容组成上应力求做到统一。这是监理工作规范化、制度化、科学化的要求。

监理规划基本构成内容的确定，首先应依据建设监理制度对建设工程监理的内容要求。建设工程监理的主要内容是控制建设工程的质量、工期和造价，进行安全生产管理、合同管理、信息管理，协调有关单位间的工作关系。这些内容无疑是构成监理规划的基本内容。如前所述，监理规划的基本作用是指导项目监理机构全面开展监理工作。因此，对整个监理工作的组织、控制、方法、措施等将成为监理规划必不可少的内容。这样，监理规划构成的基本内容就可以确定下来。至于某一个具体建设工程的监理规划，则要根据监理单位与业主签订的监理合同所确定的监理实际范围和深度来加以取舍。

施工阶段监理规划统一的内容要求在《建设工程监理规范》（GB/T 50319—2013）中有明确要求，共12项。

(1) 工程概况。

(2) 监理工作的范围、内容、目标。

(3) 监理工作依据。

(4) 监理组织形式、人员配备及进退场计划、监理人员岗位职责。

(5) 监理工作制度。

(6) 工程质量控制。

(7) 工程造价控制。

(8) 工程进度控制。

(9) 安全生产管理的监理工作。

(10) 合同与信息管理。

(11) 组织协调。

(12) 监理工作设施。

2. 具体内容应具有针对性

监理规划基本构成内容应当统一，但各项具体的内容则要有针对性。这是因为监理规划是用来指导一个特定的项目监理组织在一个特定的工程项目上的监理工作，它的具体内容要适合于这个特定的监理组织和特定的工程项目，同时又要符合特定的监理合同要求。

3. 监理规划应当遵循建设工程的运行规律

监理规划是针对一个具体建设工程编写的，而不同的建设工程具有不同的工程特点、工程条件和运行方式。这也决定了建设工程监理规划的内容必然与工程运行客观规律应具有一致性，必须把握、遵循建设工程运行的规律。只有把握建设工程运行的客观规律，监

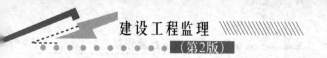

理规划的运行才是有效的，才能实施对这项工程的有效监理。

4．项目总监理工程师是监理规划编写的主持人

监理规划应当在项目总监理工程师主持下编写制定，是总监理工程师负责制的要求。同时要广泛征求各专业和各子项目监理工程师、项目业主的意见、被监理方的意见，作为监理单位的业务工作，在编写监理规划时还应当按照本单位的要求进行编写。编写之前要收集有关工程项目的状况资料和环境资料作为规划的依据。

5．相关服务

建设单位在委托建设工程监理时一并委托相关服务的，可将相关服务计划纳入监理规划。

6．监理规划的表达方式应当格式化、标准化

现代科学管理应当讲究效率、效能和效益，其表现之一就是使控制活动的表达方式格式化、标准化，从而使控制的规划显得更明确、更简洁、更直观。因此，需要选择最有效的方式和方法来表示监理规划的各项内容。比较而言，图、表和简单的文字说明应当是采用的基本方法。所以，编写建设工程监理规划各项内容应当采用什么表格、图示以及哪些内容需要采用简单的文字说明应当做出统一规定。

7．监理规划应当经过审核

监理规划作为工程监理单位的技术文件，应经过工程监理单位技术负责人的审核批准，并在工程监理单位存档。监理规划是否要经过业主的认可，由委托监理合同或双方协商确定。

从监理规划在编写的上述要求看来，它的编写既需要由负责者(项目总监理工程师)主持，又需要形成相应的编写班子。同时，项目监理机构的各部门负责人也有相关的任务和责任。监理规划涉及建设工程监理工作的各方面，所以，有关部门和人员都应当关注它，使监理规划编制得科学、完备、真正发挥全面指导监理工作的作用。

 应用案例 6-2

【案例背景】

发包方将汉阳市政府大楼钢结构工程建设项目发包给甲施工单位，将外装修工程发包给了乙施工单位，发包方还招标选择了众合监理公司承担该建设项目施工阶段的监理任务。

监理合同签订后，总监理工程师提出了项目监理规划编写的几点要求。

（1）为使项目监理规划有针对性，要分别编写两份监理规划。

（2）项目监理规划要把握项目运行的内在规律。

（3）项目监理规划的表达方式应标准化、格式化。

（4）监理规划可分阶段编写。但编写完成后，由监理单位审核批准并报发包方认可，一经实施，就不得再修改。

【观察与思考】

总监理工程师提出的上述监理规划编写要求是否妥当？

【案例分析】

（1）第 1 条要求不妥。因为一份监理委托合同，应编写一份监理规划。

（2）第 2 条要求妥当。因为监理规划的作用是指导项目监理机构全面开展监理工作，只有把握项目运行内在规律才能实施对该项目的有效监理。

（3）第 3 条要求妥当。因为监理规划的内容采用标准化、格式化的方式、方法来表达，才能使监理规划表达得更明确简洁、直观。

（4）第 4 条要求不妥。因为监理规划可以修改，但应按审批程序报监理单位审批和经发包方认可。

6.3 建设工程监理规划的内容及其审核

6.3.1 建设工程监理规划的内容

建设工程监理规划应当结合工程实际情况，明确项目监理机构的工作目标，确定具体的监理工作制度、内容、程序、方法和措施。

最新《建设工程监理规范》（GB/T 50319—2013)2014 年 3 月 1 日施行，此规范规定建设工程监理规划通常包括十二项内容，当工程项目较为特殊时也可增加其他必要内容。

1. 建设工程概况

建设工程的概况部分主要编写以下内容。

（1）建设工程名称。

（2）建设工程地点。

（3）建设工程组成及建筑规模。

（4）主要建筑结构类型。

（5）预计工程投资总额，预计工程投资可以按以下两种费用编制。

① 建设工程投资总额。

② 建设工程投资组成简表。

（6）建设工程计划工期。

可以以建设工程的计划持续时间或建设工程开、竣工的具体日历时间表示。

① 以建设工程计划持续时间表示：建设工程计划工期为"××个月"或"××天"。

② 以建设工程的具体日历时间表示：建设工程计划工期由＿＿＿年＿＿＿月＿＿＿日至＿＿＿年＿＿＿月＿＿＿日。

（7）工程质量要求，应具体提出建设工程的质量目标要求。

（8）建设工程设计单位及施工单位名称。

（9）建设工程项目结构图与编码系统。

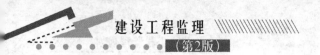
2. 监理工作范围、内容、目标

（1）监理工作范围。如果监理企业承担全部建设工程的监理任务，监理范围为全部建设工程，否则应按监理企业所承担的建设工程的建设标段或子项目划分确定建设工程监理范围。

（2）监理工作内容。应根据监理合同的约定确定，主要监理工作为施工阶段监理及相关服务。施工阶段监理工作的主要内容概括为"三控，三管，一协调"，相关服务为：工程勘察设计阶段服务及工程保修阶段服务。

① "三控"。指质量、造价、进度控制。

② "三管"。指安全管理、合同管理及信息管理。

③ 组织协调指施工过程中协调处理好各方关系，使之步调一致。

④ 相关服务指工程勘察设计阶段服务及工程保修阶段服务。

（3）监理工作目标。建设工程监理目标是指监理单位所承担的建设工程的监理控制预期达到的目标。通常建设工程的投资、进度、质量三大目标的控制值来表示。

① 投资控制目标。以____年预算为基价，静态投资为____万元（或合同价为____万元）。

② 工程控制目标。____个月或自____年___月___日至___年___月___日。

③ 质量控制目标。建设工程质量合格及业主的其他要求。

3. 监理工作依据

（1）法律、法规及工程建设标准。

（2）建设工程勘察设计文件。

（3）建设工程监理合同及其他合同文件。

4. 监理组织形式、人员配备及进退场计划、监理人员岗位职责

1）项目监理机构的组织形式

应根据建设工程监理要求选择，项目监理机构可用组织结构图表示。

2）项目监理机构的人员配备及进退场计划

监理人员应包括总监理工程师、专业监理工程师和监理员，必要时可配备总监理工程师代表。

项目监理机构的人员配备应根据建设工程监理的进程合理安排，见表 6-1。

表 6-1 项目监理机构的人员配备计划

时　　间	3 月	4 月	5 月	……	12 月
监理工程师	8	9	10		6
监理员	24	26	30		20
文秘人员	3	4	4		4

3）项目监理机构的人员岗位职责

（1）总监理工程师岗位职责。

① 确定项目监理机构人员及其岗位职责。

② 组织编制监理规划，审批监理实施细则。

③ 根据工程进展及监理的工作情况调配监理人员，检查监理人员工作。

④ 组织召开监理例会。

⑤ 组织审核分包单位资格。

⑥ 组织审查施工组织设计、（专项）施工方案。

⑦ 审查工程开复工报审表，签发工程开工令、暂停令和复工令。

⑧ 组织检查施工单位现场质量、安全生产管理体系的建立及运行情况。

⑨ 组织审核施工单位的付款申请、签发工程款支付证书，组织审核竣工结算。

⑩ 组织审查和处理工程变更。

⑪ 调解建设单位与施工单位的合同争议，处理工程索赔。

⑫ 组织验收分部工程，组织审查单位工程质量检验资料。

⑬ 审查施工单位的竣工申请，组织工程竣工预验收，组织编写工程质量评估报告，参加工程项目的竣工验收。

⑭ 参与或配合工程质量安全事故的调查和处理。

⑮ 组织编写监理月报、监理工作总结，组织整理监理文件资料。

（2）总监理工程师不得将下列工作委托给总监理工程师代表。

① 组织编制监理规划，审批监理实施细则。

② 根据工程进展及监理工作情况调配监理人员。

③ 组织审查施工组织设计、（专项）施工方案。

④ 签发工程开工令、暂停令和复工令。

⑤ 签发工程款支付证书，组织审核竣工结算。

⑥ 调解建设单位与施工单位的合同争议，处理工程索赔。

⑦ 审查施工单位的竣工申请，组织工程竣工预验收，组织编写工程质量评估报告，参与工程竣工验收。

⑧ 参与或配合工程质量安全事故的调查和处理。

（3）专业监理工程师岗位职责。

① 参与编制监理规划，负责编制监理实施细则。

② 审查施工单位提交的涉及本专业的报审文件，并向总监理工程师报告。

③ 参与审核分包单位资格。

④ 指导、检查监理员工作，定期向总监理工程师报告本专业监理工作实施情况。

⑤ 检查进场的工程材料、构配件、设备的质量。

⑥ 验收检验批、隐蔽工程、分项工程，参与验收分部工程。

⑦ 处置发现的质量问题和安全事故隐患。

⑧ 进行工程计量。

⑨ 参与工程变更的审查和处理。

⑩ 组织编写监理日志，参与编写监理月报。

⑪ 收集、汇总、参与整理监理文件资料。

⑫ 参与工程竣工预验收和竣工验收。

（4）监理员岗位职责。

① 检查施工单位投入工程的人力、主要设备的使用及运行状况。

② 进行见证取样（明确了监理员的见证取样职责）。

③ 复核工程计量有关数据。

④ 检查工序施工结果。

⑤ 发现施工作业中的问题，及时指出并向专业监理工程师报告。

5. 监理工作制度

1）监理工作制度

① 设计文件、图纸审查制度。

② 施工图纸会审及设计交底制度。

③ 施工组织设计审核制度。

④ 工程开工申请审批制度。

⑤ 工程材料，半成品质量检验制度。

⑥ 隐蔽工程分项（部）工程质量验收制度。

⑦ 单位工程、单项工程总监验收制度。

⑧ 设计变更处理制度。

⑨ 工程质量事故处理制度。

⑩ 施工进度监督及报告制度。

2）监理机构内部工作制度

① 监理组织工作会议制度。

② 对外行文审批制度。

③ 监理工作日志制度。

④ 监理周报、月报制度。

⑤ 技术，经济资料及档案管理制度。

⑥ 监理费用预算制度。

6. 工程质量控制

1）质量控制方法

（1）工程质量的事前控制。

① 审查施工单位选择的分包单位的资质；

② 监督检查施工单位质量保证体系及安全技术措施，完善质量管理程序与制度；

③ 参加设计单位向施工单位的技术交底；

④ 审查施工单位上报的实施性组织设计，重点对施工方案、劳动力、材料、机械设备的组织及保证工程质量、安全、工期和控制造价等方面的措施进行监督，并向业主提出监理意见；

⑤ 在单位工程开工前检查单位的复测资料，特别是两个相邻施工单位之间的测量资料、控制桩是否交接清楚，手续是否完善。质量有无问题，并对贯通测量、中线及水准桩的设置、固桩情况进行审查；

⑥ 对重点工程部位的中线、水平控制进行复查；

⑦ 监督落实各项施工条件，审批一般单项工程、单位工程的开工报告，并报业主备查。

（2）工程质量的事中控制。

质量事中控制采用的方法主要为：工地检查和巡视、旁站监督和平行检验。

① 对所有的隐蔽工程在进行隐蔽以前进行检查和办理签证，对重点工程要派监理人员驻点跟踪监理，签署重要的分项工程、分部工程和单位工程质量评定表；

② 对施工测量、放样等进行检查，对发现的质量问题应及时通知施工单位纠正，并做好监理记录；

③ 检查确认运到现场的工程材料、构件和设备质量，并应查验试验、化验报告单、出厂合格证是否齐全、合格，监理工程师有权禁止不符合质量要求的材料、设备进入工地和投入使用；

④ 监督施工单位严格按照施工规范、设计图纸要求进行施工，严格执行施工合同；

⑤ 对工程主要部位、主要环节复杂工程加强检查；

⑥ 检查施工单位的工程自检工作，数据是否齐全，填写是否正确，并对施工单位质量评定自检工作出综合评价；

⑦ 对施工单位的检验测试仪器、设备、度量衡定期检验，不定期地进行抽验，保证度量资料的准确；

⑧ 监督施工单位对各类土木和混凝土试件按规定进行检查和抽查；

⑨ 监督施工单位认真处理施工中发生的一般质量事故，并认真做好监理记录；

（3）工程质量的事后控制。

① 监督、检查施工单位及时整理竣工文件和验收资料，受理单位工程竣工验收报告，提出监理意见；

② 根据施工单位的竣工报告，提出工程指令检验报告；

③ 组织施工预验收，参加业主组织的竣工验收。

2）质量目标实现的风险分析

3）质量控制的工作流程图

4）质量控制的具体措施

（1）质量控制的组织措施。

建立健全项目监理机构，完善职责分开，制定有关质量监督制度，落实质量控制责任。

（2）质量控制的技术措施。

协助完善质量保证体系；严格事前、事中和事后的质量检查监督。

（3）质量控制的经济措施及合同措施。

严格质检和验收，不符合合同规定质量要求的拒付工程款；达到业主特定质量目标要求的，按合同支付质量补偿金或奖金。

7. 工程造价控制

1）造价控制方法

（1）造价的事前控制。

① 按建设工程的投资费用组成分解投资目标；

★按年度、季度分解；

★按建设过程实施阶段分解；

★按建设工程组成分解。

② 投资使用计划。投资使用计划可列表编制（表6-2）。

表6-2　投资使用计划表

工程名称	××年度				××年度				××年度				总　额
	一	二	三	四	一	二	三	四	一	二	三	四	

（2）造价的事中控制。

① 审查施工单位申报的月、季度计量报表，认真核对其工程数量，不超计、不漏计。严格按合同规定进行计量支付签证；

② 保证支付签证的各项工程质量合格、数量准确；

③ 建立计量支付签证台账，定期与施工单位核对清单；

④ 按业主授权和施工合同的规定审核变更设计。

（3）造价的事后控制。

2）投资目标实现的风险分析

3）投资控制的工作流程图

4）投资控制的具体措施

（1）投资控制的组织措施。建立健全项目监理机构，完善职责分工及有关制度，落实投资控制的责任。

（2）投资控制的技术措施。

① 在设计阶段，推行限额设计和优化设计；

② 在招标投标阶段，合理确定标底及合同价；

③ 对材料、设备采购，通过质量价格比选，合理确定生产供应单位；

④ 在施工阶段，通过审核施工组织设计和施工方案，使组织施工合理化。

（3）投资控制的经济措施。及时进行计划费用与实际费用的分析比较。对原设计或施工方案提出合理化建议并被采用，由此产生的投资节约按合同规定予以奖励。

（4）投资控制的合同措施。按合同条款支付工程款，防止过早、过量的支付。减少施工单位的索赔，正确处理索赔事宜等。

8. 工程进度控制

1）进度控制方法

（1）进度的事前控制。

① 工程总进度计划。

② 总进度目标的分解。

★年度、季度进度目标；

★各阶段的进度目标；

★各子项目进度目标。

（2）进度的事中控制。

① 监督施工单位严格按施工合同规定的工期组织施工；

② 对控制工期的重点工程，审查施工单位提出的保证进度的具体措施，如发生延误，应及时分析原因，采取对策；

③ 建立工程进度台账，核对工程形象进度，按月、季向业主报告施工计划执行情况、工程进度及存在的问题。

（3）进度的事后控制

2）进度目标实现的风险分析

3）进度控制的工作流程图

4）进度控制的具体措施

（1）进度控制的组织措施。落实进度控制的责任，建立进度控制协调制度。

（2）进度控制的技术措施。建立多级网络计划体系，监控承建单位的作业实施计划。

（3）进度控制的经济措施。对工期提前者实行奖励；对应急工程实行高的计价单价；确保资金的及时供应等。

（4）进度控制的合同措施。按合同要求及时协调有关各方的进度，以确保建设工程的形象进度。

9．安全生产管理的监理工作

（1）应根据法律法规、工程建设强制性标准，履行建设工程安全生产管理的监理职责，并应将安全生产管理的监理工作内容、方法和措施纳入监理规划及监理实施细则。

（2）开工应审查施工单位现场安全生产规章制度的建立和实施情况，并应审查施工单位安全生产许可证及施工单位项目经理、专职安全生产管理人员和特种作业人员的资格，同时应检查施工机械和设施的安全许可验收手续。

（3）应审查施工单位报审的专项施工方案，符合要求的，应由总监理工程师签认后报建设单位。超过一定规模的危险性较大的分部分项工程的专项施工方案，应检查施工单位组织专家进行论证、审查的情况，以及是否附具安全验算结果。项目监理机构应要求施工单位按已批准的专项施工方案组织施工。专项施工方案需要调整时，施工单位应按程序重新提交项目监理机构审查。专项施工方案审查应注意：

① 编审程序应符合相关规定，由施工单位和总包单位技术负责人签字，经总监和业主项目负责人签字后方可实施。

② 安全技术措施应符合工程建设强制性标准，违者应要求重编重报。

（4）应巡视检查危险性较大的分部分项工程专项施工方案实施情况。发现未按专项施工方案实施时，应签发监理通知单，要求施工单位按专项施工方实施。

（5）发现工程存在安全事故隐患时，应签发监理通知单，要求施工单位整改；情况严重时，应签发工程暂停令，并应及时报告建设单位。施工单位拒不整改或不停止施工时，项目监理机构应及时向有关主管部门报送监理报告。

10．合同与信息管理

1）合同管理

合同管理工作的主要内容：

① 拟订本建设工程合同体系及合同管理制度，包括合同草案的拟订、会签、协商、修改、审批、签署、保管等工作制度及流程；

② 协助业主拟定工程的各类合同条款，并参与各类合同的商谈；

③ 合同执行情况的分析和跟踪管理；

④ 协助业主处理与工程有关的索赔事宜及合同争议事宜。

⑤ 合同目录一览表（见表6-3）。

表6-3　合同目录一览表

序　　号	合同编号	合同名称	承包商	合同价	合同工期	质量要求

2）信息管理

应建立完善监理文件资料管理制度，宜设专人管理监理文件资料，及时、准确、完整地收集、整理、编制、传递监理文件资料。监理文件资料为：

① 勘察设计文件、建设工程监理合同及其他合同文件；

② 监理规划、监理实施细则；

③ 设计交底和图纸会审会议纪要；

④ 施工组织设计、（专项）施工方案、施工进度计划报审文件资料；

⑤ 分包单位资格报审文件资料；

⑥ 施工控制测量成果报验文件资料；

⑦ 总监理工程师任命书、工程开工令、暂停令、复工令、开工或复工报审文件资料；

⑧ 工程材料、设备、构配件报验文件资料；

⑨ 见证取样和平行检验文件资料；

⑩ 工程质量检查报验资料及工程有关验收资料；

⑪ 工程变更、费用索赔及工程延期文件资料；

⑫ 工程计量、工程款支付文件资料；

⑬ 监理通知单、工作联系单与监理报告；

⑭ 第一次工地会议、监理例会、专题会议等会议纪要；

⑮ 监理月报、监理日志、旁站记录；

⑯ 工程质量或生产安全事故处理文件资料；

⑰ 工程质量评估报告及竣工验收监理文件资料；

⑱ 监理工作总结。

11. 组织协调

施工阶段的协调贯穿于施工阶段的全过程。施工过程中存在建设单位、勘察设计单位、施工承包单位、供应商与监理单位各方之间的关系，不可避免地会遇到各种各样的问题，产生一些矛盾。协调处理好各方关系，使之步调一致，是监理工作一项十分重要的工作。

12. 监理工作设施

业主提供满足监理工作需要的如下设施：

（1）办公设施；

（2）交通设施；

（3）通信设施；

（4）生活设施。

根据建设工程类别、规模、技术复杂程度、建设工程所在地的环境条件，按委托监理合同的约定，配备满足监理工作需要的常规检测设备和工具。

知识拓展

综合国内外监理单位的技术装备内容有以下几项：计算机、工程测量仪器和设备、检测仪器设备、交通通信设备、照相录像设备等。作为监理工作，需要上述各项仪器设备。但是，并不等于完全要监理单位自行装备。因为监理单位提供的是智力服务，而不是提供服务设施，尤其是大型的、或特殊专业使用的或昂贵的技术装备均由业主无偿提供监理单位使用。监理单位完成约定的监理业务后，把这些设备移交给业主。

一般情况下监理单位应自行装备的设备主要是计算机、工程测量仪器和设备、照相录像设备，这几项作为考察监理单位技术装备能力的主要内容，而业主提供的技术装备不能列为监理单位的技术装备。

6.3.2 建设工程监理规划的审核

建设工程监理规划在编写完成后需要进行审核并经批准，监理单位的技术主管部门是内部审核单位，其负责人应当签认。监理规划审核的内容主要包括以下几个方面：

1. 监理范围、工作内容及监理目标的审核

依据监理招标文件和委托监理合同，看其是否理解了业主对该工程的建设意图，监理范围、监理工作内容是否包括了全部委托的工作任务，监理目标是否与合同要求和建设意图相一致。

2. 项目监理机构结构的审核

1）组织结构

在组织形式、管理模式等方面是否合理，是否结合了工程实施的具体特点，是否能够与业主的组织关系和承包方的组织关系相协调等。

2）人员配备

人员配备方案应从以下几个方面审查：

① 派驻监理人员的专业满足程度。应根据工程特点和委托监理任务的工作范围审查，不仅考虑专业监理工程师如土建监理工程师、机械监理工程师等能否满足开展监理工作的需要，而且还要看其专业监理人员是否覆盖了工程实施过程中的各种专业要求，以及高、中级职称和年龄结构的组成。

② 人员数量的满足程度。主要审核从事监理工作人员在数量和结构上的合理性。例如上海市颁布了工程项目监理人员的配置数量表（见表6-4）。

表6-4　工程项目监理人数配置参照表

工程类别	投资额/万元	前期阶段	设计阶段	施工准备阶段	施工阶段/人			
					基础阶段	主体阶段	高峰阶段	收尾阶段
房屋建筑工程	$M<500$	2	2	2	3	3	4	4
	500～1 000	2	2	2	3	4	4	4
	1 000～5 000	3	3	3	4	5	5	5
	5 000～10 000	4	4	4	5	6	7	5
	10 000～50 000	4	4	4	7	9	10	7
	50 000～100 000	4	4	4	8	10	11	7
	$M>100 000$	5	5	5	9	11	12	8
市政工程	$M<500$	2	—	2	3	3	4	4
	500～1 000	2	—	2	3	4	4	4
	1 000～5 000	3	3	3	5	5	5	4
	5 000～10 000	4	4	3	5	7	8	4
	10 000～50 000	4	4	3	—	8	—	5
	50 000～100 000	4	4	3	—	8	—	5
	$M>100 000$	5	5	4	—	9	—	6
备　注	1. 实际配备人数可为表中人数 2. 投资额与各阶段计费基础相对应							

③ 专业人员不足时采取的措施是否恰当，大中型建设工程由于技术复杂、涉及的专业面宽，当监理单位的技术人员以满足全部监理工作要求时，对拟临时聘用的监理人员的综合素质应认真审核。

④ 派驻现场人员计划表。对于大中型简单和观察，不同阶段对监理人员认输和专业等方面的要求不同，应对各阶段多派驻现场监理人员的专业、数量计划是否与建设工程的进度计划相适应进行审核。还应平衡正在其他工程上执行监理业务的人员，是否能按照预定计划进入本工程参加监理工作。

3. 工作计划审查

在工程进展中各个阶段的工作实施计划是否合理、可行，审查其在每个阶段中如何控制建设工程目标以及组织协调的方法。

4. 投资、进度、质量控制方法和措施的审核

对三大目标的控制方法和措施应重点审查，看其如何应用组织、技术、经济、合同措施保证目标的实现，方法是否科学、合理、有效。

5. 监理工作制度审核

主要审查监理的内、外工作制度是否健全。在施工阶段，专业监理工程师占 20%～30%。

综合应用案例

【案例背景】

某住宅小区1号楼，地下室为车库，1～2层为商铺，3～11层为住宅，顶层为电梯机房、楼梯间。基地面积：1 266.8m²，建筑面积：6 861.96m²，建筑高度为39.9m。建筑分类为二类居住，抗震设防烈度为8度，耐火等级为一级。地下车库耐火等级一级，防火分类Ⅱ类，主体结构为全现浇钢筋混凝土墙结构，基础钢筋混凝土筏板基础，地基为CFG桩复合地基。

给排水、暖通和空调分部工程：本楼给水系统分高、低两个区，1～9层为低区，10层～顶层为高区。排水系统为高、低两个区，一层为低区，二层至顶层为高区。高、低区分别排出室外。

电气安装分部工程：本工程属2类建筑，电气包括220～380V配电系统，建筑物防雷、接地及防雷系统。消防报警建筑智能化的弱电系统。

【观察与思考】

请为此项目完成监理细则。

【案例分析】

某住宅小区《安全文明施工监理细则》如下：

第一章　工程概况：（略）

第二章　监理工作范围

一、施工阶段全过程、全方位的安全、文明施工监理。

二、《建设工程安全生产管理条例》规定的监理范围。

第三章　监理工作内容

一、施工准备阶段安全生产监理的主要工作。

（1）监理公司技术部对拟上岗的监理工程师进行了公司内部的安全培训，考核合格。

（2）公司向项目部及时发放了有关的安全、文明施工的有关规范、条例及文件。

二、施工过程中安全生产的主要工作。

（1）审查施工单位的安全生产资证书和项目部安全生产许可证。

（2）审查施工单位的项目经理、安全员是否持双证上岗及兼职安全人员的配备情况。

（3）审查施工专项方案是否经过专家论证及审批。

第四章　监理工作目标

一、严格执行《安全生产管理条例》，切实遵守各项安全技术操作规程、规范、条例，创造安全、文明的施工作业环境，为达到合同规定的质量、工期投资目标创造必要的条件。

二、坚持"事先控制、预防为主、安全第一"的方针，加强目标管理，为三大目标的实现提供技术、管理支持。

（1）伤亡事故控制目标。杜绝死亡、杜绝重大安全事故发生、减少和消除一般安全事故隐患、轻伤率控制在千分之五。

（2）安全达标目标。按"建筑施工安全检查标准"要求达到"优良"目标。（80分以上）

（3）文明施工目标。达到自治区级安全文明工地目标，争创安全文明施工样板工程。

第五章　监理工作依据

一、《建设工程监理委托合同》、《建设工程施工合同》及涉及与本工程有关的其它合同。

二、《工程建设监理规范》、《建设工程文件归档整理规范》。

三、国家和地方有关工程建设的法律、法规、规范、标准、条例及强制性条文。

第六章　安全生产管理体系

针对该工程的特点，安全监理的范围、工作内容等成立本工程的项目安全生产领导小组。组成直线制监理组织机构，开展安全生产监理业务。项目直线制建立组织机构如图6.1所示。

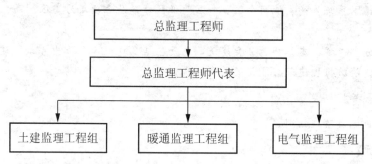

图6.1　项目直线制建立组织机构

派驻人员由一名具有多年施工及监理经验的总监理工程师与一名具有实践经验的总监理工程师代表和专业配套、数量、满足要求的专业监理工程师队伍组成，实行总经理负责制。以认真负责的工作态度、精湛的业务技能、高尚的职业道德、极强的协调能力胜任本工作。根据工作进展情况将进行适当的补充和调整。可附安全生产领导小组人员名单。

第七章　项目安全生产领导组人员岗位职责

一、安全生产领导组长

（1）对本企业监理工程项目的安全生产监理工作全面负责。

（2）负责建立健全企业纵横向安全责任制，向本企业职代会或股东大会提交报告，经授权发布安全生产责任制的实施令。

（3）负责组建安全生产领导组，确定组成人员。

（4）负责小组成员学习有关安全的法律、法规、规章、规范、规程、标准和政策性文件，并进行考核。

二、安全生产领导组副组长

（1）负责主持项目部安全生产的全面工作，行使业主付予监理公司的权利，对内向监理公司负责，对外向业主负责，根据有关法律、法规、规定、合同等本着平等公正的原则协调业主、监理、设计、施工等各有关单位在工程施工过程中的相互联系，使之协调一致，全面完成本工程建设的质量、进度、安全目标。

（2）确定项目监理部人员安全职责分工，主持编写项目安全监理规划、实施细则，并负责项目监理部的日常安全、文明监理事务。

（3）审查分包单位资质，并提出审查意见。

（4）检查和监督安全小组成员的工作，根据工程项目的进度或其它情况进行监理人员的调配。对不称职的安全小组监理人员要求公司调换其工作。

（5）主持监理工作例会，督促落实改进意见，负责签发项目监理机构安全文明施工的各项文件、指令。

（6）着重审核、审定承包单位提交的开工报告、施工组织设计中的安全文明施工措施，督促制定相关安全组织系统、规章制度，重要分部工程安全技术方案。

（7）参加项目设计交底和图纸会审，审查和处理工程变更，对涉及安全文明施工的重点部位、关键部位要考虑安全操作和防护的需要，对防范安全生产事故提出指导意见。

（8）主持或参与工程安全事故的调查，负责项目安全监理工作。

（9）审核并签署安全文明施工方面的停工令、复工令。

（10）组织编写监理月报、监理工作阶段报告中的安全文明施工内容，组织编写安全文明施工专题报告，负责指定专人记录监理日志中的安全文明内容。

（11）参与管理评审，制定并执行本部门出现的安全文明不合格纠正措施，并督促预防措施的执行。

（12）负责本部门参与安全体系运行产生的安全文明记录的审查、处理，并主持工程安全文明记录的归档和监理资料的移交。

（13）参与监督安全文明专项施工费用的落实、使用情况，一经发现改项资金有挪用现象需及时向业主及上级主管部门报告。

三、安全文明生产领导组组员

（1）在副组长的授权下行使其部分职责。

（2）负责副组长指定或交办的有关安全文明施工监督工作，参与组织、协调和检查其它组员的安全监理工作，随时向副组长汇报工作情况。

（3）审核施工方申报的安全技术措施、方案，并督促其实施。

（4）检查项目承包单位对工程安全事故的处理情况，督促承包单位按安全事故处理方案严格整改。

（5）对各分部工程、分项工程的安全、文明施工过程及时抽查，发现问题及时向副组长报告。

（6）协调副组长协调解决建设、设计、施工各单位涉及安全文明施工的重大问题。

四、安全生产领导组成员

（1）在副组长的领导下熟悉项目情况，负责本专业安全监理工作的具体实施。

（2）制定本专业项目安全监理实施细则，保持与业主、承包单位、专业技术人员、特殊工种人员的密切联系。

（3）根据工程进度或其它特殊要求向副组长提出人员调整意见或建议。

（4）审查承包单位提交的涉及本专业的计划、方案、申请、变更，从安全文明施工角度审查其可操作性，向副组长提出报告。

（5）检查进场安全网、塔吊、脚手板、灭火器材等施工器材的原始凭证、检测报告等质量证明文件及实际质量情况，检查塔吊、搅拌机、配料机、龙门架等器材、机械的鉴定书，根据实际情况认为有必要可对设备、机械进行平行检验，合格时予以签认。

（6）负责本专业检验批、分项工程的验收。

（7）施工过程中严格要求承包单位按施工组织设计、专项方案、安全规范、条例等组织施工，进行巡视或平行检验。

（8）负责本专业安全监理资料的收集、汇总，参与编写监理月报，根据本专业监理工作实际情况，作好安全监理日记，监理日记应详尽、准确。

（9）参与处理施工中的一般安全事故，协调副组长参与重大安全事故的处理，公平、公正、清楚地提供完整事实依据。

（10）负责本专业安全文明施工工序的工程计量工作。

（11）将本专业安全资料随时整理，随时交付副组长，以备竣工归档。

第八章 安全监理工作的方法与措施

一、安全控制措施

（1）建立安全生产管理体系，以保证安全生产监理责任的落实。监理公司总经理对本企业监理工程项目的安全生产监理工作全面负责。总监理工程师对工程项目的安全生产监理工作负责，并根据项目的特点，确定具体安全工作监理人员，明确其工作职责。安全监理工作人员在总监理工程师的领导下，从事安全生产监理工作。

（2）加强监理从业人员的安全生产教育培训工作，总监理工程师、总监理工程师代表及各专业监理工程师均需经公司进行安全生产教育培训后方可上岗。

（3）根据《建设工程安全生产管理条例》的规定，按照工程建设的强制性标准和建设工程监理规范的要求，编制包括安全生产监理方案的项目监理规划，有关明确安全生产监理工作的内容、工作程序和制度措施。

（4）对开工前是否具备"建筑工程施工安全监督审查书"要求的安全生产条件进行检查，如存在安全隐患和问题，必须监督在整改后方能开工。

（5）检查有关承包商现场安全生产保证体系、安全生产责任制及现场安全管理制度的建立及落实情况。

（6）现场监理部要审查施工组织设计中的安全技术措施的编制、实施及各分部分项工程安全技术措施及专项施工方案的编制及实施情况。

（7）检查大中型施工机械、设施的安装、拆卸方案的编制及落实情况，检查其产品合格证、生产许可证、使用说明书及交底情况。塔吊安装前，应向主管部门提交安装申请，安装完成后，应请政府劳动安全主管部门组织验收，合格后方可使用。

（8）检查临时用电施工组织设计的编制及落实情况。

（9）检查施工管理人员及特殊工种持证上岗情况、职工安全教育记录、各项安全技术交底记录、安全验收记录、安全检查记录、班前活动记录等安全管理资料是否齐全、真实、有效。

（10）审核施工方国家规定并经专家论证的专项施工方案，督促施工承包单位按照工程建设强制性和专项安全施工方案组织施工，制止违规施工作业。

（11）对施工过程中的危险性较大工程作业等进行定期巡视检查，每天不少于一次。发现严重违规施工和存在安全事故隐患的，应当要求施工单位整改，并检查整改结果，签署复查意见。情况严重的，由总监理工程师下达工程暂停施工令并报告建设单位。施工单位拒不整改的应及时向建筑工程安全监督机构报告。

（12）督促施工单位进行安全自查工作，参与施工现场的安全生产检查。

（13）复核施工单位施工机械和各种设施的安全许可验收手续，并签署意见。未经监理人员签署认可的不得投入使用。

（14）要求承包商施工企业严格按照《建筑施工安全检查标准》（JGJ 59—2011）每季度进行一次自检评分，项目部每个施工阶段不少于一次自检评分。

（15）针对现场的特点，对承包商进行定期或不定期按照《内蒙古自治区项目施工安全监督计划书》附表中的项目或部位重点监督抽查内容进行检查、评分。

（16）检查和督促承包商施工现场安全管理资料是否齐全、有效，是否与工程进度一致，发现问题，要及时整改。

二、主要项目控制的方法

（一）土方与基坑工程

（1）土方开挖前要审查是否具备岩土工程勘察报告。查明基坑周边影响范围内的建筑物、上下水、电缆、燃气、排水及热力等地下管线情况。

（2）应根据地质条件，基坑深度以及周围环境编制安全专项方案及应急预案。

（3）施工前应针对安全风险进行安全教育及安全技术交底。特种工作人员必须持证上岗。

（4）当基坑放坡高度较大，施工期和暴露时间较长防止基坑边坡因气温变化或失水过多而风化和松散，或防止坡面受雨水冲刷而产生的溜坡现象，应根据实际情况采取边坡保护措施，保护基坑边坡的稳定。

（5）开挖深度超过5米的深基坑，应有专项边坡支护方案，并经专家论证审批合格后，方可实施。

（二）脚手架工程

（1）扣件式钢管脚手架。

① 脚手架是建筑施工中重要的临时设施，脚手架搭设前必须有经过审批的专项施工方案。并应有向作业人员的安全交底。

② 脚手架的构配质量应按规定进行检查验收，合格后方可使用。

③ 脚手架搭设人员必须持特种作业人员上岗证上岗。

（2）悬挑式脚手架。必须有搭设层数及竖向、水平架管的连接详图，悬挑杆件计算书，悬挑锚固节点详图，脚手板及上人马道的布置图。

（3）吊篮脚手架。主要用于高层建筑施工装修作业。

① 应结合工程情况编制专项施工方案，对特殊部位转角、阳台的悬挑应予以详细的说明，方案应按程序审批后方可实施。

② 应使用厂家生产的定型产品，应有制造许可证、合格证及出厂检验报告及产品使用说明书。

③ 吊篮现场安装完毕后，有公司组织相关人员验收，合格后方可使用。

（4）附着式升降脚手架。是定型化反复使用的施工工具或载人设备，具有较大的危险性，为确保使用安全必须加强生产和使用管理。

① 附着升降脚手架产品必须合格，并在当地安全监督部门登记备案。

② 对附着升降脚手架安装。拆除及操作使用的专业分包单位具备相应的资质。

③ 操作人员应经过专业培训，并应进行安全技术交底。

（三）模板工程

（1）模板工程面板和支撑体系所用的构配件直接影响混凝土支撑体系和稳定性。为保证施工安全，应满足以下要求：

① 应有足够的强度，保证模板结构的承载能力。

② 应有足够的刚度，在使用时，变形在允许的范围内。

③ 尽量选用轻质材料，并且能够多次周转而不易损坏。

（2）模板安装与拆除。

① 大型模板搭设前应有专项方案，并经专家论证审批后，方可实施。模板搭设完毕，必须有项目技术负责人组织有关人员按设计方案进行检查验收，合格后方可浇筑混凝土。

② 模板拆除必须有拆模申请，并根据同条件养护的混凝土试块强度达到规定时，技术负责人批准方可拆模。

（四）高处作业

（1）对施工单位编制的施工组织设计中，高处作业、临边与洞口作业安全防护、悬空与攀登作业安全防护、操作平台与交叉作业安全防护等项工作的进行监督及实施的审查。

（2）"三宝"使用情况的监督。

① 安全帽。应购买有产品检验合格证的安全帽，并经送试检验(耐冲去性能和穿透性能)合格后方可使用，凡进入施工现场的人员必须戴安全帽，并正确佩戴。

② 安全带。应选用符合标准要求的安全带，验收合格并经送试检验合格后方可使用，在使用过程中要高挂低用，防止摆动和碰撞，安全带上的部件不得任意拆掉，不应打结使用，挂钩时不应挂在不牢固或直接挂在安全绳上使用。

③ 安全网。现场应选用符合标准要求的安全网，凡购入的安全网经验收合格，并经送试检验合格后方可使用，在使用过程中与架体绑牢，经常清除网内杂物。在拆除安全网时，根据条件采取相应的防护措施，并在保护区域的作业区域作业停止后方可拆除。

（五）临时用电

（1）审查编制临时用电组织设计。履行"编制、审核、批准"程序。

（2）施工现场的临时用电工程专用电源中性点直接接地的 220V/380V 的三相四线制低压电力系统，必须采用 TN—S 系统。

（3）施工现场配电线路采用架空线路必须用绝缘导线。架空线路应有短路保护和连接保护，导线的截面应根据施工用电计算负荷电流大于其长期连续负荷允许载流量。

（4）架空线路安全距离应符合要求。

（5）电工必须持证上岗，现场使用的机械设备由专业电工接线，非工种人员不得私自乱接。

（6）施工现场用电设备，塔式起重机应做防雷接地与重复接地电缆不得拖地行走。

（7）施工升降机和物料提升机，要有紧急停止开关，外用电梯和物料提升机上下限极限位置开关，并应检查是否正常。

（8）焊接机械。应放在防雨、干透、通风的地方，焊接现场不应有易燃易爆物品，一次线长度不应大于 5m，二次线长度不应大于 30m。开关箱的漏电保护器要符合要求。

（9）打夯机。要安装漏电保护器，电缆长度不大于 50m。应有专人调整电缆，严禁缠绕、扭绕和被打夯机跨越，操作人员戴绝缘手套。

（10）施工现场内的起重机井字架、龙门架的机械设备，应安装防雷装置。

（六）塔式起重机

（1）在使用前应进行产权备案、使用登记，安拆时应向相关部门进行告知1、审查安装、拆除塔机专项施工方案，审批后方可实施。

（2）塔机的安拆必须由有起重机械安装工程专业承包拆装资质证书、安全生产许可证的专业队伍进行。

（3）塔机安装完毕，需进行有关部门的验收，办理手续并签字，合格后方可使用。

（4）操作塔机人员必须持证上岗。并配备司索工。

（七）文明施工

施工现场的安全管理与文明施工是安全生产的重要组成部分。首先应全面贯彻内蒙古建设厅颁发的安全、文明施工管理条例。

（1）审查施工组织设计中的施工现场平面布置图，在施工实施阶段按照平面图要求，放置通道组织排水，搭建临时设施，堆放物料和设置机械设备。

（2）督促施工单位建立"门卫制度、消防制度、治安保卫制度、卫生责任制度"的落实。

（3）督促施工单位实行封闭管理，将施工现场与外界隔离，防止扰民，保护环境，美化市容。

（4）施工现场进行围挡，围挡高度不低于(1)8米(市区外)，要设置大门，大门应牢固美观，门上应标有企业名称等。

（5）施工现场的进出口处应整齐明显的"五牌一图"，设置。

（6）建立消防制度，制定消防措施，确定消防人员，要合理配备消防器材。

本章小结

本章介绍了监理文件的组成及相互间的关系。重点说明监理规划的作用、内容和编制的要求。

工程建设监理规划是指导项目监理组织全面开展监理工作的依据；是工程建设监理主管机构对监理单位实施监督管理的重要依据；是业主确定监理单位是否全面、认真履行工程建设监理合同的主要依据；也是监理单位重要的存档资料。

工程建设监理规划的内容主要包括工程项目概况；监理工作范围；监理工作内容；监理工作目标；监理工作依据；项目监理机构的组织形式；项目监理机构的人员配备计划；项目监理机构的人员岗位职责；监理工作程序；监理工作方法及措施；监理工作制度；监理实施。

编制监理规划时应针对项目的实际情况，明确项目监理机构的工作目标，确定具体的监理工作制度、程序、方法和措施，并应具有可操作性。

习 题

一、单选题

1. 监理规划的作用是(   )。

A. 为监理单位取得监理业务

B. 指导监理机构如何做和做什么监理工作

C. 明确各监理人员的岗位职责具体指导监理实施

D. 为拟订和签署《建设工程监理合同》做准备

2. 监理单位在（　　）文件中应当明确提出拟配备到工程项目中的主要监理人员名单，并对他们的基本情况和资质进行介绍。

A. 监理大纲　　　　B. 监理合同　　　　C. 监理规划　　　　D. 监理细则

3.（　　）有以下两个作用：一是使业主认可监理大纲中的监理方案，从而承揽到监理业务；二是为项目监理机构今后开展监理工作制定基本的方案。

A. 监理大纲　　　　B. 监理合同　　　　C. 监理规划　　　　D. 监理细则

二、多选题

1. 监理大纲、监理规划、监理细则的区别是（　　）。

A. 监理细则是开展监理工作的依据，而其他则不是开展监理工作的依据

B. 编写时间不同

C. 主持编写人身份不同

D. 内容范围不同

E. 内容粗细程度不同

2.（　　）是编制监理规划的依据。

A. 施工组织设计文件　　　　　　　　B. 施工分包合同

C. 监理大纲　　　　　　　　　　　　D. 监理合同

E. 业主的正当要求

三、简答题

（1）建设工程监理规划的作用有哪些？

（2）监理大纲、监理规划、监理细则有何联系和区别？

（3）建设工程监理规划编写的依据是什么？

（4）建设工程监理规划一般包括哪些主要内容？

综合实训

【实训项目背景】

衡阳市住宅小区 A3、A4 号楼工程，地下室为车库，1～17 层为住宅，顶层为电梯机房、楼梯间。建筑面积：地下 492.83 m²，地上 8 961.11 m²，总面积 9 453.54 m²，地下室层高 5.170 m，住宅层高 3.0 m。建筑分类为二类居住，抗震设防烈度 8 度，耐火等级为一级。地下车库耐火等级一级，防火分类Ⅱ类，主体结构为全现浇钢筋混凝土墙结构，基础钢筋混凝土筏板基础，CFG 桩。

【实训内容及要求】

试为此工程写一份详细的旁站方案。

附录

监理规划实例

华能能源有限责任公司甲醇项目
厂前区及场平施工监理规划实例

第一章 工程项目概况

一、工程名称：华能能源有限责任公司甲醇项目厂前区及场平施工

二、工程地点：安阳市新区

三、建设单位：华能能源有限责任公司

四、勘察单位：华岩工程有限责任公司

五、设计单位：安阳市建筑勘察设计研究院有限责任公司

六、监理单位：众合监理公司

七、施工单位：安阳市建筑工程有限公司

八、合同工期：12个月

九、工程概况：

本工程厂前区主要包括：办公楼（9层）、食堂、倒班宿舍、消防站。总建筑面积：2.4万平方米左右，包括主体建筑和辅助工程，辅助工程包括：厂前区的地下管网、硬化、道路，绿化，建筑物的装饰装修等所有相关配套工程。全厂场平：土方量：160万立方米左右。

第二章 监理工作范围、目标及内容

一、监理工作范围

东华能源有限责任公司120万吨/年甲醇（一期60万吨/年）项目厂前区及场平施工实施全过程监理及保修阶段相关服务。

二、监理工作目标

1. 质量目标

以《建设工程施工合同》确定的质量目标作为质量控制的目标。

2. 工期目标

2011 年 9 月 28 日至 2012 年 9 月 28 日。

三、造价目标

以《建设工程施工合同》确定的合同价作为投资控制的目标。

四、安全目标

坚持"安全第一，预防为主"的方针，杜绝死亡，杜绝重大安全事故发生，减少和消除一般安全事故隐患。

五、监理工作内容

"三控""三管""一协调"，即对该工程的质量、造价、进度进行有效的控制，对安全、合同、信息进行管理，对参建单位进行积极、主动的协调以及保修阶段相关服务。

第三章　监理工作依据

一、法律、法规及工程建设标准

1.《中华人民共和国建筑法》

2.《中华人民共和国合同法》

3.《建设工程安全管理条例》

4.《建设工程质量管理条例》

5.《房屋建筑工程施工旁站监理管理办法》

6.《中华人民共和国行业标准建筑施工安全检查标准》（JGJ 59—2011）

7.《建筑工程施工质量验收统一标准》（GB 50300—2001）

8.《建筑地基基础工程施工质量验收规范》（GB 50202—2002）

9.《砌体结构工程施工质量验收规范》（GB 50203—2002）

10.《混凝土结构工程施工质量验收规范》（GB 50204—2011）

11.《屋面工程质量验收规范》（GB 50207—2002）

12.《建筑地面工程施工质量验收规范》（GB 50208—2002）

13.《建筑装饰装修工程施工质量验收规范》（GB 50209—2002）

14.《建筑给水排水及采暖工程施工质量验收规范》（GB 50242—2002）

15.《建筑电气工程施工质量验收规范》（GB 50303—2002）

16.《智能建筑工程质量验收规范》（GB 50339—2003）

17.《建设工程监理规范》（GB/T 50319—2013）

18.《工程建设标准强制性条文》

19.《工程测量规范》（GBJ 50026—2007）

20.《建筑地基处理技术规范》（GBJ 79—91）

21.《硅酸盐水泥、普通硅酸盐水泥》（GB 175—2007）

22.《混凝土质量控制标准》（GB 50164—92）

23.《混凝土强度检验评定标准》（GBJ 107—87）

24.《火灾自动报警系统施工及验收规范》（GBJ 50166—92）

25.《采暖与卫生煤气工程质量验收规范》（GBJ 50242—2002）

26.《建筑荷载规范》（GB 50086—2001）

27.《建筑结构抗震设计规范》（GB 50011—2001）

28.《电气安装工程电气设备交接试验标准》（GBJ 150—91）

29.《电气装置安装工程接地装置施工及验收规范》(GBJ 50242—2002)

30.《建筑电气安装工程质量检验评定标准》(GBJ 50303—2002)

31.《砌筑砂浆配合比设计规范》(JGJ/T 98—2010)

32.《钢筋焊接及验收规程》(JGJ 18—2003)

33.《钢筋机械连接通用技术规程》(JGJ 107—2010)

34.《建筑施工高处作业安全技术规范》(JGJ 80—91)

35.《建筑施工安全检查标准》(JGJ 59—2011)

36.《施工现场临时用电安全技术规范》(JGJ 46—2005)

37.《龙门架及井架物料提升机安全技术规范》(JGJ 88—92)

38.《建筑施工扣件式钢管脚手架安全技术规范》(JGJ 130—2011)

39.《建筑工程冬期施工规程》(JGJ 104—97)

40.《建筑边坡工程技术规程》(BGJ 50330—2002)

41.《普通混凝土配合比设计规程》(JGJ 55—2000)

42.《建筑节能工程施工质量验收规范》(GB 50411—2007)

二、建设工程勘察设计文件

(略)

三、建设工程监理合同及其他合同文件

1.《建设工程委托监理合同》

2.《建设工程施工合同》

3.其他有关合同

第四章 监理组织形式、人员配备及进退场计划、监理人员的岗位职责

一、监理组织形式

针对本工程项目的特点，监理合同、监理服务范围、工作内容，成立本工程的项目监理部。组成直线制监理组织机构，开展监理业务。项目直线制监理组织机构框图如附图1所示。

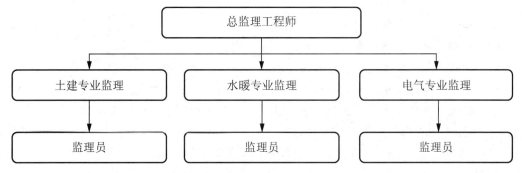

附图1　项目直线制监理组织机构图

二、人员配备及进退场计划

1. 人员配备

派驻的人员由一名多年施工及监理经验的总监理工程师和专业配套、数量满足要求的专业监理工程师队伍组成(附表1)，以认真负责的工作态度、精湛业务水平、高尚的职业道德，极强的协调能力，胜任本职工作。根据工程进展情况，将进行适当的补充和调整。

附表1　监理工程师队伍名单

序号	姓名	性别	岗位	职称	资格证号
1	李新	男	总监理工程师	工程师	2004042997
2	孟飞	男	土建监理工程师	工程师	2008089953
3	张阳	男	水暖监理工程师	工程师	2005054716
4	李建清	男	电气监理工程师	工程师	2005055269

2. 进退场计划（附表2）

附表2　项目监理机构的人员进退场计划

时间	3月	4月	5月	……	12月
监理工程师	4	5	6		3
监理员	8	9	10		6

三、监理人员岗位职责

本公司的驻工地现场监理部的工作实行总监负责制，总监主持监理部的全面工作，行使业主授予监理公司的权利，对内向监理公司负责，对外向业主负责，根据有关法律、法规、规定、合同、协议、图纸、规范、标准等本着平等、公正的原则协调业主、监理、设计、施工等有关单位在工程施工过程中的相互间关系，使之协调一致全面完成本工程建设的质量、进度和造价控制目标。

1. 总监理工程师岗位职责

（1）确定项目监理机构人员及其岗位职责。

（2）组织编制监理规划，审批监理实施细则。

（3）根据工程进展及监理的工作情况调配监理人员，检查监理人员工作。

（4）组织召开监理例会。

（5）组织审核分包单位资格。

（6）组织审查施工组织设计、（专项）施工方案。

（7）审查工程开复工报审表，签发工程开工令、暂停令和复工令。

（8）组织检查施工单位现场质量、安全生产管理体系的建立及运行情况。

（9）组织审核施工单位的付款申请、签发工程款支付证书，组织审核竣工结算。

（10）组织审查和处理工程变更。

（11）调解建设单位与施工单位的合同争议，处理工程索赔。

（12）组织验收分部工程，组织审查单位工程质量检验资料。

（13）审查施工单位的竣工申请，组织工程竣工预验收，组织编写工程质量评估报告，参加工程项目的竣工验收。

（14）参与或配合工程质量安全事故的调查和处理。

（15）组织编写监理月报、监理工作总结，组织整理监理文件资料。

2. 专业监理工程师岗位职责

（1）参与编制监理规划，负责编制监理实施细则。

（2）审查施工单位提交的涉及本专业的报审文件，并向总监理工程师报告。

（3）参与审核分包单位资格。

（4）指导、检查监理员工作，定期向总监理工程师报告本专业监理工作实施情况。

（5）检查进场的工程材料、构配件、设备的质量。

（6）验收检验批、隐蔽工程、分项工程，参与验收分部工程。

（7）处置发现的质量问题和安全事故隐患。

（8）进行工程计量。

（9）参与工程变更的审查和处理。

（10）组织编写监理日志，参与编写监理月报。

（11）收集、汇总、参与整理监理文件资料。

（12）参与工程竣工预验收和竣工验收。

3. 监理员岗位职责

（1）检查施工单位投入工程的人力、主要设备的使用及运行状况。

（2）进行见证取样（明确了监理员的见证取样职责）。

（3）复核工程计量有关数据。

（4）检查工序施工结果。

（5）发现施工作业中的问题，及时指出并向专业监理工程师报告。

第五章 监理工作制度

一、设计交底、图纸会审制度

监理工程师在收到批准的设计文件，在工程开工前，组织监理部各专业监理工程师及施工单位各专业技术人员进行图纸会审，核查图纸中的差错、遗漏。各监理人员应于会审前熟悉施工图纸，并严格认真审查，发现问题及时提出并作好记录。会审中提出的有关问题，由施工单位整理会审纪要，经各方签字后，总监理工程师通过建设单位转交设计单位。

监理部全体人员参加由建设单位组织的设计技术交底会，总监理工程师对设计技术交底会议纪要进行签认。

二、开工报告审批制度

当施工单位已具备《建设工程监理规范》规定的五条要求时，可向监理部提出《工程开工报审表》及相关资料，经总监理工程师现场检查并落实后审批，并报建设单位。

三、材料、构件报验及复验制度

分部、分项、检验批工程施工前，施工单位向监理部报送《原材料/构配件/设备报审表》及出厂合格证、试验报告等技术证明文件。对有疑问的主要材料进行抽检，在监理工程师的监督下，对材料进行复查，不得使用不合格材料。

四、见证取样送试制度

承包单位在对进场材料、试块、试件、钢筋接头等实施见证取样前，填写《见证取样送试单》，通知负责见证取样的监理工程师，在该监理工程师现场监督下，承包单位按相关的规范的要求，完成材料、试块、试件等的取样过程。送试单要有见证取样监理工程师的签字。

五、设计变更、工程变更处理制度

在施工过程中，设计单位对设计图纸存在的缺陷提出的变更，应将《设计变更通知》

及有关附件报送建设单位。建设单位或承包单位提出的工程变更，应将《工程变更单》报送监理部，由总监理工程师组织专业监理工程师审查，同意后，由建设单位转交设计单位编制设计变更文件，不论哪方提出的变更，都应通过总监理工程师发布变更指令方能生效予以实施。

总监理工程师在签发《工程变更单》之前，应就工程变更引起的工期改变及费用的增加分别与建设单位和承包单位进行协商，力求达成双方均能同意的结果。

六、隐蔽工程验收制度

隐蔽工程施工完毕，承包单位按有关技术规程、规范、施工图纸、标准先进行自检，自检合格后，填写《报验单》，附上相应的隐蔽工程检查记录，试验报告，复试报告，报专业监理工程师，监理工程师接到《报验表》后，首先对质量证明资料进行审查，并在合同规定的时间内到现场检查，承包单位的专职质检员及相关施工人员随同检查，符合质量要求，进行确认，准予承包单位隐蔽、覆盖，进入下道工序。

对未经监理人员验收或验收不合格的工序，监理人员应拒绝签认，并要求承包单位严禁进行下道工序的施工。

七、工程巡视检查及旁站制度

承包单位根据监理部制定的旁站监理方案，在需要实施旁站监理的关键部位、关键工序进行施工前 24 小时，以书面的形式通知监理部，实施旁站的监理工程师严格按照旁站监理方案规定的程序进行旁站监理。对隐蔽工程的隐蔽过程，下道工序施工完成后难以检查的重点部位，也应进行旁站监理。及时发现和处理旁站监理过程中出现的质量问题。凡旁站监理人员和施工承包单位质检员未在旁站记录上签字的，不得进行下一道工序施工。对于需要旁站监理的关键部位、关键工序施工，凡没有实施旁站监理或者没有旁站监理记录的，监理工程师或总监理工程师不得在相应文件上签字。

对正在施工的部位或工序现场进行定期或不定期的巡视检查，及时发现违章操作和不按设计要求、不按施工图纸或施工规范、规程或质量标准施工的现象，及时进行纠正和严格控制。

八、工程质量监理制度

监理工程师对施工单位的施工质量有监督管理责任。监理工程师在检查工作中发现的工程质量缺陷，应及时记入监理日志，指明质量部位、问题及整改意见，要求施工单位限期纠正复验。对较严重的质量问题或已形成隐患的问题，应由监理工程师正式填写"不合格工程项目通知"，通知施工单位，施工单位应按要求及时做出整改，克服缺陷后通知监理工程师复验签认。如所发现工程检查质量问题已构成工程事故时，应按规定程序办理。

(1) 如检查结果不合格，或检查表格填写内容与实际不符，监理工程师有权不予签证，并将意见记入施工日志，待改正并重验合格后才能签证，方可继续下道工序施工。

(2) 特殊过程或设计图变更较大的隐蔽工程，在通知施工单位的同时，还应通知设计单位工地代表参加，与监理工程师共同检查签证。

(3) 隐蔽工程检查合格后，经长期停工，在复工前应重新组织检查签证，以防意外。

九、工程质量验收制度

(1) 检验批、分项工程施工完毕后，承包单位经自检合格，可填写《报验单》报监理部，由专业监理工程师组织施工单位项目专业质量(技术)人等进行验收。

（2）分部工程施工完毕后，承包单位经自检合格，可填写《报验单》报监理部，由总监理工程师组织施工单位项目负责人和技术、质量负责人等进行验收。

地基与基础、主体结构分部工程的勘察、设计单位工程项目负责人和施工单位技术、质量部门负责人也应参加相关分部工程验收。人等进行验收。

（3）单位工程施工完毕后，施工单位应自检合格，填写《单位竣工报验单》并将已整理完善的竣工资料报工程监理部，由总监理工程师组织专业监理工程师对竣工资料进行复查，并组织专业监理工程师对实体进行预验收，验收合格后，将审批的《单位工程竣工验收单》报建设单位，交出具《单位工程质量评估报告》。监理部人员参加由监理单位组织的工程竣工验收。

十、安全文明管理制度

（1）施工单位在开工前向监理单位报审《施工组织设计》及危险性较大的分部分项工程的《专项施工方案》，由监理单位审查其施工组织设计中的安全技术措施或专项施工方案是否符合工程建设强制性标准。

（2）在实施监理过程中，督促施工单位严格按照施工组织设计或专项施工方案的安全技术措施组织施工，对发现的安全事故隐患，应及时要求施工单位进行整改；情况严重的，应当要求施工单位暂时停止施工，并及时报告建设单位；施工单位拒不整改或不停止施工的，应及时向建设单位及建筑工程安全监督机构报告。

（3）施工单位向监理单位报审安全管理和安全保证体系的组织机构，并报审项目经理和专职安全管理人员安全资格培训上岗证书，由总监理工程师组织专业监理工程师进行审核并签字。

（4）施工单位向监理单位报审安全生产责任制、安全管理规章制度和安全操作规程，由总监理工程师组织专业监理工程师进行审核并签字。

（5）监理工程师对施工过程中的危险性较大工程作业等进行定期巡视检查，每天不少于一次。发现严重违规施工和存在安全事故隐患的，应当要求施工单位整改，并检查整改结果，签署复查意见。情况严重的，由总监理工程师下达工程暂停施工令并报告建设单位。施工单位拒不整改的应及时向建筑工程安全监督机构报告。

十一、工程质量事故处理制度

（1）工程质量事故发生后，施工单位必须在规定的时间内以书面形式逐级上报。对重大的质量事故和工伤事故，监理部应立即上报公司和建设单位。事故按规定程序处理后，须经监理部复查，确认无误，方可继续施工。

（2）凡对工程质量事故隐瞒不报，或拖延处理，或处理不当，或处理结果未经监理部同意的，对事故及受事故影响的部分工程应视为不合格，不予计量，待合格后，再进行计量。

十二、施工进度监督及报告制度

（1）审查施工单位编制的施工年、季、月施工进度计划，要突出重点，并使各分部、分项各工序进度密切衔接。

（2）监督施工单位严格按照合同规定的计划进度组织实施，监理部每月以月报的形式向建设单位报告各项工程实际进度及计划的对比和形象进度情况。

十三、投资监督制度

（1）项目监理部进场后应立即督促施工单位报送与承包合同相适应的工程量清单报价

资料，并随时补充变更设计资料。掌握投资变动情况。

（2）对重大变更设计或因采用新材料、新技术而增减较大的投资工程，监理部应及时掌握并报建设单位，以便控制投资。

十四、定期和不定期向甲方报告制度

项目监理部应逐月编写《监理月报》，并于年末提出本监理部的年度报告和总结，报建设单位。年度报告或《监理月报》内容应以具体数据反映施工进度、施工质量、资金使用以及安全管理情况等。项目监理部应定期或不定期将施工过程中有关质量、进度、投资方面信息及时反馈给建设单位。

十五、监理日志和会议制度

（1）监理工程师应逐日填写所从事的监理工作，特别是涉及安全、质量和需要返工整改的事项，对各单位提出的意见和建议，下发的监理文件及指令等均应详细做出记录。

（2）总监理工程师定期召开工地监理例会。工地监理例会是施工过程中参建单位各方沟通情况，解决分歧，形成共识，做出决定的主要渠道，也是监理工程师进行现场质量控制的重要场所。通过监理例会，监理工程师检查分析施工过程的质量状况，指出存在的问题，承包单位提出整改的措施，并做出相应的保证。例会要讲究方法，协调处理各种矛盾，不断提高会议质量，使工地例会真正直到解决质量问题的作用。

（3）监理部每周定期召开监理部内部会议，检查本周监理工作，沟通情况，商讨难点问题，布置下周监理工作，总结经验，不断提高监理业务水平。

第六章　工程质量控制

一、质量控制方法

1. 事前质量控制

1）监理人员必须掌握和熟悉质量控制的技术文件

（1）施工设计图及设计说明书。

（2）建筑安装工程质量评定标准、工程施工及验收规范。

（3）工程定位轴线及高程标桩的检查、验收。

（4）施工现场的验收现场障碍物，包括地下、架空管线等设施的拆除、迁建，及清除结果。

2）施工队伍的资质审查

（1）总承包单位的资质在招标阶段已进行了审查，开工时应检查工程主要技术负责人是否到位。

（2）审核分包单位资质。

3）工程所需原材料、成品、半成品、设备的质量控制

（1）审核工程所用材料、成品、半成品的出厂证明、技术合格证或质量保证书。

（2）某些工程材料（主要为装饰材料）、制品及五金灯具、卫生洁具等，还需要有北京市建筑材料质量监督检验站的鉴定结果并审查样品且封样后，方可订货。

（3）某些工程材料、制品使用前还需要进行抽检或试验。材料、制品抽检或试验的范畴根据工程性质和质量监理要求另行确定。

（4）凡采用原材料、制品、设备的生产工艺、质量控制、检测手段应实地考察，确认原材料的质量。

（5）凡采用新材料、新型制品，应检查技术鉴定文件。

（6）对结构构件生产厂家，应检查其生产许可证，并考察生产工艺及质保体系。

（7）所有设备，在安装前应按相应技术说明书的要求进行质量和生产厂家、型号、规格和标准的检查。

（8）根据设计文件对设备采购订货参与检查验收，进口设备要在索赔期限内开箱验收。检查进口设备必须具备的海关商检书。

4）施工机械的质量控制

（1）凡直接危及工程质量的施工机械，如混凝土搅拌机、振动器等，应按技术说明书查验其相应的技术性能，不符合要求的，不得在工程中采用。

（2）检查施工中使用的器具、计量装置等设备是否有相应的技术合格证。

5）审查施工单位提交的施工组织设计

（1）施工组织设计对保证工程质量应有可靠的技术措施和组织措施。

（2）结合监理工程项目的具体情况，要求施工单位编制重点分部（项）工程的施工组织设计，对编制的施组文件应进行审核。

（3）要求施工单位提交针对当前工程质量通病制定的技术措施。

（4）针对工程项目具体情况，要求施工单位提交为保证工程质量而制定的质量预控措施。

（5）要求总包单位编制"土建、安装、装修"标准工艺流程图。

6）生产环境、管理环境改善的措施

（1）协助施工单位完善质量保证体系。

（2）主动向质检站联系，汇报在本项目中实施工程监理细则情况，争取质检站的支持和帮助。

（3）审核施工单位关于材料、制品试件取样及试验的方法。

（4）对施工单位试验室的资质考察。

（5）审核施工单位制定的成品保护措施。

（6）完善质量报表、质量事故的报告制度。

2．事中质量控制

1）施工工艺过程质量控制

针对监理项目的具体情况，工艺过程的质量控制按下列的内容组织实施。

（1）严格监督施工单位按照施工组织设计中工艺流程施工。

（2）强化执行施工技术措施，控制每道工序的质量。

（3）把每道工序影响质量的因素都纳入受控状态。

（4）以分项分部工程为重点，检查验收。

（5）重要工程部位重点检查、检测、验收。

2）工序交接检查

坚持上道工序不经检查验收不准进行下道工序的原则，上道工序完成后，先由施工单位进行自检、专职检，认为合格后通知现场监理工程师或其代表到现场会同检验。

3）隐蔽工程检查验收

隐蔽工程完成后，先由施工单位自检、专职检，自验收合格后填报隐蔽工程验收通知单，一般隐蔽工程提前 12 小时、重要部位和复杂隐蔽工程提前 24 小时，需多方和多专业配合验收的隐蔽工程如人防工程和预留预埋较多的工程应提前 48 小时，报告现场监理工程师和有关单位检查验收。隐蔽工程检查时，施工单位需出示施工记录、测量记录、自检资料和隐蔽工程检查记录。

4）工程洽商

工程洽商是以提高工程质量，降低工程造价，不影响使用功能为原则，各单位提出的工程洽商由监理公司负责牵头，征得甲方同意、认可并由四方签字后实施。

5）设计变更的处理

（1）在对单位工程的使用功能、结构、辅助工法、重要原材料等需要进行调整或变动时，应做设计变更处理。

（2）设计变更应在充分征求有关各方的意见，并经有关专家论证后，按设计变更程序办理手续，手续完善后方可付诸实施。

（3）任何单位和个人均不得擅自做设计变更处理。

6）工程质量事故处理

质量事故的处理坚持三不放过的原则（即责任者、事故原因、处理措施），质量事故原因、责任的分析；质量事故处理措施的商定；批准处理工程质量事故的技术措施或方案；处理措施结果的检查。

7）行使质量监督权，下达停工指令

为了保证工程质量，出现下列情况之一者，监理工程师有权指令施工单位立即停工。

（1）未编制或施工组织设计未经审批，擅自施工者。

（2）未经检验即进行下一道工序作业者。

（3）工程出现质量问题经指出后，未采取有效改正措施，或采取了一定措施，而效果不好的继续作业者。

（4）擅自采用未经监理认可或批准的材料。

（5）擅自变更设计图纸的要求。

（6）擅自将工程转包。

（7）擅自让未经同意的分包单位进场作业者。

（8）没有可靠的质量保证措施贸然施工，已出现质量下降征兆者。

（9）其他。

8）严格单项工程开工报告和复工报告审批制度

工程开工、复工时施工单位必须填报"开工报告"单，待总监理工程师批准后方能开工或复工。

9）质量、技术签证

凡质量、技术方面有法律效力的最后签证，只能由项目总监理工程师或委托人签署。专业监理工程师、现场监理工程师代表可在有关质量、技术方面原始凭证上签署，最后由项目总监理工程师核签后方才有效。

10）行使质量否决权，为工程进度款的支付签署质量认证意见

施工单位工程进度款的支付申请，必须有质监方面的认证意见，这既是质量控制的需要，也是投资控制的需要。

3. 质量的事后控制

1）单位、单项工程竣工验收

凡单项工程、单位工程完工后，施工单位初验合格再提出验收申报表，监理单位应审查是否达到竣工验收条件。根据国家规定，凡是进行竣工验收必须符合下列要求。

（1）生产性项目和辅助性公用设施，已按设计要求完成，能满足生产使用。

（2）主要工艺设备、配套设施经联动负荷试车合格，形成生产能力。

（3）必要的生活设施以按设计要求建成。

（4）生产准备工作能适应投产的需要。

（5）环境保护设施、劳动安全设施、卫生设施、消防设施等必要的配套设施以按设计要求与主体工作同时建成使用。

2）项目竣工验收

根据国家计委的规定，竣工验收的程序如下。

（1）根据建设工程项目的规模和复杂程度，整个建设工程项目的验收可分为初步验收和竣工验收两个阶段进行。

（2）建设工程项目在竣工验收之前，由监理单位组织建设、施工、设计及使用等有关单位进行初验。初验前由施工单位按照国家规定，整理文件、技术资料，向监理单位提出交工报告，监理单位接到报告后，应及时组织初验。

（3）建设工程项目全部完成，经过各单项工程的验收，符合设计要求，并且具备竣工图表、竣工决算、工程总结等必要的、完整的文件资料，由工程项目主管部门或建设单位向负责验收的单位提出竣工验收申请报告。

3）审核竣工图及其他技术文件资料

（1）工程项目竣工验收资料内容：

① 工程项目开工报告；

② 工程项目竣工报告；

③ 图纸会审和设计交底记录；

④ 设计变更记录；

⑤ 工程洽商记录；

⑥ 工程质量事故的调查和处理资料；

⑦ 水准点及定位测量记录，施工监控量测记录；

⑧ 工程地质及水文地质资料；

⑨ 材料、设备、构件的质量合格证明材料；

⑩ 试验、检验报告；

⑪ 竣工图；

⑫ 质量检验评定资料；

⑬ 工程竣工验收及资料。

（2）工程项目竣工验收资料审核。监理工程师主要进行以下几方面审核：

材料、设备构件的质量合格证明材料，要求如实反映实际情况，不得擅自修改、伪造和事后补作；试验检验资料试件送检试验室应是经过建设主管部门审批的相应级别的检验单位。试验检验的结论只有符合设计要求后才能用于工程施工。

检查隐蔽工程记录及施工记录；审查竣工图。

（3）工程项目竣工验收资料签证。

监理工程师审查完承包单位提交的竣工资料后，认为符合工程合同及有关规定，达到准确、完整、真实，可签证同意竣工验收的意见。

二、质量控制的工作流程图

1. 施工阶段监理工作总流程图（附图 2）

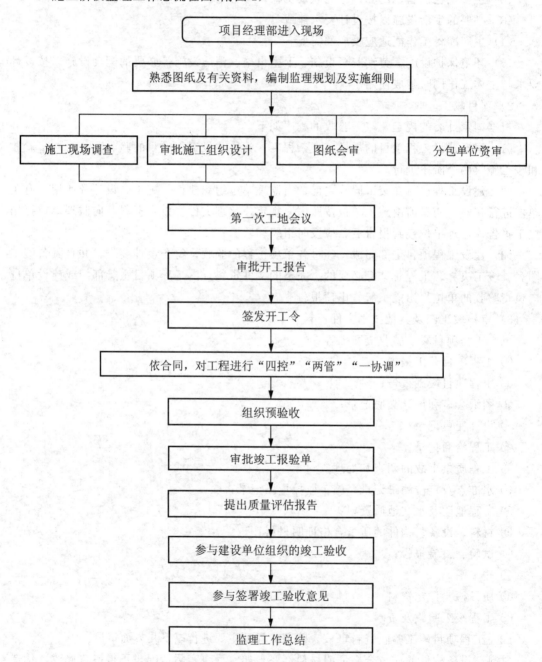

附图 2　施工阶段管理工作总流程图

2. 施工准备阶段监理流程图(附图 3)

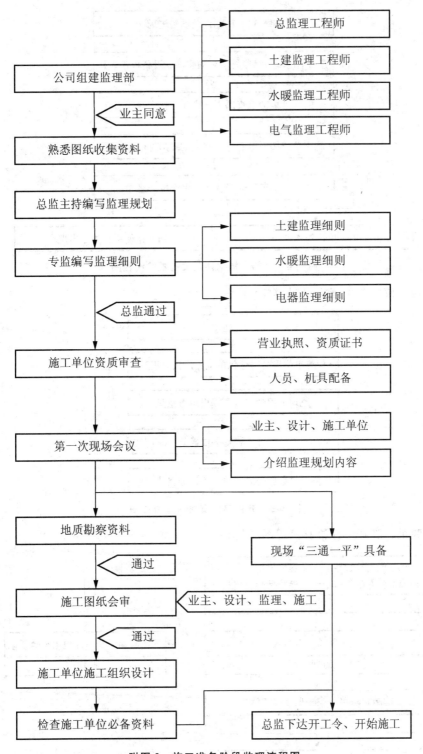

附图 3 施工准备阶段监理流程图

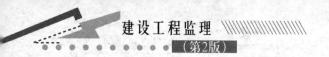

3. 材料、构配件及设备报验流程图（附图 4）

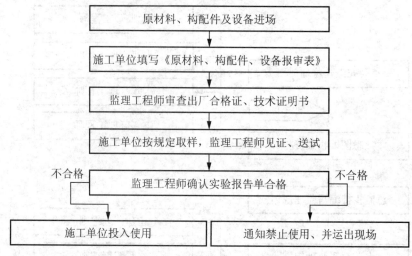

附图 4　材料、构配件及设备报验流程图

4. 分包单位资质审查流程图（附图 5）

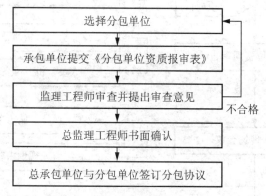

附图 5　分包单位资质审查流程图

5. 检验批、隐蔽工程报验流程图（附图 6）

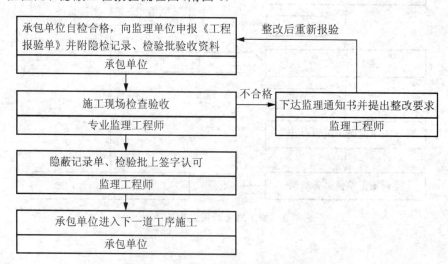

附图 6　检验批、隐蔽工程报验流程图

6. 建筑工程质量控制流程图(附图 7)

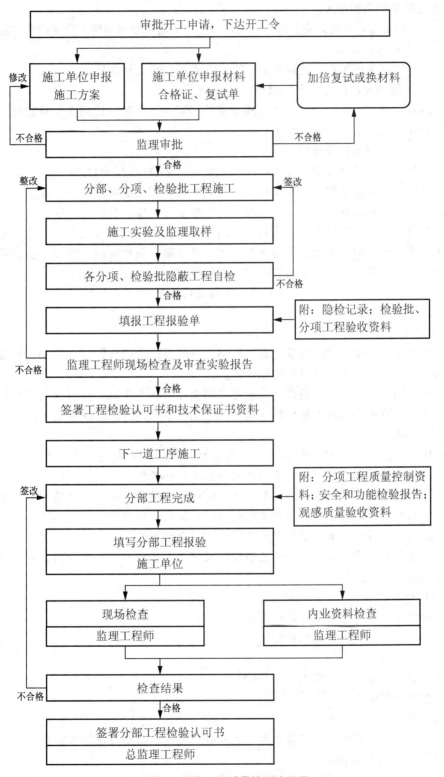

附图 7　建筑工程质量控制流程图

三、质量控制的具体措施

1. 质量控制的组织措施

建立健全项目监理机构，完善职责分开，制定有关质量监督制度，落实质量控制责任。

2. 质量控制的技术措施

协助完善质量保证体系；严格事前、事中和事后的质量检查监督。

3. 质量控制的经济措施及合同措施

严格质检和验收，不符合合同规定质量要求的拒付工程款；达到业主特定质量目标要求的，按合同支付质量补偿金或奖金。

四、质量保修期相关服务

（1）承担工程保修阶段的服务工作时，工程监理单位应定期回访。

（2）对建设单位或使用单位提出的工程质量缺陷，工程监理单位应安排监理人员进行检查和记录，并应要求施工单位予以修复，同时应监督实施，合格后予以签认。

（3）工程监理单位应对工程质量缺陷原因进行调查，并应与建设单位、施工单位协商确定责任归属。对非施工单位原因造成的工程质量缺陷，应核实施工单位申报的修复工程费用，并应签认工程款支付证书，同时应报建设单位。

第七章　工程造价控制

一、造价控制的方法

1. 事前控制

（1）熟悉设计图纸，设计要求、标底标书，分析合同价构成因素，明确工程费中最易突破的部分和环节，从而明确投资控制的重点。

（2）按合同规定的条件、要求，督促业主如期提交施工现场，及时提供设计图纸等技术资料，如期供应由业主负责的材料、设备到现场；不要违约，造成索赔条件。

2. 事中控制

（1）按合同规定，及时答复施工单位提出的问题，主动搞好设计、材料、设备、土建、安装及其他外部协调、配合，不要造成对方索赔的条件。

（2）严格经费签证。凡涉及经济费用支出的停窝工签证、用工签证使用机械签证、材料代用和材料调价等签证，由总监理工程师最后核签后方有效。

（3）检查、监督施工单位执行合同情况，使其全面履约。

（4）定期向业主报告工程投资动态情况，及时进行工程费用超支分析，并提出控制工程费用突破的方案和措施。

3. 事后控制

（1）审核施工单位投资工程结算书。

（2）公正地处理施工单位的索赔。

二、造价控制流程图

设计变更、工程变更工作流程图（附图8）

三、造价控制措施

1. 造价控制的组织措施

建立健全项目监理机构，完善职责分工及有关制度，落实投资控制的责任。

2. 造价控制的技术措施

在施工阶段，通过审核施工组织设计和施工方案，使组织施工合理化；对材料、设备采购，通过质量价格比选，合理确定生产供应单位。

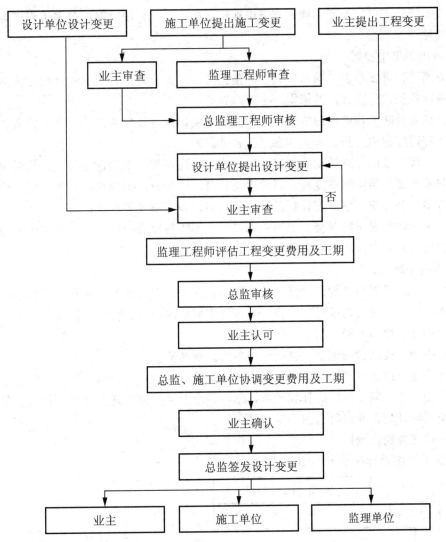

附图8　设计变更、工程变更工作流程图

3. 投资控制的经济措施

及时进行计划费用与实际费用的分析比较。对原设计或施工方案提出合理化建议并被采用，由此产生的投资节约按合同规定予以奖励。

4. 投资控制的合同措施

按合同条款支付工程款，防止过早、过量的支付。减少施工单位的索赔，正确处理索赔事宜等。

第八章　工程进度控制

一、进度控制的方法

1. 进度的事前控制

（1）要求施工单位根据合同要求，提出工程总进度计划，监理部对总进度计划是否满足规定的竣工日期进行审查，提出意见。

（2）在总的进度计划前提下要求施工单位做出季度、月度工程各工种的具体计划与安排，并审查其可行性。

（3）审核施工单位提交的施工方案中保证工期、充分利用时间的技术组织措施的可行性、合理性。

2. 进度的事中控制

一方面进行进度检查、动态控制和调整；另一方面及时进行工程量计量，为向施工单位支付进度款提供进度方面的依据。主要内容有：

（1）建立反映工程进度的监理日志。逐日如实记载每日形象部位、完成的实物工程量及影响工程进度的内、外、人为和自然的各种因素。

（2）工程进度的检查及动态管理。审核施工单位提交的工程进度报告，及时进行工程量的验收及签证。当实际进度与计划发生差异时，应分析产生的原因，并提出进度调整的措施和方案，并相应调整进度计划及设计、材料设备、资金等进度计划。

（3）定期组织现场协调会。协调总承包单位不能解决的问题，检查上次协调会的执行情况，力图及时解决现场的有关问题。

3. 进度的事后控制

（1）当实际进度与计划进度发生差异时，在分析原因的基础上采取以下措施：

技术措施：改变工艺或操作流程，缩短操作间歇时间，实行交叉作业。

组织措施：增加劳动力增加工作班次。

经济措施：提高劳动酬金，提高计件单价，提高奖金。

管理措施：改善外部配合条件、改善劳动条件、实施强有力调度等。

（2）制订总工期突破后的补救措施计划，相应地调整施工进度计划、材料设备供应计划、资金供应计划，并取得新的协调与平衡。

二、进度控制流程图

1. 施工组织设计报审流程图（附图9）

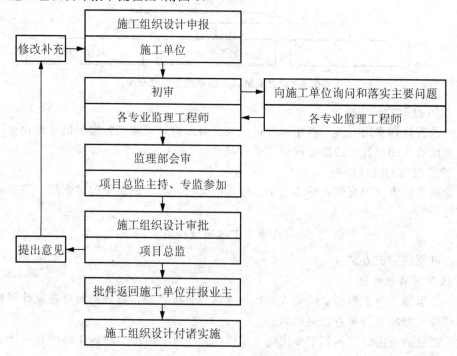

附图9 施工组织设计报审流程图

2. 进度控制流程图(附图 10)

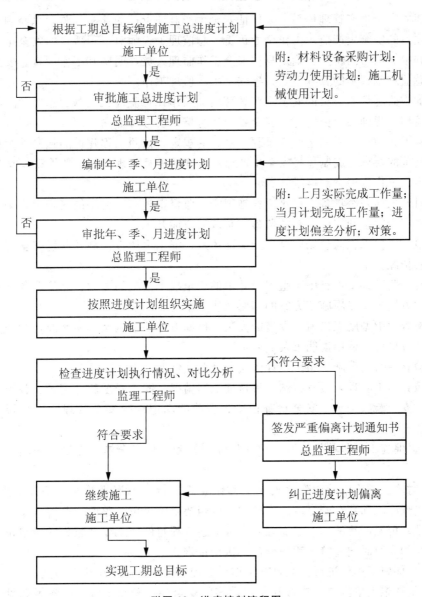

附图 10 进度控制流程图

三、进度控制措施

1. 进度控制的组织措施

落实进度控制的责任,建立进度控制协调制度。

2. 进度控制的技术措施

建立多级网络计划体系,监控承建单位的作业实施计划。

3. 进度控制的经济措施

对工期提前者实行奖励;对应急工程实行高的计价单价;确保资金的及时供应等。

4. 进度控制的合同措施

按合同要求及时协调有关各方的进度,以确保建设工程的形象进度。

第九章　安全生产管理的监理工作

（1）建立安全生产管理体系，以保证安全生产监理责任的落实。监理总经理对本企业监理工程项目的安全生产监理工作全面负责。总监理工程师对工程项目的安全生产监理工作负责，并根据项目的特点，确定具体安全工作监理人员，明确其工作职责。安全工作监理人员在总监理工程师的领导下，从事安全生产监理工作。

（2）加强监理从业人员的安全生产教育培训工作，总监理工程师、总监理工程师代表及各专业监理工程师均经公司进行安全生产教育培训后方可上岗。

（3）根据《建设工程安全生产管理条例》的规定，按照工程建设的强制性标准和建设工程监理规范的要求，编制包括安全生产监理方案的项目监理规划，关明确安全生产监理工作的内容、工作程序和制度措施。

（4）对开工前是否具备"建筑工程施工安全监督审查书"要求的安全生产条件进行检查，如存在安全隐患和问题，必须监督在整改后方能开工。

（5）检查有关承包商现场安全生产保证体系、安全生产责任制及现场安全管理制度的建立及落实情况。

（6）现场监理部要审查施工组织设计中的安全技术措施的编制、实施及各分部分项工程安全技术方措施及专项施工方案的编制及实施情况。

（7）检查大中型施工机械、设施的安装、拆卸方案的编制及落实情况，检查其产品合格证、生产许可证、使用说明书及交底情况。

（8）检查临时用电施工组织设计的编制及落实情况。

（9）检查施工管理人员及特殊工种持证上岗情况、职工安全教育记录、各项安全技术交底记录、安全验收记录、安全检查记录、班前活动记录等安全管理资料是否齐全、真实、有效。

（10）督促施工承包单位按照工程建设强制性和专项安全施工方案组织施工，制止违规施工作业。

（11）对施工过程中的危险性较大工程作业等进行定期巡视检查，每天不少于一次。发现严重违规施工和存在安全事故隐患的，应当要求施工单位整改，并检查整改结果，签署复查意见。情况严重的，由总监理工程师下达工程暂停施工令并报告建设单位。施工单位拒不整改的应及时向建筑工程安全监督机构报告。

（12）督促施工单位进行安全自查工作，参加施工现场的安全生产检查。

（13）复核施工单位施工机械和各种设施的安全许可验收手续，并签署意见。未经监理人员签署认可的不得投入使用。

（14）要求承包商施工企业严格按照《建筑施工安全检查标准》（JGJ 59—99）每季度进行一次自检评分，项目部每个施工阶段不少于一次自检评分。

（15）针对现场的特点，对承包商进行定期或不定期按照《施工安全监督计划书》附表中的项目或部位重点监督抽查内容进行检查、评分。

（16）检查和督促承包商施工现场安全管理资料是否齐全、有效，是否与工程进度一致，发现问题，要求及时整改。

第十章　合同与信息管理

一、合同管理

合同管理包括对工程建设项目有关的各类合同，从条款的拟定、协商、签署、执行情况的检查和分析进行科学管理。工程实施中，主要是对施工合同进行有效的管理，从而实现工程"三控制"的目标要求。施工合同是监理工作的重要依据之一，对施工合同的管理，贯穿监理工作的始终。合同管理的主要内容如下。

（1）协助建设单位签好施工合同及相应的协议和补充协议文件，及时索取合同副本及其他有关补充协议，并编号归档。

（2）认真阅读熟悉合同及协议文本，掌握合同内容，进行合同跟踪管理。

（3）在"四控"中坚持以法律为准绳、以合同为工作依据，真正按照合同管理工程，做到按合同工期控制工程进度、按合同价款控制工程投资、按合同规定的质量标准控制工程质量。合同实施中，及时向有关单位反映信息，采用《监理月报》方式向建设单位报告合同执行情况。

（4）正确理解合同条款，明确合同各方责、权、利内容，公正处理各合同方关系。

（5）按照合同规定做好工程暂停、复工、工程变更审查、费用索赔处理、工程延期、工程延误的处理、合同争议的调解，以及合同的解除等工作。

（6）审批工程分包、管理分包工程。

（7）检查和落实承包人的保险。

二、信息管理

专门设置信息管理部门，认真做好信息管理工作，配备信息员、负责项目实施阶段全过程的信息收集，做好信息的识别、编码、整理、传递、管理和移交工作。编制整理监理服务的各种文件、通知、记录、检测文件材料、图纸等；组织工地会议、监理工作会议，整理签发会议记录；填报监理日志、监理月报及编发监理简报；督促检查承包人及时整理施工技术资料。监理服务合同完成或终止时移交给委托人。监理文件资料为：

（1）勘察设计文件、建设工程监理合同及其他合同文件；

（2）监理规划、监理实施细则；

（3）设计交底和图纸会审会议纪要；

（4）施工组织设计、（专项)施工方案、施工进度计划报审文件资料；

（5）分包单位资格报审文件资料；

（6）施工控制测量成果报验文件资料；

（7）总监理工程师任命书、工程开工令、暂停令、复工令、开工或复工报审文件资料；

（8）工程材料、设备、构配件报验文件资料；

（9）见证取样和平行检验文件资料；

（10）工程质量检查报验资料及工程有关验收资料；

（11）工程变更、费用索赔及工程延期文件资料；

（12）工程计量、工程款支付文件资料；

（13）监理通知单、工作联系单与监理报告；

（14）第一次工地会议、监理例会、专题会议等会议纪要；

（15）监理月报、监理日志、旁站记录；

（16）工程质量或生产安全事故处理文件资料；

（17）工程质量评估报告及竣工验收监理文件资料；

（18）监理工作总结。

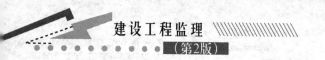

第十一章　组织协调

施工阶段的协调贯穿于施工阶段的全过程。

施工过程中存在建设单位、勘察设计、施工承包单位、供应商与监理单位各方之间的关系，不可避免地会遇到各种各样的问题，产生一些矛盾。协调处理好各方关系，使之步调一致，是监理工作一项十分重要的工作。组织协调本身就是做好"四控制"工作的手段和措施之一。做好组织协调的方法和措施有以下几点：

（1）针对问题单方介入，进行接洽交谈处理。

（2）当协调主题涉及多方时采取多方介入，即由监理组织相关各方召开协调会议解决。工地例会就是进行协调常采取的措施。

（3）协调工作应坚持执行法规、规范合同的原则，坚持公平和科学的原则，坚持竭诚做好监理服务的原则。

（4）协调是监理机构每个监理人员的职责，要求每个监理人员都能主动地在自己的工作范围内随时做好协调工作。不论工地检查、巡视，还是报验审批，或是工作联系单和监理通知单等，都是进行协调和解决问题的时机与方式。

（5）组织协调工作不能仅仅依靠洽谈、会议和进行思想工作，还要发挥监理机构的公正性和权威性，按照合同条件和支付签证措施来处理问题。

第十二章　监理工作设施

大型的、或特殊专业使用的或昂贵的技术装备均由业主无偿提供监理单位使用。根据建设工程类别、规模、技术复杂程度、建设工程所在地的环境条件，按委托监理合同的约定，配备满足监理工作需要的常规检测设备和工具。监理单位完成约定的监理业务后，把这些设备移交给业主。

1. 业主提供满足监理工作需要的设施

（1）办公设施；

（2）交通设施；

（3）通信设施；

（4）生活设施。

2. 监理机构自备设施

一般情况下监理单位应自行装备的设备主要是计算机、工程测量仪器和设备、照相录像设备，这几项作为考察监理单位技术装备能力的主要内容。

参 考 文 献

[1] 中华人民共和国住房和城乡建设部.(GB/T50319—2013)建设工程监理规范[S].北京：中国建筑工业出版社,2013.

[2] 中华人民共和国建设部.工程监理企业资质管理规定[M].北京：中国建筑工业出版社,2007.

[3] 王军,韩秀彬.建设工程监理概论[M].北京：机械工业出版社,2007.

[4] 中国建设监理协会.建设工程监理概论[M].4版.北京：中国建筑工业出版社,2014.

[5] 刘贞平.工程建设监理概论[M].北京：中国建筑工业出版社,1997.

[6] 全国监理工程师培训教材编写委员会.工程建设监理概论[M].北京：中国建筑工业出版社,1997.

[7] 孙锡衡,等.全国监理工程师执业资格考试案例题解析[M].10版.天津：天津大学出版社,2013.

[8] 全国监理工程师考试辅导教材编审委员会.全国监理工程师执业资格考试案例题分析专项突破[M].北京：地震出版社,2007.

[9] 许焕兴.监理工程师实务手册[M].北京：机械工业出版社,2005.

[10] 蒲建明.建设工程监理手册[M].北京：化学工业出版社,2005.

[11] 全国一级建造师执业资格考试用书编写委员会.建设工程项目管理[M].3版.北京：中国建筑工业出版社,2011.

[12] 邓铁军.土木工程建设监理[M].2版.武汉：武汉理工大学出版社,2008.

[13] 徐锡权,等.建设工程监理概论[M].2版.北京：北京大学出版社,2012.